Das große Arena Tierlexikon

Arena

So verwendet man das Lexikon

Das Nachschlagen in diesem Lexikon ist einfach. Sucht im Register am Ende des Buches nach dem Thema, das euch interessiert. Schlagt dann die angegebene Seite auf.

Erster Block
Hier findet ihr eine allgemeine Einführung zum Thema.

Zweiter Block
Hier wird das Thema vertieft.

Steppen und Wüsten

In der Steppe

Die Steppe wird überwiegend von Hirten und Jägern bewohnt. Da der Boden auf Grund der langen Trockenzeiten landwirtschaftlich nicht nutzbar ist, leben dort keine Bauern. Die Menschen, die hier leben sind überwiegend Nomaden, die den Tieren auf ihren saisonbedingten Wanderungen folgen. Da es so gut wie keine Autos gibt, werden Pferde und Kamele als Transportmittel eingesetzt. Sie sind zum Transport von Menschen und Gütern unersetzlich. Es gibt viele Herden wild lebender Pferde. Die Hirten gehen beim Fangen und Zähmen äußerst behutsam vor, da Pferde in dieser Region sehr wertvoll sind.

Der Steppenadler
Er ist nicht sonderlich groß. Das Weibchen wiegt ungefähr 3 kg, das Männchen etwas weniger. Da er flache, baumlose Gebiete bewohnt, hält er sich oft am Boden auf.

Das Kamel – Dieses widerstandsfähige Tier kann bei Temperaturen von –25° C bis zu +50° C überleben. Kamele werden schon seit sehr langer Zeit als Arbeitstiere gehalten. Wild lebend gibt es sie nur noch selten. Sie sind in schwer zugänglichen Gebieten angesiedelt und stehen unter strengem Schutz.

Das kleinwüchsige Steppenpferd ist kräftig und robust gebaut.

Das Trampeltier wird als Last- und Reittier eingesetzt. Es liefert Wolle, Milch und Fleisch.

Dritter Block
Die Erklärung wird ergänzt.

Bildunterschriften
Hier gibt es Erklärungen zu den Bildern.

Abkürzungen:

g = Gramm
kg = Kilogramm
Ztr. = Zentner
mm = Millimeter
cm = Zentimeter
m = Meter
km = Kilometer
km² = Quadratkilometer
km/h = Stundenkilometer
°C = Grad Celsius

Hauptbild
Das Thema wird vorgestellt.

STEPPEN UND WÜSTEN

Die Hirschziegenantilope – Obwohl sie weit verbreitet und sehr anpassungsfähig ist, nimmt die Anzahl der Tiere ständig ab. Sie kommt nicht nur in der Steppe vor, sondern auch in pflanzenreichen Gegenden. Das Männchen hat lange Hörner, die es bei Revierkämpfen auf den Gegner richtet. Die Böcke sondern aus ihren Voraugendrüsen eine Substanz ab, mit der sie ihr Revier markieren.

Bei Gefahr flüchten Hirschziegenantilopen mit weiten Sprüngen und versuchen so den Angreifer zu verwirren.

Der Onager – Der sandfarbene Halbesel ist die meiste Zeit auf der Suche nach Nahrung. Hin und wieder nimmt er ein Sandbad, um lästige Parasiten loszuwerden. Sein Nachtlager richtet der Onager im Gebüsch ein, wo er sich zum Schlafen auf die Seite legt.

Die Großtrappe ist ein mittelgroßer Vogel, der zwar gut fliegen kann, sich aber lieber auf dem Boden fortbewegt. Sie ernährt sich von Beeren und Samen.

IN DER SIBIRISCHEN STEPPE WURDEN TEMPERATUREN VON +36° C BIS ZU -68° C GEMESSEN.

Kasten
Er enthält wissenswerte Informationen zum Thema.

Kleinere Abbildung
Sie zeigt interessante Besonderheiten und Details.

Das Lexikon besteht aus drei Teilen:

TIERE UND IHRE LEBENSRÄUME
Von EIS UND TUNDRA bis BAUERNHOF, Acht große, natürliche Lebensräume und die Tiere, die sie bevölkern.

KLASSIFIZIERUNGEN
Vom HAMSTER bis zum KANARIENVOGEL, die Steckbriefe von 546 Tieren.

LEXIKON
Lexikon des Wassers,
Lexikon der Vögel,
Lexikon der Reptilien und Amphibien,
Lexikon der Insekten,
Lexikon der Ökologie,
Lexikon berühmter Tiere

Inhaltsverzeichnis

Lebensräume

Die natürlichen Lebensräume der Erde und die Tiere, die sie bewohnen.

Klassifizierungen

Klasse, Ordnung, Familie, Gattung und Art von 546 Tieren aus der ganzen Welt.

Lexikon

Register

Eis und Tundra

Leben in der Kälte

Es scheint unglaublich, dass in Gegenden, wo die Temperatur fast immer unter null Grad Celsius liegt, Tiere leben und sich fortpflanzen können. Dennoch sind auch die kältesten und kargsten Gebiete der Erde bewohnt. Einige Tiere haben sich nämlich in besonderer Weise angepasst, um den Verlust ihrer Körperwärme zu verhindern. Die Pinguine haben beispielsweise unter ihrem Gefieder eine zweite dicke Schicht aus warmen Federn. Die Eisbären haben einen sehr dichten und Wasser abweisenden Pelz. Außerdem haben alle Polartiere eine dicke Fettschicht unter der Haut.

Während die Seehunde sowohl die Arktis als auch die Antarktis bevölkern, leben die Eisbären nur in den arktischen Gebieten; viele Pinguinarten leben in der Antarktis und in den kalten Meeren der südlichen Halbkugel.

Unfreiwillige Reise
Es kommt vor, dass ein Eisbär auf einen Eisberg klettert, der auf dem Meer treibt. Der Bär muss dann lange schwimmen, um an seinen Ursprungsort zurückzukehren.

Am Südpol kann die Temperatur auf –90 °C sinken.

Vorbild: Tier – Um sich vor Kälte zu schützen, machen es die Menschen der Polarzonen den Tieren nach: Sie tragen dicke Pelze und manchmal schmieren sie ihren Körper mit Walfett ein. Das hilft ihnen sich warm zu halten.

Arktisches Eismeer

Das arktische Eismeer erstreckt sich über eine Fläche von ca. 14 Millionen km². Die tiefsten Stellen reichen bis auf 3500 Meter hinab. Das ständig gefrorene Wasser bedeckt auch den Nordpol. Hier gibt es kein Land, sondern nur Wasser und Eis. Die im Eismeer lebenden Tiere, wie beispielsweise das Walross, sind ausgezeichnete Schwimmer.

Jedes Volk baut seine Behausungen mit dem Material, das ihm zur Verfügung steht. In der Arktis bauen die Eskimos mithilfe von gepressten Schneeblöcken provisorische, kuppelförmige Winterquartiere, die Iglus genannt werden.

Die Tundra – Die Tundra ist ein arktisches Gebiet, das viele Monate im Jahr mit Eis bedeckt ist. Wenn das Eis schmilzt, dann erscheinen Moose und Flechten, von denen sich Pflanzenfresser wie der Moschusochse ernähren.

Antarktis – Im Gegensatz zur Arktis, besteht sie aus Land, das mit Eis bedeckt ist. Daher wird sie als der sechste Kontinent bezeichnet. Die Tiere besiedeln vor allem die Küste. Um in dieser Gegend überleben zu können, ist man auf das Meer angewiesen, das reich an Plankton und Krill, einer Ansammlung von winzigen Krustentieren, ist.
Typische Tiere dieser Region sind Pinguine (wie die hier abgebildeten Felspinguine), Seehunde und See–Elefanten, Albatrosse und Sturmvögel, Schwertwale und Wale.

1
2
3
4
5
6
7
8

Die arktischen Gebiete

Die Arktis – Damit wird das weite Gebiet bezeichnet, das sich um den Nordpol erstreckt. Es ist zum größten Teil von Packeis bedeckt, einer Eisschicht, die auf dem Meer schwimmt. Zur Arktis gehören auch einige Landgebiete: die nördlichen Küsten Kanadas, die Skandinavische Halbinsel, Sibirien und ein weiter Teil Grönlands. Die Durchschnittstemperatur schwankt um die dreißig Grad minus. Es regnet und schneit nur selten.
Die Erforschung dieser Gebiete begann in der zweiten Hälfte des 16. Jahrhunderts. Der erste Entdecker, der auf dem Landweg den Nordpol erreichte, war der Amerikaner R. E. Peary, im Jahr 1909.

Der Mensch – In Grönland, Kanada, Alaska und in Ostsibirien leben ungefähr hunderttausend *Inuit*, auch Eskimos genannt. In ihrer Sprache bedeutet Inuit *Menschen*. In Nordeuropa leben die Lappen; in Sibirien auch Tschuktschen und Jakuten.

1. Eissturmvogel

2. und 3. Papageitaucher

4. Schnee–Eule

5. Rentier

6. Narwal

7. Lemming

8. Seehund

9. Seeschwalbe

10. Eisbär

11. Walross

Der Bär lauert oft stundenlang an Eislöchern und wartet auf Robben, die zu seinen Lieblingsspeisen gehören. Wenn eine Robbe auftaucht, um Luft zu schnappen, packt er sie und zieht sie heraus.

Gewicht – Der Eisbär wiegt normalerweise zwischen 150 kg und 500 kg; einige Exemplare wiegen sogar mehr als 700 kg.

DER EISBÄR

BEI IHRER GEBURT sind die Eisbärjungen sehr klein, blind, taub und wehrlos. Sie leben zwei Jahre lang bei ihrer Mutter, bevor sie sich selbst durchschlagen können. Ihr dichter und Wasser abweisender Pelz ist ganz weiß und erlaubt ihnen sich im Eis bestens zu tarnen.
Der Eisbär ist ein ausgezeichneter Schwimmer. Seine Zehen sind durch Häute verbunden, was ihm beim Schwimmen zugute kommt. Der Eisbär ist das größte Landraubtier der Erde.

Der nördliche Polarkreis
Nördlich dieses Breitengrades dauern Nacht und Tag jeweils sechs Monate lang.

Während der kurzen Sommerzeit wandern viele Wale in die arktische See, wo die Eisbären leben. Im Winter ziehen sie wieder in den Süden, um sich fortzupflanzen.

Seeschwalben – Sie bewohnen die Polargebiete. Wie die Möwen folgen auch sie oft den Schiffen auf der Suche nach Abfällen, die von den Seeleuten über Bord geworfen werden.

DER EISBÄR KANN 30 JAHRE ALT WERDEN.

Dieses Otterweibchen trägt beim Schwimmen sein Junges auf der Brust. Fischotter werden oft von Bären gejagt und erlegt.

Bären – Zum Herbstende gehen die Eisbärweibchen an Land, um eine Höhle zu graben. Im Dezember oder Januar werden in der Regel zwei Junge geboren. Sie verlassen im Frühling zum ersten Mal ihre Höhle.

Seehunde und Ohrenrobben

In den kalten Gebieten und auf den unendlich weiten, dahingleitenden Eisschollen der Arktis leben viele Robbenarten, beispielsweise Ohrenrobben, gemeine Seehunde und Walrosse. Während sich die Robben an Land auf dem Bauch rutschend fortbewegen, können die Ohrenrobben sich teilweise auf ihren hinteren Gliedmaßen, die sich zu Flossen entwickelt haben, aufrichten.
Bei diesen Tieren handelt es sich um ehemalige Landbewohner, die das Meer erobert haben. Ihr Körper hat sich an das Leben im Wasser angepasst. Im Gegensatz zu den Walen erfolgte diese Anpassung jedoch nur teilweise.

Fischjagd
Oft folgen Albatrosse, Möwen und Pelikane den Seehunden auf die Jagd. In ihrer Angst schwimmen die Fische nämlich an die Oberfläche, wo sie von den Vögeln leicht erbeutet werden können.

Robben haben große Nasenöffnungen, durch die sie in kurzer Zeit genügend Luft schöpfen, um bis zu zehn Minuten lang tauchen zu können.

Ruhezeiten – Robben ernähren sich nicht nur von Fischen, sondern auch von Krustentieren, Weichtieren und Krill – das sind Schwärme winziger Garnelen. Wenn Seehunde und Ohrenrobben bei ihrer Jagd erfolgreich waren, gehen sie an Land, wo sie sich stundenlang faul in der Sonne räkeln. Manchmal gelingt es jedoch einem Schwertwal, bis ans Ufer zu gelangen und mit seinem riesigen Maul das nächstliegende Tier zu schnappen.

Der Nördliche Seebär – Er sieht dem Seelöwen sehr ähnlich, hat allerdings ein dichteres Fell und eine kürzere, spitze Schnauze. Die Bullen sind wesentlich größer als die Weibchen und ihr Körpergewicht kann das Vierfache betragen. Zur Paarungszeit suchen die Männchen einen geeigneten Ort auf, an den die Weibchen später nachkommen. Dort bringen sie ein einziges Junges zur Welt.

Die einzige Robbenart, die in lauwarmen und warmen Gewässern lebt, ist die Mönchsrobbe, die das Mittelmeer, die Hawaii-Inseln und die Karibik bewohnt. Diese Art ist vom Aussterben bedroht.

DIE ARKTISCHE NACHT DAUERT 176 TAGE.

DAS WALROSS

DIESES SÄUGETIER mit seinen langen Eckzähnen besiedelt die nördlichen Gewässer der Arktis und legt kurze, saisonbedingte Wanderungen ein. Das Männchen ist riesig; es kann bis zu 1500 kg wiegen, während das Weibchen knapp 1000 kg erreicht. Der Körper ist plump, faltig und mit nur wenigen Borsten versehen. Die mächtige Stimme des Walrosses erinnert an das Brüllen eines Löwen oder Stiers; wenn es schläft – auf dem Eis oder im Wasser –, dann schnarcht es laut. Es ist leicht reizbar und eigensinnig, zögert aber nicht, einem Artgenossen zu Hilfe zu eilen, wenn dieser angegriffen wird.

Fett – Das Walross hat unter der Haut eine dicke Speckschicht, auch *Blubber* genannt, die es vor Kälte schützt und als Nahrungsreserve für schlechte Zeiten dient.

Die Stoßzähne – Die langen Eckzähne sind für das Walross lebensnotwendig: Es braucht sie, um sich zu verteidigen, im Meeresgrund zu wühlen, sich an Land zu ziehen und zur Fortbewegung auf dem Eis und auf dem Land. Früher waren seine Stoßzähne begehrt, um daraus Schmuckgegenstände herzustellen.

Die kleinen Walrosse werden von der Mutter ungefähr zwei Jahre lang gesäugt und verbringen zwei weitere Jahre unter ihrem Schutz.

Sonnenanbeter – Auf Grund ihres massigen Körpers und ihrer zur Fortbewegung ungeeigneten Gliedmaßen bewegen sich die Walrosse an Land nur schwerfällig. Wenn sie aus dem Wasser steigen, dösen sie dicht zusammengedrängt in der Sonne, bis kein Platz mehr zur Verfügung steht. Oft gibt es Streit um einen begehrten Platz, wobei stets der Stärkere gewinnt.

BEI DEN ÄLTEREN TIEREN KÖNNEN DIE NACH UNTEN WACHSENDEN ECKZÄHNE EINEN METER LANG WERDEN.

Schreckliche Kämpfe – Diese faul und träge wirkenden Tiere sind sehr streitsüchtig. Sie heben bedrohlich den Kopf, richten die Stoßzähne auf den Gegner und stoßen dabei ein lautes Brüllen aus. Ernste Verletzungen gibt es jedoch nur sehr selten.

VÖGEL DER ARKTIS

IN DER ARKTIS leben zahlreiche Vögel. Es sind alles Zugvögel, die ihre Nahrung im Meer finden, der unerschöpflichen Nahrungsquelle vieler Tiere. Sie kommen am Ende der langen Polarnacht hierher, die den ganzen Winter und einen Teil des Frühlings über angedauert hat. Zu Herbstbeginn ziehen sie wieder in Richtung Süden.

Der Papageitaucher kann mehrere Fische im Schnabel halten. So kann er weiterfischen, ohne ständig ans Ufer zurückkehren zu müssen.

Erdhöhlen – Das Papageitaucherpaar gräbt mit dem Schnabel und mit den Zehen einen langen Gang, der in eine Kammer mündet. Dort legt das Weibchen ein einziges Ei ab. Manchmal nisten sich hier auch andere Tiere ein, wie beispielsweise Wildkaninchen.

Die Küstenseeschwalbe baut ihr Nest oft auf unbewohnten, kleinen Inseln, die weit vor der Küste liegen. Man trifft sie auf offener See. Sie legt sehr lange Strecken zurück, häufig über zehntausende Kilometer! Bis heute weiß man nicht, weshalb die Küstenseeschwalbe so lange Reisen unternimmt.

Der Tordalk – Dieser Vogel ist ungefähr 40 cm lang. Sein kräftiger Schnabel ist schwarz und weist einen weißen Strich auf. Er nistet in Felsspalten und Höhlen auf den Klippen des Atlantischen Ozeans.

DER PAPAGEITAUCHER KANN BIS ZU 20 FISCHE AUFGESPIEßT IM SCHNABEL TRAGEN.

Die Schnee-Eule – Sie ist eine Gefahr für Jungvögel. Dieser Raubvogel, der sich auch von kleinen Nagern wie Mäusen und Lemmingen ernährt, geht nachts geräuschlos auf die Jagd.

Der Tordalk legt in der Regel zwei Eier. Beide Eltern kümmern sich um die kleinen Jungvögel.

3
8
7

Antarktis

Land und Eis – Die Antarktis ist ein Kontinent, der zu 98 % mit Eis bedeckt ist. Da es in dieser Region keine warmen Meeresströmungen gibt, ist es hier weitaus kälter als in der Arktis.
Die Temperatur steigt nie über 0 °C. Menschen haben sich hier nie dauerhaft angesiedelt, doch gibt es sowohl im Landesinneren als auch an der Küste viele wissenschaftliche und meteorologische Stationen. Dennoch konnten sich auch auf diesem öden Erdteil viele Tiere anpassen, um zu überleben und sich fortzupflanzen.

Entdeckungen – Der Norweger R. Amundsen hat 1911 als Erster den Südpol erreicht.

Vulkane und Eisberge – Der höchste Gipfel der Antarktis ist der aktive Vulkan Erebus (3794 m).
Die riesigen Eisberge der Antarktis entstehen aus der Eisdecke, die sich über das Festland hinausschiebt und dann ablöst. Dagegen besteht das Eis der Arktis aus weiten, flachen Eisschollen.

1. **Albatros**
2. **Seeleopard**
3. **Blauwal**
4. **See-Elefant**
5. **Eselspinguin**
6. **Königspinguin**
7. **Felspinguin**
8. **Ohrenrobbe**

PINGUINE

PINGUINE SIND VÖGEL, aber ihre Flügel sind zum Fliegen ungeeignet: Sie sind zu klein. Sie dienen wie bei den Fischen als Flossen zum Schwimmen. Pinguine trifft man nur in der Antarktis an. Sie leben in großen Kolonien auf dem Festland, wobei einige Arten durchaus in der Lage sind, weite Strecken im Meer zurückzulegen. Dann müssen sie oft tagelang ohne Nahrung auskommen und von ihrem Fett zehren, das sie zuvor als Energiereserve gespeichert hatten. Pro Jahr legen sie ein einziges Ei.

Königspinguine legen ihr Ei im Frühjahr oder im Sommer. Nach dem Schlüpfen bleibt das Küken den ganzen Winter über bei den Eltern. Wenn es wieder wärmer wird, ist das Jungtier in der Lage, sich selbst mit Nahrung zu versorgen.

Der Felspinguin
Er hat an beiden Kopfseiten einen goldgelben Federschopf und bewohnt die Gewässer Australiens und Neuseelands.

Das Gefieder der jungen Pinguine ist normalerweise hellbraun. Erst nach einer gewissen Zeit tragen sie den typischen Frack der erwachsenen Pinguine.

Küken – Die kleinen Pinguine wärmen sich in den Hautfalten unter dem Bauch der Eltern.

DIE KOLONIEN DES KAISERPINGUINS KÖNNEN AUS BIS ZU 300 000 TIEREN BESTEHEN.

Robben

Diese Säugetiere waren früher Landbewohner, aber besiedeln heute die Meere der gesamten Erde. Ihre Beine haben sich im Laufe der Evolution in Flossen verwandelt: Somit sind sie für die Unterwasserjagd nach Fischen bestens ausgestattet. Weitere Merkmale der guten Anpassung an das Leben im Wasser sind der stromlinienförmige Körper, die zurückgebildeten Ohren (Seehunde) oder die sehr kleinen Ohrmuscheln (Ohrenrobben), die hervortretenden Augen, die es ihnen ermöglichen, auch in der Dunkelheit großer Tiefen noch zu sehen, sowie die Nase, die beim Tauchen durch eine Zwischenhaut fest verschlossen wird.

Der Seebär hat am Hals eine lange, struppige Mähne.

Der See-Elefant – Die größte Robbenart der Erde: Das Männchen kann ein Gewicht von 3500 kg erreichen. Den Namen verdanken diese Tiere ihrem Rüssel, der bei den Weibchen allerdings fehlt.

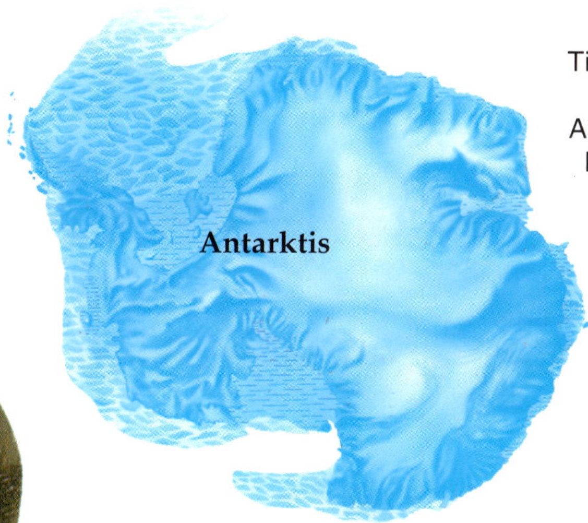

Tiere können nur an den Küsten der Antarktis überleben. Das Binnenland ist völlig unbesiedelt.

Der Seeleopard – Er hat eine gefleckte Fellzeichnung wie die Wildkatze, deren Namen er trägt. Das äußerst angriffslustige Tier ernährt sich auch von kleineren Robben.

2
1
4
3
5
9
14
13
15

DIE TUNDRA

Eine raue Landschaft – Als Tundra bezeichnet man die Vegetation der Länder um den nördlichen Polarkreis. Sie besteht aus Moosen, Flechten und niedrigen Sträuchern und ist typisch für die Gebiete, in denen Dauerfrost das Tiefenwachstum der Wurzeln verhindert.

Wanderungen – Erst im Frühling, wenn das Pflanzenwachstum wieder einsetzt, kommen aus dem Süden Vögel, Nager und Fleischfresser hierher.

Kaum Menschen – In der Tundra gibt es keine Landwirtschaft. Diese Gebiete werden daher lediglich für wenige Monate im Jahr von vereinzelten Jägern und Hirten aufgesucht.

1. **Kleine Raubmöwe**
2. **Schneeeule**
3. **Schneehuhn**
4. **Karibu**
5. **Wolf**
6. **Eisfuchs**
7. **Moschusochse**
8. **Kanadagans**
9. **Mittelsäger**
10. **Eistaucher**
11. **Schneehase**
12. **Lemming**
13. **Schneeammer**
14. **Reiherente**
15. **Äsche**

DER MOSCHUSOCHSE

Der Moschusochse hat kräftige geschwungene Hörner. Sie sind auch beim Weibchen vorhanden.

IM HOHEN NORDEN des amerikanischen Kontinents, in Kanada, Alaska und Grönland, lebt der Moschusochse. Er hat auffallende Hörner und ein sehr langes Fell, das ihn vor den niedrigen Temperaturen jener Landstriche schützt. Er lebt in kleinen Herden und ernährt sich von den spärlich vorkommenden Pflanzen wie Moosen, Flechten und Sträuchern. Bären, aber auch Wölfe, die in Rudeln angreifen, sind seine natürlichen Feinde.
Der Moschusochse ist ein angriffslustiges Tier. Nicht selten kommt es zu wilden Kämpfen zwischen Artgenossen.

Verteidigung – Wenn die Moschusochsen von Wölfen angegriffen werden, stellen sie sich im Kreis auf, um den Feind in die Flucht zu schlagen. Die Jungtiere finden in der Mitte der Herde Schutz.

Jungtiere – Normalerweise bringt die Moschuskuh alle zwei Jahre ein Kalb zur Welt.

Lemminge und Ziesel

Bei beiden handelt es sich um kleine Nagetiere. Einer Legende nach begehen die Lemminge Massenselbstmord, indem sie sich ins Wasser stürzen – offenbar um die Zahl der Tiere konstant zu halten. In Wirklichkeit verhält es sich aber anders: Während der Frühlingswanderungen in Richtung Norden müssen die Lemminge auch breite Flüsse durchschwimmen. Dabei kommen viele von ihnen um. Die Überlebenden sorgen in kurzer Zeit wieder für Nachwuchs: Lemminge sind nämlich äußerst paarungsfreudig.

Der Lemming hält keinen Winterschlaf. Er gräbt sich einen Bau, den er mit Nahrungsvorräten auffüllt.

Die Schneidezähne der Nagetiere wachsen ständig nach.

Der Lemming – Dieses kleine Säugetier ist im Norden am meisten verbreitet. Er ist ein Pflanzenfresser und ernährt sich von Samen, Blättern und Knospen.

Der Ziesel – Er ähnelt dem Murmeltier, ist aber mit seinen 22 cm Länge etwas kleiner. In Russland sind die Ziesel so zahlreich, dass sie für die Landwirtschaft ein Problem darstellen: Jedes Jahr zerstören sie mehrere Millionen Tonnen der Ernte.

DER POLARWOLF

DAS FELL DES POLARWOLFES passt sich farblich seiner Umgebung an. Man kann es vom Schnee kaum unterscheiden. Somit kann sich das Rudel unbemerkt seiner Beute nähern. In der Regel macht der Polarwolf Jagd auf große Pflanzenfresser wie Moschusochsen und Elche. Er greift aber auch kleinere Tiere wie Biber, Hasen, Kaninchen und Mäuse an.

Jedes Weibchen bringt fünf bis sechs Junge zur Welt, um die es sich zwei Jahre lang kümmert.

Die Wölfe folgen den Karibu- und Rentierherden und legen dabei manchmal über 100 km am Tag zurück.

EIN WOLF KANN BIS ZU 10 KG FLEISCH AM TAG VERZEHREN.

SCHLITTENHUNDE

IN DEN KALTEN POLARREGIONEN setzt der Mensch Schlittenhunde ein. Die dafür am besten geeigneten Rassen sind der *Siberian Husky* und der *Alaskan Malamute*. Diese Hunde sind unermüdlich und kräftig: Die eisigen Temperaturen können ihnen nichts anhaben und sie begnügen sich mit wenig Nahrung. Obwohl heutzutage Motorschlitten verwendet werden, sind diese Tiere nach wie vor unentbehrlich.

Eine Meute besteht aus einer unterschiedlichen Anzahl von Hunden, je nach Gewicht des Schlittens.

Diese Eskimohunde haben einen stolzen und zurückhaltenden Charakter: Sie zeigen ihrem Herrn gegenüber große Treue.

Gold – Gegen Ende des 19. Jahrhunderts wurden in Alaska und im Yukon bedeutende Goldvorkommen entdeckt. Beim Abbau des Goldes erhielten die Goldgräber große Unterstützung durch ihre Schlittenhunde.

Orientierungssinn
Selbst bei heftigen Schneestürmen bewahren die Schlittenhunde einen außerordentlichen Orientierungssinn, der es ihnen ermöglicht, stets nach Hause zu finden.

Wölfe – Huskys und Malamutes sind direkte Nachfahren der Wölfe, mit denen sie sich auch heute noch oft paaren.

VÖGEL DER TUNDRA

Die Falkenraubmöwe nistet in der Arktis und zieht dann in die Antarktis. Dabei legt sie sehr lange Strecken zurück.

IM FRÜHLING kommen sehr viele Vögel aus dem Süden in diese unwirtliche Gegend. Sie ernähren sich überwiegend von Knospen, Beeren, Fischen oder kleinen Säugetieren wie Lemmingen und Zieseln. Wenn der Herbst naht und die Nahrung knapp wird, fliegt ein Großteil der Vögel zurück in den Süden.

Jagd – Dank ihrer scharfen Augen kann die Schnee-Eule auch bei schlechtem Licht noch jagen und kleine Nager erbeuten.

Tarnung – Viele Vögel der Tundra wechseln ihr Gefieder, um sich der Farbe ihrer Umgebung anzupassen und somit Raubtieren zu entkommen.

Die Schneegans – Hier ist sie mit einem weißen Federkleid abgebildet, doch das Gefieder kann auch eine gräulich blaue Farbe aufweisen. Schneegänse fliegen in großen Schwärmen und suchen in der Nähe von Wasserläufen oder Sumpfgebieten nach Nahrung.

Einmal im Jahr stoßen die Rentiere ihre Hörner ab, die man *Geweihstangen* nennt. Sie wachsen jedoch bald wieder nach.

DAS RENTIER

IN DEN NÖRDLICHEN LÄNDERN ist dieses Tier sehr beliebt. Der Legende nach wird der Schlitten des Weihnachtsmanns von Rentieren durch die Lüfte gezogen. In freier Wildbahn ziehen die Rentiere ständig auf der Suche nach nahrungsreichen Gebieten umher. Während dieser Wanderungen gehen die Rentierkühe mit den Kälbern voran, während die Bullen im Abstand von einigen Tagen folgen. Sowohl die Männchen als auch die Weibchen tragen ein Geweih. Das nordamerikanische Rentier wird *Karibu* genannt.

Futtersuche – Wenn der Schnee die Erde bedeckt, scharrt das Rentier so lange mit den Hufen, bis es das Gras freigelegt hat.

EIN RENTIERGEWEIH KANN BIS ZU 150 CM LANG WERDEN.

DER POLARFUCHS

Der Fuchs lebt nicht in Rudeln, sondern als Einzelgänger. Seinen Bau gräbt er in trockenen Lehm.

DER POLARFUCHS, auch Eisfuchs genannt, kommt nur in der Arktis vor. Es gibt zwei Hauptvarianten: den Weißfuchs und den Blaufuchs. Im Sommer wird das Fell etwas dunkler. Während sich der Weißfuchs lieber im Schnee aufhält, wo sein Fell – bis auf einige dunkle Stellen am Schwanz ist es strahlend weiß – ihm eine hervorragende Tarnung bietet, bevorzugt der Blaufuchs schneefreie Gebiete.

Der Rotfuchs
Der Rotfuchs ist ein enger Verwandter des Polarfuchses. Er ist in fast allen Teilen der Welt verbreitet.

Groß und klein – Die Polarfüchse, die die Inseln besiedeln, sind etwas kleiner als diejenigen auf dem Festland.

Ernährungsgewohnheiten
Der Polarfuchs gehört zur Familie der Hundeartigen. Er ist sehr anpassungsfähig: Normalerweise ernährt er sich von Lemmingen und anderen kleinen Nagern oder von Eiern, die er aus Nestern holt. Er verschmäht aber auch Fische nicht oder Aas, das aus dem Meer an Land geschwemmt wird. Im Winter frisst er die Futterreste der Bären.

DIE SAIGA-ANTILOPE

DIE SAIGA-ANTILOPE IST EIN WIEDERKÄUER, der in der Tundra Zentralasiens lebt. Ihre Nase ist lang und sehr biegsam, fast wie ein Rüssel. Trotzdem sind bei ihr Geruchssinn und Gehör nur schwach ausgebildet, das Sehvermögen ist hingegen sehr gut. Sie lebt in kleinen Herden, schließt sich jedoch in Zeiten der Futterknappheit zu großen Verbänden zusammen, die auf der Suche nach Nahrung lange Wanderungen unternehmen. Jahrhundertelang wurde die Saigaantilope gejagt, doch seit ungefähr achtzig Jahren steht sie unter Artenschutz.

Nur das Männchen hat Hörner, die bis zu 30 cm lang werden können.

Der Magen der Wiederkäuer besteht aus vier Teilen:
1. Pansen,
2. Netzmagen,
3. Blättermagen,
4. Fettmagen.

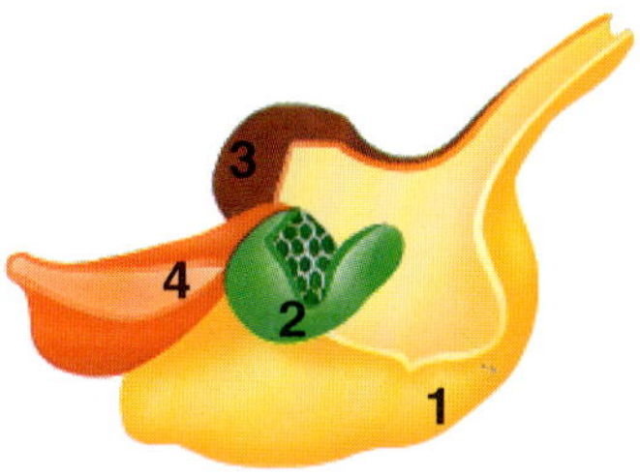

Im Gras – Das Weibchen bringt in der Regel zwei Junge zur Welt, die es einige Monate lang säugt. Solange sie klein sind, verstecken sie sich im Gras, um von den Raubtieren nicht entdeckt zu werden.

Hermelin und Nerz

Schwanz des Hermelins

Hermelin und Nerz gehören zur Familie der Marder. Sie sind kleine Fleischfresser und haben einen lang gezogenen Körper mit kurzen Pfoten und scharfen Krallen, die sie nicht einziehen können. Ihr Fell besteht wie bei vielen anderen Säugetieren, aus zwei Schichten: Eine davon ist aus Flaum, auch Scherwolle genannt. Die längere Schicht wird als Deckhaar bezeichnet.
Es sind geschickte Raubtiere, die kleine Nager wie beispielsweise Mäuse jagen.

Das Hermelin – Es ist etwas kleiner als der Nerz (mit Schwanz ist es gerade mal 35 cm lang). Es besiedelt die kalten Regionen Nordamerikas, Europas und Asiens, kann aber auch in anderen Lebensräumen wie zum Beispiel im Kaukasus und in den Höhenregionen Algeriens angetroffen werden. Nachts geht es auf Jagd. Es lebt als Einzelgänger.

Der Nerz – Er kann bis zu 60 cm lang werden, wovon allein der Schwanz schon 15 cm ausmacht. Er lebt in der Nähe von Tümpeln und kleinen Seen und ernährt sich von Fröschen, Weichtieren und Krustentieren. Der Nerz ist in Nordamerika beheimatet, wird aber in vielen Ländern wegen seines wertvollen Felles gezüchtet.

Pelzwechsel – Im Winter wird das braune Fell des Hermelins weiß, damit es sich im Schnee besser verstecken kann. Die Schwanzspitze bleibt jedoch schwarz.

Gebirge

IM GEBIRGE

IM HOCHGEBIRGE leben nur wenige Menschen, denn eine landwirtschaftliche Nutzung des Bodens ist kaum möglich. Lediglich im Sommer können diese Gebiete als Weideland genutzt werden. Seit ungefähr hundert Jahren haben die Berge als Freizeitziel immer mehr an Bedeutung gewonnen. Zunächst kamen Bergsteiger, dann folgten die Skifahrer. Doch Pisten, Liftanlagen, Hotels und Ferienhäuser zerstörten das ökologische Gleichgewicht der Bergwelt.

Eine junge Gämse sieht sich neugierig um.

Im Hochgebirge wachsen selbst auf steinigen Böden farbenprächtige Blumen. Die Akelei ist eine davon.

Umwelt – Mit zunehmendem Tourismus kam für viele Teile der Bergbevölkerung auch wirtschaftlicher Wohlstand, allerdings verbunden mit starken Eingriffen in die Natur.

Die Vikunja – Sie ist mit dem Kamel verwandt und bewohnt die Anden. Neben den Familienverbänden gibt es auch Herden, die nur aus Männchen bestehen. Früher wurde die Vikunja wegen ihres weichen Fells gejagt, doch nun steht sie unter Naturschutz.

Der Langur ist ein Affe, der sich von Pflanzen ernährt. Er lebt in den Bergen Asiens.

DIE HÖCHSTGELEGENE HAUPTSTADT DER WELT IST LHASA IN TIBET. (3630 M)

Der Auerhahn – Dieser elegante Vogel lebt in den Bergwäldern Europas und Asiens. Den Winter verbringt er auf Nadelbäumen, von deren Nadeln er sich ernährt. Sobald im Sommer jedoch das Land schneefrei ist, sucht er auf dem Boden nach Samen und Trieben.

1
2
6
5
4
Gb. Bertelli

Die Berge Nordamerikas

Die Rocky Mountains
Im Westen der beiden amerikanischen Kontinente erstreckt sich die längste Gebirgskette der Welt: die Kordilleren. In Nordamerika nennt man dieses Gebirge auch *Rocky Mountains*. Es verläuft von Alaska im Norden nach Neu-Mexiko im Süden über eine Länge von 5 000 km. Das Klima ist für die Landwirtschaft ungeeignet. Dafür können dort im Sommer große Rinder- und Schafherden weiden.

Nationalparks – Die grandiose Berglandschaft hat die Regierungen Kanadas und der Vereinigten Staaten dazu bewogen, berühmte Nationalparks zu gründen: Dazu gehören der Banff- und Jasper-Nationalpark in Kanada sowie die Yellowstone-, Glacier-, Grand-Teton- und Rocky-Mountains-Nationalparks in den Vereinigten Staaten.

1. **Bergziege**
2. **Kolkrabe**
3. **Goldadler**
4. **Pika oder Pfeifhase**
5. **Murmeltier**
6. **Grislibär**
7. **Dickhornschaf**
8. **Vielfraß**
9. **Alpenschneehuhn**

NORDAMERIKA

Das Dickhornschaf hat ein braunes Fell und lange, spiralförmig gewundene Hörner.

WÄHREND DER LETZTEN EISZEIT drangen auf der ganzen Erde die Gletscher immer mehr in Richtung Äquator vor. Die Tiere mussten daher in wärmere Gegenden ziehen. Auf ihrer Wanderung stießen sie in Europa und Asien auf Bergketten, die von Osten nach Westen verliefen und ihnen den Weg versperrten. Einige Arten, die nicht in der Lage waren, diese Barrieren zu überwinden, starben aus.
Da in Amerika die Berge jedoch von Norden nach Süden verlaufen, konnten mehr Tierarten überleben.

Die Schneeziege – Sie nascht sehr gerne Salz und legt oft lange Strecken zurück, um an diese Leckerei zu kommen. Schneeziegen ernähren sich sehr abwechslungsreich: Weidenzweige, Gräser und Nadelgewächse gehören zu ihren Lieblingsspeisen.

Der Grislibär – Früher war er in den Rocky Mountains sehr verbreitet. Jetzt findet man ihn nur noch in Alaska und in den Bergen Kanadas.

Kämpfe – Wenn Dickhornschafe mit großer Wucht die Hörner gegeneinander stoßen, kann man es aus großer Entfernung hören.

DER HÖCHSTE GIPFEL NORDAMERIKAS IST DER MOUNT MCKINLEY IN ALASKA (6194 M).

Der Vielfraß – Dieser Einzelgänger lebt in den Wäldern des Nordens. Jeden Abend gräbt er sich eine Höhle für die Nacht. Er ist ein Fleischfresser und greift seine Beute im offenen Gelände an. Daher können die Beutetiere oft entkommen. Dann ernährt er sich von Aas, das Bären oder Pumas übrig gelassen haben. Ein typisches Merkmal des Vielfraßes ist sein tänzelnder Gang.

1
4
3
7
6
5
10
11

Die Anden

Die Kordilleren – Im westlichen Teil Südamerikas setzt sich der Gebirgszug der Kordilleren fort. Hier nennt man ihn auch die *Anden*. Der höchste Gipfel dieses Hochgebirges, das in Nord-Süd-Richtung verläuft, ist der Aconcagua, ein 6959 m hoher Vulkan.

Der Kondor – Er ist einer der bekanntesten Andenvögel. Seine Flügelspannweite beträgt mehr als drei Meter.

Das Lama – Die Einheimischen halten Lamas als Haustiere. Sie liefern Fell, Leder, Fleisch, Milch und werden auch als Zugtiere eingesetzt.

1. **Kondor**
2. **Puma**
3. **Magellan-Gans**
4. **Vampirfledermaus**
5. **Guanako**
6. **Lama**
7. **Alpaka**
8. **Vikunja**
9. **Pudu**
10. **und 11. Kolibris**
12. **Roter Nasenbär**
13. **Hasenmaus**
14. **Chinchilla**

DIE BERGE SÜDAMERIKAS

DIE ANDEN SIND SEHR HOCH UND STEIL und meist ganzjährig mit Schnee bedeckt. Nur im Norden, wo mildere Temperaturen herrschen, sind die Hochebenen von Menschen besiedelt und werden landwirtschaftlich genutzt. Bei den Anden handelt es sich um ein junges Gebirge, das durch Verschiebungen der Erdkruste aus den Meerestiefen emporgehoben wurde. Man stößt dort auch heute noch auf viele aktive Vulkane wie beispielsweise den 6863 m hohen Ojos del Salado.

Die nachtaktive Paka ist ein ausgezeichneter Schwimmer. Sie lebt in der Nähe von Wasserläufen.

Der Brillenbär
Den Namen verdankt dieser kleine, schwarze Bär einem brillenförmigen, gelblichen Fleck an der Augenpartie. Der Brillenbär lebt in den nördlichen Anden.

Der Kondor – Diesen großen Raubvogel kann man in allen Höhenlagen antreffen: in Küstengebieten ebenso wie in 5000 m Höhe. Im Gegensatz zum Adler, der als Einzelgänger lebt, bildet der Kondor die für Geier typischen Verbände.

DER ANDENKONDOR IST DER SCHWERSTE RAUBVOGEL. ER KANN BIS ZU 12 KG WIEGEN.

DAS LAMA

LAMAS sind schon seit der Inkazeit ein Wahrzeichen der Andenregion. Ihr Fell ist dicht und weich und somit für die strengen Klimaverhältnisse auf den Bergen bestens geeignet. Fühlt sich das Lama gestört, dann verteidigt es sich auf ganz besondere Weise: Es bespuckt den Angreifer mit solcher Wucht, dass dieser verwirrt von seinem Vorhaben ablässt.

Das Lama ähnelt dem Kamel. Es ist allerdings kleiner und trägt keine Höcker.

Das Guanako – Das größte Säugetier Südamerikas ist der wild lebende Vorfahr der Lamas und Alpakas. Früher wurde das Guanako wegen seines Fells gnadenlos gejagt. Heute steht es unter Artenschutz.

Die Vikunja – Sie ist der kleinste Vertreter der Kamelartigen und wiegt höchstens 50 kg. Die Vikunja liefert eine ausgezeichnete Wolle, die weich und von erlesener Qualität ist.

Das Alpaka wird vor allem wegen seiner hochwertigen Wolle gehalten.

1
2
3
4
10
8
9

Die Berge Asiens

Die höchsten Gipfel
Die Himalaja-Region ist ein 3 250 km langes Bergmassiv, das Indien von Zentralasien trennt. Dort befindet sich der höchste Berg der Welt: der Mount Everest (8 848 m). In der Sprache der Einheimischen heißt er *Chomolungma*, das bedeutet *Große Mutter der Erde*.

Weitere Berge – Asien ist der größte Kontinent. Er wird von zahlreichen Bergketten auf verschiedenen Höhenlagen durchzogen. Je nach Klima und Umweltbedingungen ist daher auch die Tierwelt sehr artenreich.

Tiere – Im Hochgebirge Tibets lebt der Yak. Selbst eisige Kälte macht ihm nichts aus. Der Panda bevorzugt hingegen mildere Temperaturen.

1. **Kleiner Panda**
2. **Lämmergeier oder Bartgeier**
3. **Nilgau-Antilope**
4. **Takin**
5. **Yak**
6. **Tahr**
7. **Argali-Schaf**
8. **Großer Panda**
9. **Vierhornantilope**
10. **Persische Gazelle**
11. **Palmenroller oder Musang**
12. **Schneeleopard**
13. **Kragenbär**

AUF DEM DACH DER WELT

DIE PAMIR-HOCHEBENE wird von den Einheimischen *Bam-I Dunya* genannt, was so viel wie »Dach der Welt« bedeutet. Sie erstreckt sich über 100 000 km² zwischen Tadschikistan, Afghanistan und China. Die Durchschnittshöhe liegt bei über 3 000 m. Es handelt sich um eine typische Steppenlandschaft, die von hohen Bergketten umgeben ist. Charakteristisch für diese Gegend sind die spärliche Vegetation, einige Wasserläufe und zahlreiche Seen.

Die Schraubenziege, die auch Markhor genannt wird, hat lange, korkenzieherartig gewundene Hörner.

Pikas werden auch Pfeifhasen genannt.

Der Lämmergeier
Dieser Greifvogel ernährt sich von Aas. Er jagt aber auch kleine Säugetiere wie beispielsweise Lämmer, denen er seinen Namen verdankt. Er fliegt in großen Höhen und entfernt sich weit von seinem Nest.

Der Kragenbär – Sein Fell ist schwarz, abgesehen von einer hellen Fellpartie am Hals, dem »Kragen«. Auf seinem Speiseplan stehen Beeren und Früchte, kleine Krustentiere, die er in Flüssen findet, und wirbellose Tiere. Am liebsten hält er sich in den Wäldern auf, weil es dort reichlich Nahrung gibt. Außerdem ist er ein sehr geschickter Kletterer.

Die Vierhornantilope
Sie ist ungefähr so groß wie eine Gazelle. Die Männchen haben vier Hörner (die vorderen sind extrem kurz), die Weibchen hingegen keine. Antilopen leben paarweise oder als Einzelgänger an Wasserläufen in den Bergwäldern Indiens.

Den Kopf der Languren umgibt dichtes, mähnenartiges Fell.

Der Amherst-Fasan – Sein Gefieder ist äußerst farbenprächtig und sein Schwanz sehr lang. Er ist in den dichten Bambuswäldern in 2000 bis 3000 m Höhe zu Hause. Seine Nahrung besteht aus jungen Bambustrieben.

Das Moschustier
Es ist ein untypischer Vertreter der Hirsche, da es kein Geweih trägt. Seine oberen Eckzähne sind dagegen stark ausgeprägt. Das Moschustier ist in den steilen Bergen und reich bewaldeten Gebieten von Tibet bis Sibirien beheimatet. Eine seiner Drüsen, die so genannte *Moschustasche*, enthält einen stark riechenden Duftstoff.

DER MOUNT EVEREST IST DER HÖCHSTE BERG DER WELT (8848 M).

TAKIN UND YAK

DER TAKIN hat Ähnlichkeit mit einem Ochsen: Er ist robust und plump, kann aber in 2500 bis 4000 m Höhe leben. Lediglich im Winter, wenn die Nahrungssuche schwierig wird, steigt er in tiefere Regionen hinab.
Der Yak lebt sogar in Höhen bis 6000 m. Die Einheimischen benutzen ihn schon so lange als Lasttier, dass es kaum noch wild lebende Yaks gibt.

Der junge Takin kommt nach acht Monaten Tragezeit auf die Welt.

Der Takin – Wird er von einem Angreifer aufgeschreckt, dann flüchtet der Takin ins Dickicht, um sich dort zu verstecken. Er legt sich hin und hält den Kopf ganz flach am Boden. Er ist sich seines Verstecks so sicher, dass man sich ihm ohne weiteres nähern kann.

Der Yak – Sein schwarzes, dichtes Fell, schützt ihn vor der Kälte des Hochgebirges. Der Yak dient den Menschen als Last- und Reittier.

DER LÄNGSTE GLETSCHER DES HIMALAJA IST DER SIACHEN. ER IST 75,5 KM LANG.

DER SCHNEELEOPARD

MAN BEZEICHNET IHN AUCH ALS IRBIS. Mit Schwanz ist diese Katze über zwei Meter lang. Er hat ein dichtes Fell und seine breiten Tatzen verhindern, dass er im Schnee versinkt. Seine Fellzeichnung bietet ihm in seiner natürlichen Felsenumgebung eine ausgezeichnete Tarnung. Er ist sehr flink und verfolgt seine Beute auch auf steilen Felsen. Im Gegensatz zu anderen Raubkatzen kann der Schneeleopard sehr weit springen und erreicht dabei mühelos eine Weite von 15 m. Früher wurde er wegen seines begehrten Felles gejagt. Inzwischen ist er streng geschützt.

Der *Tschiru* gehört zu den Beutetieren des Schneeleoparden. Er lebt in Höhen bis zu 5000 m. Die Weibchen unterscheiden sich äußerlich kaum von den Männchen, tragen jedoch keine Hörner.

Die Kinderstube – In der Regel bringt das Weibchen zwei Junge zur Welt. Nach der Entwöhnung dürfen sie mit der Mutter auf Jagd gehen. Dabei beobachten sie die Umgebung von einem hohen Punkt aus. Im Sommer lebt der Schneeleopard im Gebirge, im Winter zieht er in die Täler.

DER PANDA

DER GROßE PANDA ist das Symbol der weltweiten Naturschutzorganisation WWF (World Wide Fund of Nature). Er lebt nur noch in den Bergen Osttibets und Südwestchinas. Der Panda wäre beinahe schon ausgestorben, wurde jedoch noch rechtzeitig unter Naturschutz gestellt. Wegen seiner Lieblingsspeise wird er auch *Bambusbär* genannt.

Der Kleine Panda
Er ist weniger bekannt als der Große Panda. Fell und Schwanz sind rötlich, während Bauch und Pfoten schwarz sind. Er ist außerdem um einiges kleiner.

Die Gesamtpopulation des Großen Pandas wird nur auf einige hundert Exemplare geschätzt.

Ernährung – Der Große Panda ist im Wesentlichen ein Pflanzenfresser. Zu seiner Kost gehören Bambussprossen, aber auch Blätter, Wurzeln, Blumen und manchmal kleine Nagetiere.

BEI SEINER GEBURT MISST DER GROSSE PANDA UNGEFÄHR 10 CM.

ARGALI, TAHR UND MARKHOR

DAS »DACH DER WELT« ist die Heimat einiger gehörnter Pflanzenfresser, die Ähnlichkeit mit Ziegen haben. Mit großer Geschicklichkeit klettern sie auf den steilen Felswänden herum oder weiden an schwer zugänglichen Stellen. Einige, wie beispielsweise der Tahr sind vom Aussterben bedroht. Dabei haben sie – abgesehen vom Menschen – nur wenige natürliche Feinde.

Das Argali-Schaf – Argali- oder Riesenwildschafe leben in Herden. Die Männchen haben auffällige Hörner. Manchmal tragen sie untereinander wilde Kämpfe aus, bei denen sie sich gegenseitig mit den Hörnern rammen. Ernsthafte Verletzungen sind jedoch nur selten.

Der Tahr kann aus 10 m Höhe springen, ohne sich dabei zu verletzen. Er wurde auch in Amerika erfolgreich angesiedelt.

Ein Markhor mit seinem Jungen

Der Markhor – Er hat auffallende, korkenzieherartig nach oben gerichtete Hörner und ist in der Lage, auf schief liegende Baumstämme zu klettern, um sich die zarten Blätter abzupflücken. Den Markhor nennt man auch Schraubenziege.

1
2
3
4
5
6
7

Die Alpen

Die Alpen bilden die höchste Gebirgsgruppe Europas. Diese bogenförmige Bergkette ist 1100 km lang und höchstens 250 km breit. Sie erstreckt sich in Ost-West-Richtung durch Italien, Frankreich, die Schweiz und Österreich. Viele ihrer Gipfel sind ständig mit Schnee bedeckt. Oft bilden sich daraus Gletscher.

Pflanzen – Die Vegetation ist sehr abwechslungsreich und umfasst Laub- und Nadelwälder. Oberhalb von 2000 m findet man jedoch an Stelle der Bäume nur noch Sträucher und Weiden.

Tiere – Viele Tierarten sind in diesem Gebiet beheimatet und ihre Zahl steigt trotz der Anwesenheit vieler Menschen ständig an. In Italien wurde sogar wieder ein Luchs gesichtet, der seit über 200 Jahren in den Alpen als ausgerottet galt.

1. Goldadler

2. Hirsch

3. Alpenschneehuhn

4. Birkhuhn

5. Auerhahn

6. Murmeltier

7. Rabe

8. Steinbock

9. Gämse

10. Schneefink

11. Wiesel

12. Apollofalter

13. Wühlmaus

IN DEN ALPEN

JAHRHUNDERTELANG haben die Bewohner der Alpen die dort ansässigen Tiere gejagt, sodass viele Arten vom Aussterben bedroht waren. Heute sorgen strenge Gesetze für den Schutz der Tier- und Pflanzenwelt. Sowohl die Jagd als auch der Fischfang sind nun reglementiert. Diese Maßnahmen haben zu einer beständigen Zunahme der Arten geführt. Nach jahrzehnte- bzw. sogar jahrhundertelanger Abwesenheit sind einige Tierarten wieder in dieses Gebiet zurückgekehrt, aus dem sie der Mensch vertrieben hatte.

Der Mauerläufer – Der Körper des Mauerläufers ist grau, seine Flügel sind rot und schwarz. Geschickt kann er auf Steilfelsen klettern, um in den Spalten nach seiner Nahrung, kleinen Insekten, zu suchen.

Die flinke Gämse besitzt kurze Hörner, die an den Spitzen hakenförmig nach hinten gebogen sind.

Viele Blumenarten haben sich an das Hochgebirgsklima angepasst. Die Abbildung zeigt einen Gelben Enzian.

Die Viper – Die Viper legt keine Eier, sondern bringt lebende Junge zur Welt. Sie greift nur an, wenn sie sich bedroht fühlt.

Das Birkhuhn
Während der *Balzzeit* kämpfen die Hähne in so genannten *Arenen*.

Murmeltiere gehören zur Familie der Nagetiere und sind mit den Eichhörnchen verwandt. Sie graben unterirdische Gänge.

Der Goldadler – Dieser Greifvogel lebt in den hohen, schwer zugänglichen Alpenregionen. Goldadler sind Einzelgänger und leben nur während der Brutzeit und Aufzucht paarweise zusammen. Zum Gleiten nützt der Goldadler die Luftströmungen aus. Er überfliegt sein Revier auf der Suche nach Beutetieren und fremden Raubvögeln. Eindringlinge werden sofort vertrieben.

DER HÖCHSTE BERG DER ALPEN IST DER MONTBLANC (4810 M).

HUFE UND HÖRNER

VIELE BERGTIERE sind mit Hufen ausgestattet, die für das Überleben notwendig sind. Die Hörner sind eine wertvolle Waffe, um Feinde zu vertreiben und die Vorherrschaft in der Herde zu erringen. Mit hilfe der Hufe können die Tiere auf steilen, oft schneebedeckten Felsen gut klettern und überraschend schnell laufen. Zu den natürlichen Feinden der Huftiere gehören große Greifvögel wie der Adler, aber auch Bären, Wölfe und Luchse, die heute in den Alpen wieder anzutreffen sind.

Wenn Gämsen auftreten, werden die Klauen gespreizt und bieten somit auf schneebedecktem Boden einen idealen Halt.

Die Gämse – Gämsen leben oberhalb der Baumgrenze. Im Winter ziehen sie jedoch in tiefere Regionen und besiedeln dort die dichten Wälder. Gämsen leben in kleinen Herden. Das Weibchen bringt ein einziges Jungtier zur Welt, das schon nach wenigen Stunden der Mutter folgen kann.

Zu den Beutetieren des Adlers gehören junge Huftiere. Er packt sie und trägt sie durch die Lüfte in sein Nest.

Der Steinbock – Dieses große Huftier hat einen kurzen Bart und lange Hörner, die bei den Männchen eine Länge von einem Meter erreichen können.

Der wilde Rhododendron wächst in den Alpen.

Der Mufflon – Der Mufflon ist das einzige in Europa vorkommende Wildschaf. Das Männchen hat sehr auffällige Hörner. Sie sind spiralförmig gebogen und hören nie auf zu wachsen.

Der Mufflon ist ein Pflanzenfresser. Manchmal schält er auch die Rinde junger Bäume ab, wodurch diese absterben, weil die Blätter nicht mehr mit Pflanzensaft versorgt werden können.

Der Schwanz des Murmeltieres ist kurz und behaart, die Beine gedrungen.

DAS MURMELTIER

WIE ALLE NAGETIERE hat auch das Murmeltier stark ausgeprägte Schneidezähne, die ständig nachwachsen. Während die Jungtiere weiße Schneidezähne haben, nehmen die der erwachsenen Tiere eine gelbliche Färbung an. Das Murmeltier ist schon seit Urzeiten bekannt: Der römische Naturforscher Plinius der Ältere (23-79 n. Chr.) nannte es *Alpenmaus* und berichtete, dass es »unter der Erde lebt und wie eine Maus pfeift«. Vor dem Winterschlaf füllt das Murmeltier seinen Bau mit Vorräten auf. Hin und wieder wacht es auf und nimmt etwas Nahrung zu sich. Erst im Frühling verlässt es wieder seinen Bau.

Verhalten – Murmeltiere verbringen viel Zeit in der Nähe ihres Erdbaus und halten – auf den Hinterpfoten sitzend – nach Feinden Ausschau. Wenn Gefahr droht, verständigen sie ihre Artgenossen mit einem typischen Pfeifen.

Feinde – Der Rabe ist ein gefürchteter Feind der Murmeltiere, da er auf die Jungtiere Jagd macht.

Weitere Feinde – Während Raben normalerweise in großen Scharen angreifen, nähert sich der Adler einzeln und ganz leise. Er erblickt seine Beute aus großer Höhe und stürzt sich auf sie. Kurz vor dem Beutetier verlangsamt er seinen Sturzflug, spreizt die Krallen ab und packt das arme Opfer, für das es kein Entkommen gibt. Weitere Beutetiere des Adlers sind kleine Huftiere, Hasen, Kaninchen und Schlangen.

Das Murmeltier ernährt sich von Wurzeln, Blättern und Gräsern. Zum Fressen setzt es sich auf seine Hinterpfoten und hält die Nahrung mit den Vorderpfoten fest.

Fett – Unter seiner Haut hat das Murmeltier eine dicke Speckschicht, die als Kälteschutz und als Energiereserve dient. Die Bewohner der Alpenregion sind davon überzeugt, dass das Fett ein Heilmittel gegen Atemwegserkrankungen sei.

Pfeifen – Mit Pfeiftönen können sich Murmeltiere untereinander verständigen und bei drohender Gefahr warnen. Bei einem Pfiff verstecken sich alle Murmeltiere sofort in ihrem Bau. Sie verschwenden keine Zeit damit, die Gefahrenquelle näher zu bestimmen. Anscheinend stellen die Pfiffe der Murmeltiere auch für Gämsen ein Warnsignal dar.

DER BERNHARDINER

DER BERNHARDINER ist ein großer Hund. Er hat ein dichtes Fell, das schwarz, rot und weiß gefärbt ist. Seit dem achten Jahrhundert wird er von den Mönchen, die auf dem Großen Sankt Bernhard leben, gezüchtet. Durch seinen ausgeprägten Geruchssinn gelingt es ihm, Opfer von Erdrutschen und Lawinen aufzuspüren. Der Bernhardiner gräbt so lange, bis er die verschütteten Menschen gefunden hat.

Früher trugen Bernhardiner ein Schnapsfässchen um den Hals, damit sich die geretteten Lawinenopfer damit etwas aufwärmen konnten.

Viel Masse – Mit etwa 80 kg zählt der Bernhardiner zu den größten Hunderassen. Trotz allem besitzt er einen gutmütigen Charakter und ist sehr gehorsam.

Das Edelweiß – Diese seltene Blume steht heute unter Naturschutz.

Barry – Der berühmteste Bernhardiner hieß Barry. Zwischen 1800 und 1814 hat er mehr als 40 Menschenleben gerettet.

Wälder und Forste

WÄLDER

GEOGRAFISCH liegen die Gebiete mit gemäßigtem Klima zwischen den Polargebieten und dem subtropischen Gürtel. In den Wäldern wachsen sowohl immergrüne Bäumen wie Kiefern, Fichten und Tannen als auch Laubbäume wie Buchen, Kastanien und Birken, die im Herbst ihre Blätter verlieren. Das Unterholz aus Sträuchern und Büschen ist meist dicht und schwer zugänglich. Schnee gelangt selten bis unter die Bäume, sodass die Tiere dort noch Futter finden. Viele von ihnen halten jedoch einen Winterschlaf oder ziehen in wärmere Regionen, wo es mehr zu fressen gibt.

Stachelschweine sind nachtaktive Tiere. Sie sind über und über mit Stacheln bedeckt.

Das Eichhörnchen – Die kleinen Nagetiere leben auf Bäumen und rasen dort über Äste und Zweige.

Das Opossum – Das in Amerika und Australien verbreitete Beuteltier trägt seine Jungen wie Kängurus in einem Beutel am Bauch. Wenn sie größer werden, klammern sie sich an den Rücken der Mutter.

Der stärkste erwachsene Wolf führt das Rudel als Leittier an.

Der Braunbär – Wenn sie ausgewachsen und schwergewichtig geworden sind, klettern Bären nicht mehr so gern auf Bäume. Bärenkinder dagegen machen sich einen Spaß aus dem Klettern. Ihre Mutter kümmert sich rührend um sie. Wenn sie mit ihnen zusammen ist, sollte man gut aufpassen und sie nicht reizen.

Der Rotgesichtmakak – Dies ist der einzige Affe, der in einer Gegend lebt, wo Schnee fällt. Forschungen haben ergeben, dass sich Makaken untereinander verständigen können. Sie schreien, rufen, brummen und nehmen Gebärden und Haltungen zu Hilfe.

Luchse können auch sehr viel größere Tiere angreifen, zum Beispiel Rentiere.

Gute Schwimmer – Fischotter entfernen sich nie weit vom Wasser, weil sie sich vorwiegend von Fischen ernähren. Sie tauchen, um sie zu fangen.

Bei den europäischen Hirschen bestehen die Rudel aus einem erwachsenen Männchen und vielen Weibchen mit ihren Kälbern (Harem). Solange der Hirsch stark genug ist, wagt niemand ihm die Herrschaft über seinen Harem streitig zu machen.

Deichbauer – Biber zernagen Äste und Baumstämme, aus denen sie geschickt Dämme herstellen, die das Flusswasser stauen. Ihre Burgen liegen inmitten der kleinen Seen, die durch die Dämme entstehen. So schützen sie ihre Familien vor der Neugier ihrer Feinde.

WINTER IM WALD

Der Hase – Im Frühling findet er Triebe und zarte Gräser, doch im Winter, wenn die wenigen kümmerlichen Pflanzen unter einer Schneedecke liegen, zieht sich der Hase in seinen Bau zurück.

IM WINTER VERHINDERN KÄLTE, Schnee und Dunkelheit das Wachstum der Pflanzen. Die Tiere finden immer weniger Nahrung. Deshalb ziehen viele von ihnen in südlichere Regionen mit milderem Klima. Andere bauen sich Höhlen in der Erde oder verkriechen sich in Baumstümpfen oder Höhlen. Dort halten sie Winterschlaf. Er wird nur von kurzen Wachzuständen unterbrochen, in denen die Vorräte verzehrt werden, die die Tiere im Sommer gesammelt haben. Einigen Arten genügt auch die Fettschicht, die sie sich in der nahrungsreichen Jahreszeit angefressen haben. Wieder andere ziehen weder fort noch versinken sie im Winterschlaf. Stattdessen suchen sie in den nicht verschneiten Waldgebieten nach pflanzlicher Nahrung.

Vor dem Winterschlaf bringen viele Tiere Eicheln und andere Nahrung in die Höhle.

Verstecktes Leben – Im Winter scheint der Wald leblos und verlassen. In Wirklichkeit ist er voller Leben. Säugetiere, Reptilien und Amphibien verbringen die kalte Jahreszeit im Winterschlaf und warten auf das Wiedererwachen der Natur im Frühling.

Auf der Suche nach Wärme verstecken sich die Siebenschläfer gern in den Zimmerdecken der Häuser.

Der Dachs – Dachse verbringen den Winter in ihrem unterirdischen Bau. Die Jungen bleiben bei der Mutter oder graben sich ihre eigene Höhle.

Schneeschuhhase – Der seltsame Name bezieht sich auf die breiten mit dichtem Fell bedeckten Hinterläufe des Schneeschuhhasen. Damit kann er sich mühelos im tiefen Schnee bewegen, ohne einzusinken.

Grisli – Grisli sind nordamerikanische Braunbären. Mama Bär muss den Bärenkindern im Sommer viel zu fressen geben, damit sie genügend Energiereserven für den Winterschlaf sammeln.

1
2
3
4
5
6
7
8
13
14
Gb. Bertelli

Kanadische Wälder und Forste

Große Forstgebiete – Kanada im Norden Amerikas ist ein großes Land mit vielen Wäldern. Je weiter man nach Norden kommt, umso häufiger ersetzen Nadelbäume den weiter südlich vorherrschenden Laubwald. Sie können strenge Winter besser überstehen.

Die Tiere – In diesen Breiten leben viele Fleischfresser: Rot- und Silberfüchse, Wölfe, Vielfraße und Bären, die sich zwar am liebsten von Früchten ernähren, aber auch andere Tiere angreifen.

1. **Krähe**
2. **Goldadler**
3. **Bergziege**
4. **Wapiti**
5. **Grislibär**
6. **Schwarzbär**
7. **Dickhornschaf**
8. **Elch**
9. **Vielfraß**
10. **Wolf**
11. **Borstenstachelschwein**
12. **Kanadischer Luchs**
13. **Lachs**
14. **Fischotter**
15. **Biber**
16. **Waschbär**
17. **Puma**
18. **Pika oder Pfeifhase**
19. **Murmeltier**

IN DEN KANADISCHEN WÄLDERN

Der Weißkopfseeadler – Seine Flügelspannweite misst über zwei Meter und er wiegt mehr als fünfzig Kilo. Weißkopfseeadler leben an der Küste oder am Ufer von Flüssen und Seen. Dort fangen sie Fische und andere Vögel.

DER NORDEN KANADAS ist nur spärlich besiedelt, denn das Klima ist dort sehr unwirtlich. Nur für etwa drei Monate steigt das Thermometer auf gerade mal 10 °C und nur in dieser Zeit erwacht die Natur. In den übrigen Monaten steht den Tieren lediglich eine kümmerliche Vegetation als Nahrung zur Verfügung. Die Seen, Flüsse und das Meer liegen unter einer dicken Eisschicht. Nur wenige Tiere leben in dieser Region das ganze Jahr über. Die meisten ziehen zu Beginn des Herbstes Richtung Süden und verbringen den Winter in wärmeren Gebieten.

Das Elchweibchen bringt ein oder zwei Junge auf die Welt. Nach zehn Monaten verlassen sie ihre Mutter.

Der Elch – Er ernährt sich von den Pflanzen, die im Niedrigwasser von Flüssen und Seen zu finden sind. Wenn ein Elch angegriffen wird, sucht er seine Rettung immer zuerst im Wasser. Er kann nämlich kilometerweit schwimmen.

Stachelschweine sind nachtaktive Tiere, die sich tagsüber in ihren dunklen Bau zurückziehen.

Fischotter – Sie sind perfekt für ein Leben im Wasser ausgerüstet. Den Tag verbringen sie in ihrem Bau und kommen erst in der Dämmerung heraus, um Fische, Krustentiere, Amphibien und sogar kleine Säugetiere zu jagen. Oft lauern sie an höher gelegenen Plätzen, zum Beispiel an Ästen, die über dem Wasser hängen. Von dort stürzen sie sich auf ihre Beute.

Wölfe – In den weiten kanadischen Wäldern leben und jagen viele Wolfsrudel. Wölfe leben nicht gern allein. Sie haben eine raffinierte Technik der Jagd im Rudel entwickelt – ein Beweis für ihre Intelligenz und die Fähigkeit zu lernen.

DER BIBER

DER BIBER mit seinem dichten braunen Fell ist ein nachtaktives Nagetier. Biber sind ziemlich groß, wiegen bis zu dreißig Kilo und werden, inklusive Schwanz, größer als einen Meter. Sie leben an Wasserläufen und können hervorragend schwimmen. Ihr Fell besteht aus zwei verschiedenen Schichten: aus glänzendem, schwarzem Langhaar und einem dichten Flaum aus kürzerem und weicherem Füllhaar, der verhindert, dass Wasser an die Haut gelangt. Biber fressen vorwiegend Baumrinde, aber auch Rohr, Binsen, Brennnesseln und Triebe.

Biber bauen ihre Burg unterirdisch, die Ein- und Ausgänge sind unter der Wasseroberfläche angelegt, um sie vor Angreifern zu schützen. Die Burg ist groß genug für eine Familie von sechs oder sieben Tieren und ein Vorratslager.

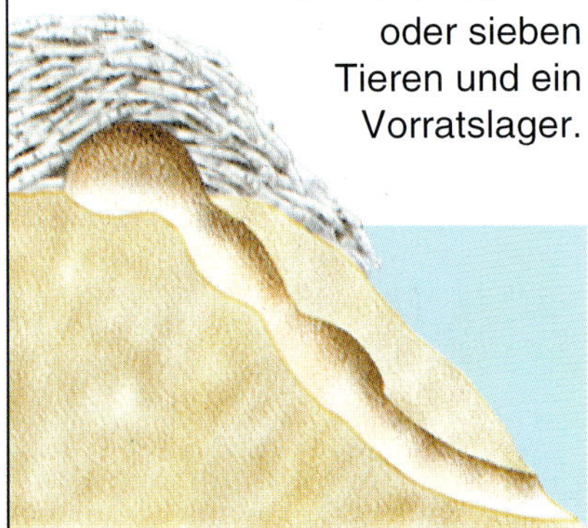

Biberburg

Beim Bäumefällen schneidet das Nagetier den Baum erst tief von einer Seite des Stammes aus an. Dann nagt es rundherum, bis der Baum umfällt.

Lebensraum – Biber sind vor allem in Nordamerika und Russland, aber auch in Westeuropa verbreitet. Sie leben in den Wäldern am Fluss- oder Seeufer.

Nase, Augen und Ohren – Wie bei vielen anderen Wassertieren liegen die Augen, Ohren und die Nase hoch oben am Kopf, damit sie über der Wasseroberfläche bleiben, während das Tier fast völlig untergetaucht ist. So kann es sehen, hören und atmen, ohne den Kopf heben zu müssen. Mit den Schwimmhäuten an den Hinterfüßen können Biber schnell schwimmen.

Großartiger Deichbauer – An Land sind Biber eher plump, aber im Wasser sind sie in ihrem Element! Das Wasser ist der wahre Lebensraum dieser Tiere. Wenn es zu seicht ist, fällen sie Bäume und bauen daraus Dämme. So stauen sie das Wasser dort, wo sie ihre Burg bauen wollen.

DER BIBER IST DAS GRÖSSTE NAGETIER NORDAMERIKAS.

In Teamwork ordnen diese Tiere die Stämme als scheinbar unordentliches Geflecht an. Diese Form ist jedoch sehr stabil und widersteht sogar dem Flusshochwasser.

Scharfe Zähne – Biber haben vier lange Schneidezähne, die mit gelblichem Schmelz überzogen sind. Sie sind so stark, dass sie einen Druck von 100 kg ausüben können! Die Tiere benutzen sie zum Bäumefällen und zum Abnagen von Baumrinde, von der sie sich ernähren.

Noch ein Baumeister – Ein weiteres Nagetier, das verwickelte Bauten aus Rohr und Binsen in der Umgebung von Seen errichten kann, ist die Bisamratte. Sie ist in Nordamerika beheimatet, aber es gibt auch einige wilde Kolonien in Europa.

Bisamratten haben ein dichtes, weiches Fell.

DER WASCHBÄR

WIE VIELE ANDERE TIERE, vor allem Vögel, haben auch die äußerst anpassungsfähigen Waschbären gelernt sich in von Menschen bewohnten Gegenden von Abfällen oder herumliegenden Lebensmitteln zu ernähren. Diese nachtaktiven Tiere wühlen gern in Mülltonnen. In ihrer natürlichen Umgebung ernähren sie sich von Kleintieren, meist Wassertieren, indem sie mit den Krallen ihrer Vorderfüße den Grund des Wassers sieben. An Land graben sie nach Regenwürmern, Larven und anderen Insekten.

Geschickter Kletterer – Waschbären leben normalerweise auf Laubbäumen, die ihnen Schutz vor Feinden bieten. Nadelwälder mögen sie nicht.

Die Waschbärjungen werden im Frühjahr geboren. Ein Weibchen bringt ein bis sieben Junge zur Welt.

Wo kommt der Name her? – Nur die in Gefangenschaft lebenden Waschbären tauchen ihre Nahrung vor dem Fressen in Wasser, als wollten sie sie waschen. Vielleicht ist dieses Verhalten eine Vorsichtsmaßnahme gegen sandige, verunreinigte Nahrung.

Der Wurf – Die Jungen werden im Schutz einer Höhle geboren, die in beachtlicher Höhe in einem Baum eingerichtet wurde. Nach 5–6 Monaten kommen sie allein zurecht.

Am liebsten verstecken sich die kleinen Waschbären in der Höhle eines Baumstumpfes.

GRÖSSTER AMERIKANISCHER NATIONALPARK: DER WOOD BUFFALO NATIONAL PARK.

Gewohnheiten – Wenn der Herbst näher rückt, ändert der Waschbär seinen Speiseplan. Von nun an frisst er Früchte, Beeren und Eicheln. Nach drei Monaten nimmt das Weibchen die Jungen mit und sorgt mit spitzen Schreien dafür, dass sie in ihrer Nähe bleiben.

Am liebsten jagen Luchse Rehe und Hirsche, aber sie greifen auch Haustiere an, Schafe und Ziegen zum Beispiel.

DER LUCHS

IM VERGLEICH ZU ANDEREN RAUBKATZEN haben Luchse richtige Stummelschwänze. Lange Schwänze dienen den Tieren als Ruder bei plötzlichen Richtungswechseln in kurzen Läufen. Luchse dagegen sind für lange Verfolgungsjagden ausgerüstet. Ihre Tatzen sind besonders hoch, damit sie weit springen können. Der natürliche Lebensraum der Luchse liegt in Wald und Forst, wo sie in den Ästen verborgen ihrer Beute auflauern.

In Amerika – In Nordamerika lebt der Rotluchs, der nachts leise um die Häuser und Ortschaften schleicht. Er hält sich in den Ästen verborgen und lauert von dort auch Haustieren auf. Am nächsten Morgen zeigen nur die Spuren einer großen Katze im Schnee, dass er da war.

Die Kleinen – Das Weibchen gebärt normalerweise zwei bis vier Junge in einer Höhle, die es an einem gut versteckten Ort, etwa in Grotten oder Baumstümpfen, errichtet hat. Die Jungen bleiben bis zum Alter von zehn Monaten bei ihrer Mutter; dann verlassen sie die Familie. Luchse sind Einzelgänger mit eigenem Jagdrevier.

Mit den gut entwickelten, muskulösen Hintertatzen kann der Luchs hochspringen und fortfliegende Vögel fangen.

1
2
5
7
6
8
Gb. Bertelli

AMERIKANISCHE FORSTGEBIETE

Große Forste – In Nordamerika gibt es noch weit ausgedehnte, unberührte Wälder, in denen die Tiere ungestört leben. Der Reichtum an Seen und Wasserläufen begünstigt die Verbreitung einer großen Artenvielfalt sowohl von Fleisch als auch von Pflanzen fressenden Tieren.

Die Farben des Waldes – Diese Tiere haben ein Fell in den Farben ihrer Umgebung, damit sie sich in der Pflanzenwelt besser verstecken können. Dieses Phänomen heißt Mimese. Mimese ist eine Form der entwicklungsgeschichtlichen Anpassung, die sich aus der natürlichen Auslese ergibt. Sie fördert bei den Tieren, ob Beute oder Jäger, die Verbesserung der Überlebenschancen.

1. **Virginia-Opossum**
2. **Flughörnchen**
3. **Buntspecht**
4. **Goldspecht**
5. **Roter Kardinal**
6. **Graufuchs**
7. **Virginia-Hirsch**
8. **Dosenschildkröte**
9. **Stinktier**
10. **Weißfußmaus**
11. **Wilder Truthahn**
12. **Baumwollschwanz-Kaninchen**

IN DEN FORSTGEBIETEN DER USA

IN DER UNGEHEUREN WEITE der Vereinigten Staaten von Amerika gibt es viele verschiedene Laub- und Nadelwälder. Da es in ostwestlicher Richtung kein Gebirge gibt, konnten während der Eiszeit, als Gletscher diese Gebiete bedeckten, viele Tierarten überleben. Sie konnten in den wärmeren Süden flüchten, ohne auf nennenswerte Hindernisse zu stoßen, wie dies in Europa und Asien geschehen ist.

Tagsüber versteckt sich das Baumwollschwanz-Kaninchen. Nachts macht es sich auf die Suche nach Gräsern, Trieben und Rinde.

Der Hirsch – Nur in den ersten Lebensjahren kann man das Alter der Hirsche an den Verzweigungen des Geweihs ablesen, später ist das nicht mehr möglich.

Opossum – Wenn die Jungen zu groß für den Beutel geworden sind, trägt die Mutter sie auf dem Rücken herum.

Wiesel sind sehr aktive Fleischfresser, die auch Tiere erlegen können, die viel größer sind als sie selbst.

Die Sequoiabäume in Kalifornien werden bis zu 120 Meter hoch.

Stinktier – Diese Tiere haben ein einzigartiges Verteidigungsinstrument: Drüsen sondern eine stinkende Flüssigkeit ab, die jeden Angreifer vertreibt. Auch der Hartnäckigste ergreift die Flucht, wenn das Stinktier ihm das Sekret direkt aufs Maul spritzt.

DAS EICHHÖRNCHEN

IN NORDAMERIKA gibt es verschiedene Eichhörnchenarten. Die kleinen flinken Nagetiere verbringen die meiste Zeit in den Bäumen. Sie flitzen über die höchsten Äste und springen von einem Baum zum anderen. Es gibt sie in den unterschiedlichsten Größen und Farben: grau, schwarz und rot, mit langem oder kurzem Schwanz.

Der Schwanz – Der Schwanz ist lang und mit dichtem Fell bedeckt. Er dient dem Tier bei seinen gewagten Sprüngen als Ruder.

Der Speiseplan – Eichhörnchen lieben Samen. Die harten Schalen von Pinienkernen und Nüssen knacken sie flink mit ihren scharfen Schneidezähnen.

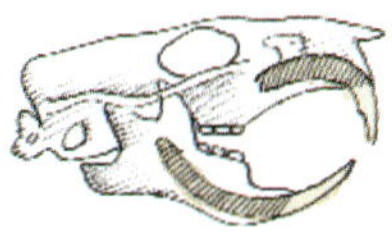

Schädel eines Eichhörnchens mit Schneidezähnen

Tamiasciurus – Dies ist der wissenschaftliche Name des Roten Amerikanischen Eichhörnchens. Es ist ein bisschen kleiner als das Europäische. Weil es sonst keine Unterschiede gibt, sind sie leicht zu verwechseln.

DER HIRSCH

HIRSCHKÜHE haben kein Geweih und sind kleiner als die männlichen Tiere. Im Sommer ist das Fell rotbraun, im Winter färbt es sich dunkler. Der hintere Teil des Körpers ist stets heller in der Farbeals der vordere. Das Geweih der Hirsche besteht aus Knochen, die sehr schnell wachsen. Einmal im Jahr wird es abgestoßen, es wächst dann wieder neu.
Der in Amerika beheimatete Rothirsch heißt Wapiti. Normalerweise lebt er im Wald, aber man findet ihn auch in sumpfigen oder karg bewaldeten Gegenden.
Wenn Hirsche nicht zu sehr belästigt werden, gewöhnen sie sich leicht an Menschen.

Die weißen Flecken sind typisch für das Fell der Jungen.

Ein ausgewachsener Hirsch wacht über seine Familie, während im Hintergrund zwei junge Hirsche lernen sich mit den Hörnern zu verteidigen.

Das Geweih – Anfangs ist das Geweih noch mit einer plüschartig behaarten Haut überzogen, die man *Bast* nennt. Wenn das Wachstum abgeschlossen ist, wird der Bast abgescheuert, sodass der Geweihknochen weiß zurückbleibt. Zum Abscheuern reibt sich das Tier an Baumstämmen.

Diese vier Bilder zeigen die Unterschiede im Geweih eines Hirsches in vier aufeinander folgenden Jahren.

15
14
1
3
4
2
8
6
7
9

Wälder in Europa

Gemäßigtes Klima – Europa liegt zwischen den Subtropen und der Arktis. Die Winter sind kalt und die Sommer warm, aber die Temperaturen sind nie wirklich hoch oder niedrig. Die vielfältige Pflanzenwelt kennt immergrüne Bäume und solche, deren Blätter im Winter fallen.

Die Tierwelt – In Mittel- und Südeuropa mussten die Wälder im Laufe der Jahrhunderte den Anbauflächen der Menschen weichen, während sie im Norden fast unversehrt blieben. Trotzdem ähnelt sich die Tierwelt, bestimmend ist vor allem der Breitengrad. Aus dem Norden, wo der Winter streng ist und die Nahrung kümmerlich, ziehen mehr Tiere Richtung Süden, während die Tiere im Süden eher das ganze Jahr über dort bleiben.

1. **Edelhirsch**
2. **Eichhörnchen**
3. **Damhirsch**
4. **Braunbär**
5. **Wildkatze**
6. **Wildschwein**
7. **Hase**
8. **Europäischer Dachs**
9. **Iltis**
10. **Reh**
11. **Rotfuchs**
12. **Wiesel**
13. **Igel**
14. **Rabenkrähe**
15. **Mäusebussard**

DER EUROPÄISCHE WALD

Im Gegensatz zum Hasen graben Wildkaninchen tiefe Bauten in die Erde.

GROSSE ZUSAMMENHÄNGENDE WALDGEBIETE in der Ebene gibt es nur noch im Nordosten Europas, vor allem in den Ländern Skandinaviens: Finnland, Norwegen und Schweden. Die Wälder Mittel- und Westeuropas sind nicht so weitläufig. Dafür sind Hügel und Berge dicht bewaldet und dienen Mensch und Tier als grüne Lunge. Dort finden viele Tierarten Zuflucht, die in den meisten europäischen Ländern mit der Zeit auch immer mehr geschützt werden.

Die Ginsterkatze kommt in Europa nur in Spanien vor. Ihre nächsten Verwandten leben in den Grassteppen Nordafrikas und Arabiens.

Das Reh – Es gibt immer mehr Rehe in Europa. Rehböcke verteidigen hartnäckig ihr Revier. Die Ricke versteckt ihre Jungen zwischen den Pflanzen und bleibt gerade lange genug bei ihnen, um sie zu säugen. Nach drei Monaten laufen sie mit ihr mit.

Der Siebenschläfer – Ein in den Wäldern weit verbreitetes Nagetier. Sein Ruf als Langschläfer hängt vielleicht damit zusammen, dass er als nachtaktives Tier tagsüber schläft und im Winter einen Winterschlaf hält.

Zwei Wulstlinge: Der eine, der mit dem roten Hut und den weißen Punkten *(Amanita muscaria)*, ist giftig, der andere *(Amanita caesarea)* schmeckt köstlich.

Der Baumschläfer – Das kleine Nagetier frisst fast alles: Larven, Insekten, Samen, Eicheln und Kastanien.

Wiesel sehen zwar harmlos aus, können aber im Hühnerstall ein Gemetzel veranstalten.

Die Wildkatze – Sie ist leicht mit der Hauskatze zu verwechseln, aber sie ist ein bisschen größer, schwerer und flinker. Sie ernährt sich von Siebenschläfern, Eichhörnchen, Mäusen, Vogelküken und Hühnervögeln.

Marder – Marder verfolgen ihre Beute, Siebenschläfer, Vögel und andere Tiere, sehr geschickt auf den Bäumen. Sie springen oft wie Akrobaten von Ast zu Ast.

Steinmarder gehören zur selben Familie wie die Marder, leben aber lieber am Boden. Diese Fleischfresser versuchen nachts oft in Hühnerställe einzudringen.

Der Braunbär – Der schwere Sohlengänger lebt in den Wäldern. Am liebsten frisst er Früchte und Beeren. Er ist sehr scheu und meidet die Menschen, deshalb begegnet man ihm nur selten.

Waldbeeren, Erdbeeren und Himbeeren mögen Bären am liebsten.

Der Fuchs – Dieses Tier ist berühmt für seine Schläue. Vielleicht liegt das an dem Misstrauen, das Füchse dem Menschen entgegenbringen, der sie seit Jahrhunderten jagt.

Der Igel ist voller Stacheln, die ihn vor seinen Angreifern schützen.

DAS WILDSCHWEIN

Wildschweine finden Eicheln köstlich.

WILDSCHWEINE leben im dichten Gehölz. Im Winter ist ihr Fell langhaarig und dunkel, im Sommer dagegen heller und kurzhaarig. Wildschweine sind in Europa und Asien beheimatet. Sie sind sehr anpassungsfähig und ernähren sich nach einem abwechslungsreichen Speiseplan. Sie fressen Tiere und Pflanzen, am liebsten jedoch Eicheln. Ein Weibchen bringt drei bis zwölf Frischlinge zur Welt. Bei der Geburt sind sie noch sehr klein, aber nach einigen Monaten bilden Mütter und Frischlinge ein Rudel.

Frischlinge – Nach der Geburt entfernt sich die Mutter nie weit von den Frischlingen, denn sie sind völlig wehrlos. Erst wenn sich der nächste Wurf ankündigt, überlässt sie die Kleinen sich selbst.

Das Bartschwein – Es ist in Südostasien beheimatet. Dieses Tier wird bis zu drei Zentner schwer. Es hat schlanke Beine und dichte weißliche Barthaare vom Maul bis zu den Ohren.

Das Zwergwildschwein – Dieses Tier ist viel kleiner als das Europäische Wildschwein und wird nur etwa zwölf Kilo schwer. Es gibt nur noch wenige Zwergwildschweine, sie leben in der Region Assam im Nordosten Indiens.

Der Igel

Dieses kleine Tier mit der spitzen Schnauze lebt in Waldgebieten, wo es sich im Unterholz vor seinen Feinden verstecken kann. Sein Körper ist voller Stacheln, die nichts anderes sind als umgebildete Haare. Sie sind zwei bis drei Zentimeter lang und bedecken den ganzen Körper des Igels bis auf die Schnauze, den Kopf und den Bauch. Auch der Stachelmantel des Igels kann sich aufrichten wie bei anderen Tieren das Fell. Dies ist eine wirksame Verteidigung gegen mögliche Angreifer. Igel fressen Insekten, manchmal aber auch Pflanzen wie Früchte, Beeren, Eicheln und Pilze.

Normalerweise werden fünf Junge geboren.

Eine Kugel – Igel können sich einrollen, um den weichen Bauch zu schützen, der nicht mit Stacheln bedeckt ist.

Die Spuren – Ein Igel ist aus dem Winterschlaf erwacht und hat seine Höhle auf der Suche nach Nahrung verlassen. Im letzten Schnee hinterlässt er Spuren. Diese Zeichen sind sehr nützlich bei der Erforschung des Verhaltens und der Lebensgewohnheiten von Tieren.

Gift – Igel sind nicht besonders empfindlich für Gift. Deshalb greifen sie auch Schlangen an, die sie außerdem unter den Stacheln nicht so gut beißen können.

Nachtaktiver Jäger

Nach Sonnenuntergang kommt der Igel aus seiner Höhle und sucht sein Jagdgebiet nach Schnecken, Insekten, Tausendfüßern und anderen Kleintieren ab. Igel können auch Bienen, Hornissen und Skorpione fressen. Sie fürchten ihre Stiche nicht. Die Nahrungssuche erfolgt sehr gewissenhaft: Jedes Blatt, jeder Zweig wird umgedreht. Die Mutter bringt den Kleinen bei sich die Nahrung selbst zu suchen.

Igel fressen Pflanzen, zum Beispiel Pilze, Früchte, Beeren oder Salat.

Stachelschweine sind Pflanzen fressende Nagetiere und viel größer als Igel. Der Volksglaube lehrt, dass sie ihre Stacheln gegen Angreifer aufrichten können, aber das stimmt nicht!

Die Jungen – An einem verborgenen Platz am Boden bereitet die Igelmutter ein ziemlich großes Nest aus Blättern. Nach der Geburt bleibt sie nur einen Tag bei ihren Jungen. Dann nimmt sie die Nahrungssuche wieder auf, um gute Milch geben zu können.

Füchse haben ein dichtes Fell, aber die Länge der Haare hängt vom Klima ab.

DER FUCHS

DIESER FLEISCHFRESSER, der seit der Antike eine Hauptrolle in Sagen und Fabeln spielt, ist ein Kanide, ein Verwandter des Hundes, und vorwiegend nachtaktiv. Füchse sind Einzelgänger und begegnen ihresgleichen nur, wenn sie ihr Revier verteidigen müssen.

Der Schwanz An dem weißen Schwanzende ihrer Mutter können sich die kleinen Füchse im dunklen Wald orientieren.

Der Wurf – Ein Wurf besteht normalerweise aus vier bis sechs Füchslein, aber nur selten überleben mehr als drei die ersten Tage. So sorgt die Natur dafür, dass nur die Stärksten heranwachsen und sich vermehren.

GROTTEN UND HÖHLEN

Einige Fledermäuse fressen auch Früchte und Nektar.

FLEDERMÄUSE HABEN ES SCHWER: Wir Menschen finden sie hässlich, manche halten sie sogar für gefährlich. Dabei sind Fledermäuse, die den Menschen ebenso meiden wie alle anderen Tiere, sehr nützlich. Sie ernähren sich nämlich von Insekten, oft auch von Schädlingen, die sie – ähnlich wie die Schwalben – bei Sonnenuntergang im Flug erjagen.

Beim Fliegen senden die Fledermäuse Ultraschall, mit denen sie auf der Jagd die Insekten genau orten können.

Leben im Dunkel – Tagsüber schlafen Fledermäuse in Höhlen, wo noch andere Tiere leben, die für ihr tägliches Leben kein Licht brauchen. Einige sind sogar blind oder haben wie der Olm verkümmerte Augen.

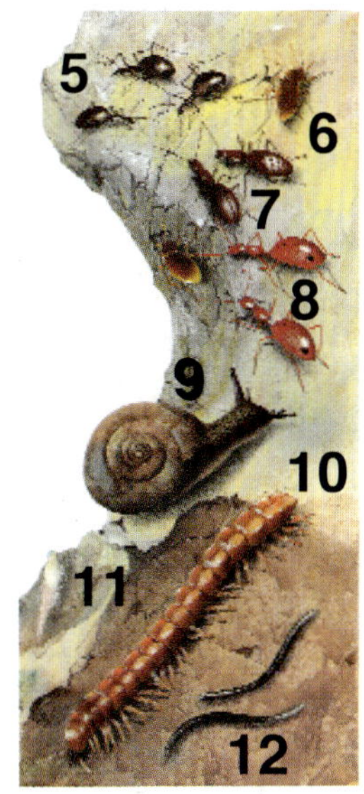

1. Zwergfledermaus
2. Braunes Langohr
3. Weißer Blinder Höhlenkrebs
4. Grottenolm
5. Blinder Schwarzkäfer
6. Kakerlake
7. Raubkäfer
8. Raubwanzen
9. Gehäuseschnecke
10. Bandfüßer
11. Höhlenkrebs
12. Blinder Tausendfüßer

HASE UND WILDKANINCHEN

DIESE BEIDEN TIERE sehen sich zum Verwechseln ähnlich, tatsächlich gibt es aber große Unterschiede. Die Kaninchen sind kleiner und haben deutlich kürzere Beine und Ohren. Sie graben unterirdische Bauten, während Hasen sich damit begnügen, kleine Hügel aufzuwerfen. In Australien, Chile und Neuseeland, wo Wildkaninchen erst vom Menschen eingeführt wurden, haben sie sich enorm vermehrt und richten erhebliche Schäden in der Landwirtschaft an.

Die Beine des Hasen sind länger als die des Kaninchens. Deshalb kann er schneller rennen.

Der Hase – Im Gegensatz zum Wildkaninchen haben Hasen ein ausgeprägtes Revierbewusstsein. In der Brunftzeit fordern sich die Männchen zum Duell, um ein Weibchen zu erobern. Sie kämpfen mit den Vorderbeinen wie mit Fäusten.

Der Wurf – Mama Kaninchen gräbt einen bis zu zwei Meter tiefen Bau mit mehreren Ausgängen und bringt dort fünf bis sechs Junge zur Welt. Bereits nach drei Wochen verlassen die kleinen Kaninchen ihn zum ersten Mal und erkunden die Außenwelt.

Das Überleben eines Kaninchens hängt oft davon ab, wie schnell es weglaufen kann.

Die ersten Tage – Im Gegensatz zu den kleinen Kaninchen kommen die Häschen mit Fell zur Welt. Sie können auch sehen und laufen.

Der Braunbär

Früher war der Braunbär in ganz Europa und in Zentral- und Nordasien zu Hause. Im Laufe der Jahrhunderte wurde er leider gnadenlos gejagt, sodass Bären heute nur noch in wenigen Bergregionen leben, zwischen denen große Entfernungen liegen. So leben noch einige Exemplare in den Alpen und in den Abruzzen. Die Naturwissenschaft hat inzwischen die Vorurteile gegen die friedlichen Tiere widerlegt und Bären stehen in Europa unter Schutz. Normalerweise meiden Bären Menschen, deshalb sind sie schwierig zu beobachten.

Anpassungsfähigkeit – Der Bär kann in den unterschiedlichsten Umgebungen überleben. Bären leben sowohl in den Nadelwäldern des Nordens als auch in den Laubwäldern im Süden.

Bären lieben Honig.

Erziehung – Die kleinen Bären bleiben anderthalb bis drei Jahre bei ihrer Mutter; so lange, bis sie wieder trächtig ist. In dieser Zeit erlernen die Jungen die Nahrungssuche und das Vermeiden von Gefahren. Wenn sie zu unruhig sind, fangen sie sich häufig einen Tatzenhieb von ihrer Mutter.

Gefräßigkeit – Sein dichtes Fell schützt den Bären vor Stichen. Deshalb plündert er in Seelenruhe den Bienenstock, den er in einem alten Baumstamm aufgespürt hat. Süßen Honig frisst er für sein Leben gern.

Ernährung – Bären fressen Pflanzen: Früchte, Beeren, Triebe und Wurzeln, aber sie verschmähen auch Fleisch nicht. Dort, wo Bären nie gejagt wurden, fürchten sie sich auch nicht vor Menschen und plündern deshalb auf der Suche nach Nahrung von Zeit zu Zeit Campingplätze. Die Parkleitung verbietet deshalb den Touristen Bären zu füttern und Lebensmittel unbewacht zu lassen.

Waldfrüchte, beispielsweise Blaubeeren, mögen Bären gern.

EUROPÄISCHE VÖGEL

DIE PFLANZENWELT DER GEMÄSSIGTEN KLIMAZONEN kommt den Vögeln sehr entgegen. Sträucher, Bäume und Felsen bieten unendlich viele Möglichkeiten zum Nestbau und sind für Angreifer unerreichbar. Auch Insekten, Larven und Würmer als Nahrung sind reichlich vorhanden. Mit ihrem Gesang markieren die Vögel ihr Revier oder suchen Gefährten zum Nestbau. Nachts kann man der unverwechselbaren Melodie der Nachtigall oder dem monotonen *Huhu* der Waldohreule lauschen. Naturfreunde bleiben im Verborgenen und beobachten, mit einem Fernrohr ausgerüstet, die Vogelschau. Sie stören die Vögel nicht, sondern schießen höchstens Fotos.

Spechte – Als typische Waldvögel flattern die Spechte in kurzem, schnellem Flug von einem Baumstamm zum nächsten. Mit dem Schnabel hämmern sie kleine Löcher in die Rinde, aus denen sie dort nistende Larven und Insekten holen.

Wanderfalken nisten manchmal sogar in der Stadt.

Der Wanderfalke – Dieser Vogel ist auf allen Kontinenten heimisch. Er ist sehr anpassungsfähig und nistet überall auf Felsen, Bäumen oder am Boden. Einen Monat nach der Geburt können die Küken schon fliegen, aber ihre Eltern müssen sie noch füttern.

Vogel-Futterstellen im Winter

Aus einem einfachen Pappkarton lässt sich schnell ein Vogelhäuschen bauen.

1. Kibitzregenpfeifer
2. Falkenraubmöwe
3. Wildtaube
4. Steinrötel
5. Kleiner Sturmtaucher
6. Wachtel
7. Alpensegler
8. Mauersegler
9. Schwalbe
10. Mehlschwalbe
11. Goldregenpfeifer
12. Löffler
13. Rotdrossel
14. Star
15. Kiebitz
16. Pirol
17. Spießente
18. Kanadagans
19. Zwergschnepfe

Enten – Hinter einem Paar wilder Enten, Stockenten genannt, schwimmt eine Schar Entenküken her. Nur wenige Stunden nach dem Schlüpfen können sie der Mutter in die Teiche und Flüsse folgen, wo sie Nahrung finden.

So viele Arten – In den Regionen mit gemäßigtem Klima gibt es sehr viele Vogelarten: vom Mauersegler, der fast sein ganzes Leben im Flug verbringt, über den Regenpfeifer, der sein Futter auf dem Boden sucht, bis zum Sturmtaucher, der an der Küste und auf dem offenen Meer anzutreffen ist.

HÖCHSTGESCHWINDIGKEIT EINES MAUERSEGLERS: 200 KM/H

Störche – Ein Storchenpaar nistet hoch oben in einem Baumwipfel, einem Schornstein oder auf einem Kirchturm. Im Herbst fliegen die Storcheneltern mit ihren Kleinen wieder in den Süden.

Im Gegensatz zu anderen Geiern, die sich von Fleisch ernähren, fressen Bartgeier nur Knochen.

AUF DER WIESE

VIELE KLEINE TIERE leben im dichten Gras und pflanzen sich dort fort. Zwischen den Grashalmen laufen Insekten, kleine Reptilien und Säugetiere hin und her. Auch in der Erde wimmelt es von Insektenlarven, Regenwürmern und Maulwürfen. Die Wiese ist demnach eine quicklebendige hochinteressante Mikrowelt. In der kalten Jahreszeit verschwinden viele kleine Tiere. Sie halten einen Winterschlaf oder sie leben ohnehin nur einen Sommer lang. In diesem Fall sorgen jedoch Eier und Larven dafür, dass die Wiese zu Frühjahrsbeginn wieder voller Leben ist.

Die Wespe – Ihre schwarzgelbe Färbung signalisiert Gefahr. Viele Menschen und Tiere fürchten sich vor ihren Stichen, die sehr schmerzhaft sein können.

Der Löwenzahn wird auch Pusteblume genannt.

1. Goldkäfer
2. Kröte
3. Goldrosenkäfer
4. Larve des Goldrosenkäfers
5. Maulwurfsgrille
6. Larve der Maulwurfsgrille
7. Eidechse
8. Eidechsenei
9. Blindschleiche
10. Schnecke
11. Wechselkröte
12. Waldmaus
13. Nest einer Waldmaus
14. Maulwurf
15. Grille
16. Regenwurm

Empfindliches Gleichgewicht – In vielen Gärten wird der Rasen mit Unkrautvernichtern gespritzt. Daran sterben jedoch auch zahllose Insekten. Ohne sie verschwinden aber auch andere Tiere aus dem Garten, die sich normalerweise von diesen Insekten ernähren. Das Ergebnis ist ein Rasen, der zwar schön aussieht, auf dem es aber fast kein Leben mehr gibt.

1. Gartenhummel	**9.** Wachtel
2. Kohlweißling	**10.** Lerche
3. Spatz	**11.** Gottesanbeterin
4. Raupe des Kohlweißlings	**12.** Großer Fuchs
5. Admiral	**13.** Bläuling
6. Segelfalter	**14.** Schnecke
7. Raupe des Segelfalters	**15.** Heuschrecke
8. Smaragdeidechse	**16.** Biene
	17. Goldrosenkäfer
	18. Wespe

Die Zwergmaus ist so klein und leicht, dass sich der Getreidehalm, auf den sie klettert, kaum zu neigen scheint.

Einer der anmutigsten und ängstlichsten Wiesenbewohner ist das scheue Wildkaninchen.

Barbe

IM FLUSS

1. Stichling
2. Forelle
3. Rotauge
4. Maräne
5. Stör
6. Fischotter
7. Aal
8. Flussbarsch
9. Hecht

DAS FLUSSWASSER wird ständig von Gletschern und Schneeschmelzen aus den Bergen gespeist. Dazu kommt der Regen. So gibt es im Fluss viel Sauerstoff, der für die Tiere lebenswichtig ist. Manche von ihnen, darunter Flusskrebse und Forellen, reagieren besonders empfindlich auf verschmutztes Wasser. Sie verschwinden als Erste, wenn schädliche Substanzen aus der Industrie oder den privaten Haushalten ins Wasser geleitet werden.
Auch die Barben, die sich von Kleinstorganismen vom Grund des Flusses ernähren, brauchen sauberes Wasser zum Überleben.

Karpfen

Der Karpfen – Karpfen bevorzugen stehende Gewässer mit schlammigem Grund. Langsam schwimmen sie auf der Suche nach Nahrung über den Grund. Diese Fische werden ziemlich groß, sie können bis zu einem Meter lang werden.

DER AMAZONAS IST DER WASSERREICHSTE FLUSS DER ERDE.

Weitere Flussbewohner – Im und vom Fluss leben nicht nur Fische und andere Wassertiere. Viele andere Tiere siedeln sich ebenfalls dort an und finden Nahrung. Der Eisvogel ernährt sich von kleinen Fischen, während die Libelle im Larvenstadium Wasserinsekten, aber auch kleine Fische und Kaulquappen frisst.

Wenn Forellen über der Wasseroberfläche eine Mücke erspähen, springen sie aus dem Wasser und fangen sie im Flug.

IM SUMPF

Die Lieblingsspeise der Sumpfvögel sind Frösche – ob als Kaulquappe oder ausgewachsen.

HIER FINDEN VIELE WASSERBEWOHNER einen idealen Lebensraum. Nahrung gibt es hier im Überfluss. Einige Vögel wie der Reiher haben lange Beine und Schnäbel; sie ernähren sich von Wassertieren. Andere, die wie die Enten einen breiten Schnabel haben, sammeln ein, was im Wasser herumschwimmt.

Ein Stockentenerpel fliegt vom Wasser aus los.

Flugordnung – Enten, Gänse und andere Vögel fliegen in einer bestimmten Formation, damit die hinteren im Windschatten der vorderen fliegen können. Nach und nach verlassen die Ersten, die den Windwiderstand brechen, ihre Position und fliegen weiter hinten, um sich auszuruhen.

Savanne

JÄGER UND GEJAGTE

IN DEN SAVANNEN wächst viel Gras, aber es gibt kaum Bäume und Sträucher. Deshalb ist es für die Tiere schwierig, geeignete Verstecke zu finden. Sie können zwar die weite Landschaft gut überblicken, werden jedoch auch selbst schnell erspäht. Andererseits können sich Raubtiere ihrer Beute kaum unbemerkt nähern. Die Tiere dieses Lebensraumes haben sich farblich ihrer Umgebung so angepasst, dass sie sich darin gut tarnen können. Nur die großen Tiere wie die Elefanten sind in der Lage, sich erfolgreich zu verteidigen. In großen Herden weiden sie ungestört und schenken den Raubtieren keinerlei Beachtung. Auf ihre Jungen geben sie gut Acht, denn diese sind als Einzige gefährdet.

Der Gepard – Das Fell dieser eleganten Raubkatze weist unzählige Tupfen auf. Sein schlanker, geschmeidiger Körper, sein kleiner und leichter Kopf, der lange und bewegliche Schwanz machen den Geparden zu einem hervorragenden Sprinter.

Die Impala – Impalas leben in kleinen Verbänden und bewohnen Gras- und Buschsteppen mit Wasservorkommen. Impalas müssen täglich Wasser trinken. In der Trockenzeit, wenn in der Savanne Dürre herrscht, begeben sie sich daher auf lange Wanderungen.

Der Löwe – Er wird *König des Dschungels* genannt, obwohl er sich bevorzugt in der offenen Savanne aufhält. Aufgrund seines sandgelben Fells ist es nicht einfach, ihn dort zu erkennen. Das Männchen hat eine lange, dichte Mähne.

Eine Giraffe flieht vor einem Angreifer, der plötzlich vor ihr aufgetaucht ist. Eine schnelle Flucht ist das beste Verteidigungsmittel.

Schnelle Jagd – Ein Gepard ist im Begriff, seine Beute zu schlagen. Er ist ein sehr schneller, aber kein ausdauernder Jäger. Gelingt es ihm nicht, auf Anhieb Beute zu machen, so verzichtet er auf jede weitere Verfolgung und ruht sich lieber aus. Seine Jagd konzentriert sich stets auf ein vorher ausgesuchtes Beutetier: Er lässt von ihm auch dann nicht ab, wenn ihm während der Verfolgung andere geeignete Beutetiere begegnen.

Der Gepard ist die einzige Katze, die ihre Krallen nicht einziehen kann.

Die Tigerkatze ist ein australisches Beuteltier. Sie ist nachtaktiv, ernährt sich überwiegend von Fleisch, verschmäht aber auch Pflanzen nicht.

In der nordamerikanischen Prärie zeigt eine Kojotenmutter ihrem Jungen, wie man Kaninchen jagt.

Der Präriehund – Dieses Nagetier bewohnt die Prärien Nordamerikas. Es setzt sich oft aufrecht hin, um seine Feinde rechtzeitig erspähen zu können. Seinem Gekläffe, das an das Bellen eines Hundes erinnert, verdankt der Präriehund seinen Namen.

Zebras und Wildhunde – Wildhunde sind eng mit Wölfen, Füchsen und Schakalen verwandt. Wie die Wölfe jagen auch sie in Rudeln, sodass sie auch große Tiere wie beispielsweise Zebras erbeuten können.

1
5
4
6
8

Die Prärien Nordamerikas

Weites Land – Große Teile des Landes, auf dem einst wilde Büffelherden weideten, wurden von den amerikanischen Siedlern in Ackerland umgewandelt und mit Stacheldraht eingezäunt. Dennoch gibt es heute noch zahlreiche ursprüngliche Gegenden, in denen die Tiere unter Naturschutz stehen.

Der Kampf um das Land
Die Indianer lebten von der Jagd auf Prärietiere – vor allem Bisons. Die europäischen Siedler dagegen, die von Osten her vordrangen, wollten die fruchtbaren Böden landwirtschaftlich nutzen und vertrieben die Bisons. Schließlich kam es zu gewaltsamen blutigen Auseinandersetzungen zwischen den Ureinwohnern Nordamerikas und den Weißen.

Große Huftiere – Im Gegensatz zur afrikanischen Savanne, wo es dutzende von wilden Huftieren gibt, kommen in der nordamerikanischen Prärie nur zwei typische Arten vor: der Bison und die Pronghorn-Antilope.

1. Bison

2. Kojote

3. Pronghorn-Antilope

4. Schwarzschwanz-Präriehund

5. Klapperschlange

6. Ziesel

7. Wermuthuhn

8. Ohrenlerche

9. Kaninchenkauz

IN DER PRÄRIE

GEGEN ENDE DES 19. JAHRHUNDERTS veranstalteten weiße Jäger ein grausames Gemetzel unter den Tieren. Die Bisons traf es besonders hart: Von den einst mehreren Millionen Tieren sind heute nur noch einige tausend Exemplare übrig geblieben. Zu den unerbittlichsten Jägern zählte Colonel William Cody, besser bekannt unter dem Namen *Buffalo Bill.* Derzeit nimmt die Zahl der Bisons, dank der Artenschutzmaßnahmen, wieder stark zu.

Der Rotluchs – Er bewohnt die Wüstengebiete der Vereinigten Staaten und Mexikos. Wenn er von Jagdhunden verfolgt wird, klettert er flink auf die Spitze stacheliger Kakteen, ohne sich dabei zu verletzen.

Eine Bisonmutter bewacht ihr Neugeborenes, das noch auf ihren Schutz angewiesen ist.

Bisons – Die scheinbar friedlichen Pflanzenfresser können in bestimmten Situationen sehr gefährlich werden, vor allem wenn sie ihre Jungen in Gefahr sehen.

Der Präriehund – Er lebt in großen Kolonien. Die ausgedehnten Höhlensysteme der Präriehunde nennt man *Städte.*

Das Wermuthuhn
Der Hahn präsentiert sein auffälliges Gefieder, um eine Partnerin anzulocken. In der Balz und zur Verteidigung des Reviers liefern sich die Hähne furchtbare Kämpfe.

DER KOJOTE

DER KOJOTE ist ein höchst anpassungsfähiges Säugetier, das den nordamerikanischen Kontinent vom kalten Alaska bis zu den Tropen Costa Ricas besiedelt. Es ist ihm gelungen, die Reviere der Wölfe, die der Mensch ausgerottet hat, für sich zu erobern. Alle Versuche, die Population der Kojoten zahlenmäßig in Grenzen zu halten, sind ohne Erfolg: Der in kleinen Familienverbänden lebende Kojote ist viel zu schlau und misstrauisch!

Der Familienverband – Im Gegensatz zu vielen anderen Tieren verteidigt der Kojote sein Jagdrevier nicht um jeden Preis. Solange die Jungen noch klein und unselbstständig sind, duldet er allerdings keinen Eindringling.

Ernährung – Der Kojote ist ein Fleischfresser, der lebende Beute bevorzugt, sich aber auch von Aas ernährt. Zur Bereicherung seines Speiseplans tragen Früchte, Beeren und Gräser bei.

DIE INDIANER AHMTEN DAS GEHEUL DER KOJOTEN ALS SIGNALRUF NACH.

Kojoten erbeuten auch Haustiere wie Schafe und Rinder und werden daher vom Menschen gejagt.

DER BISON

DIESES GROSSE unproportionierte Tier stammt aus der Familie der Rinderartigen. Sein Vorderleib erscheint viel massiger und robuster als der Hinterleib. Auch das Fell ist ungleichmäßig verteilt: Vorne ist es lang und sehr dicht, während es zu den Hinterbeinen immer kürzer wird. Das Gewicht eines Bullen beträgt bis zu einer Tonne, Kühe sind wesentlich leichter. Der Bison besitzt keine besonders ausgeprägten Hörner. Beim Kämpfen rammen die Bullen daher die Stirnen gegeneinander. Bisons bewohnen die großen Prärien Nordamerikas. Dort leben sie in unterschiedlich großen Herden, wobei die erwachsenen Bullen von den Kühen und Kälbern getrennt sind.

Wenn im Winter die Weideflächen von Schnee bedeckt sind, gräbt der Bison mit Hufen und Maul im Schnee, bis er an das darunter liegende Gras gelangt.

Gerettet – Nach dem großen Bisongemetzel im 19. Jahrhundert wurde 1901 von einer Gruppe engagierter Naturschützer die Vereinigung *Freunde des Bisons* ins Leben gerufen, die den Schutz dieser Tiere zum Ziel hatte. Es wurde ein Naturreservat geschaffen, in dem der Bison unter Naturschutz stand. Später setzten die Regierungen der Vereinigten Staaten und Kanadas ähnliche Initiativen in Gang, indem sie Reservate und Naturparks zum Schutz der Tierwelt schufen.

Jungtiere – Das trächtige Weibchen bringt immer nur ein Kalb zur Welt.

Der Wisent – Der europäische Verwandte des Bisons ist der Wisent. Im Laufe des 20. Jahrhunderts starben sämtliche frei lebenden Tiere aus. Einige Wisents überlebten jedoch in Zoos. Mithilfe eines Zuchtprogramms konnte in den Wäldern Polens ein gewisser Bestand an Wisents wieder ausgewildert werden.

Der Wisent ist höher und nicht so massig wie der Bison.

Wisent

Gute Schwimmer – Bisonherden begeben sich oft auf die Suche nach neuen Weideflächen und müssen dabei auch Flussläufe durchqueren: Für Bisons stellen sie jedoch kein Hindernis dar, da sie sehr gute Schwimmer sind.

Verteidigung der Jungtiere – Auch Bisons verteidigen ihre Familie mit all ihren Kräften. Es kam schon mehrmals vor, dass Touristen von wütenden Stieren auf die Hörner genommen wurden, weil sie den Jungtieren zu nahe gekommen waren.

1
2
3
4
7
8
9
10
12

Grosse Ebenen

Von Venezuela bis Feuerland – Die argentinischen Ebenen, die so genannten *Pampas*, sind nur spärlich mit hohen Pflanzen bewachsen. Ähnlich sieht es in Venezuela aus, wo die Ebenen *Llanos* genannt werden. Das ebenfalls flache Amazonasbecken mit seinen enormen Ausmaßen ist hingegen mit dichtem Regenwald bedeckt und die Heimat einer vollkommen andersartigen Tierwelt.

Argentinien – Dieses große südamerikanische Land besteht fast ausschließlich aus Ebenen und ist nur dünn besiedelt – vor allem im Süden, in Patagonien. Im Norden herrscht ein warmes Klima, das gegen Süden hin immer kälter wird, was sich auf die Artenvielfalt der dort lebenden Tiere auswirkt.

1. **Großer Ameisenbär**
2. **Mara**
3. **Nandu**
4. **Pampashirsch**
5. **Riesengürteltier**
6. **Wasserschwein**
7. **Mähnenwolf**
8. **Großer Paka**
9. **Aguti**
10. **Viscacha**
11. **Halsband-Wehrvogel**
12. **Gürteltier**
13. **Feldkaninchen**
14. **Wieselkatze**

IN DER PAMPA

DIE NIEDRIGE VEGETATION UND DAS TROCKENE KLIMA lassen auf ein geringes Tiervorkommen schließen. Dennoch wird die endlos weite Pampa von einer bemerkenswerten Artenvielfalt bevölkert. Diese Tiere leben oft dicht an dicht neben den zahlreichen, frei weidenden Rinderherden Südamerikas, die von *Gauchos*, den argentinischen Cowboys, beaufsichtigt werden. Einst waren die Pampas noch viel ausgedehnter. Heute sind sie in den Nationalparks auf kleine, geschützte Flächen begrenzt. Die übrigen Gebiete werden als Acker- und Weideland genutzt.

Das Pekari – Es hat Ähnlichkeit mit dem Wildschwein, ist jedoch etwas kleiner. Pekaris leben in Verbänden von ungefähr zehn Tieren. Bei Gefahr zögern sie nicht sich dem Angreifer im Kampf zu stellen.

Das Gürteltier ist ein merkwürdiges Säugetier, das von einem Schutzpanzer umgeben ist. Sein Speiseplan umfasst kleine Tiere und Insekten, aber auch Wurzeln und Beeren. Es gräbt unterirdische Höhlen, die einige Meter tief sein können.

Der Nandu – Mit seiner Größe von einem Meter siebzig ist er etwas kleiner als der afrikanische Strauß. Das Männchen brütet die Eier aus und vertreibt jeden, der ihnen zu nahe kommt: sogar das Weibchen, das noch weitere Eier legen möchte!

Die Wieselkatze – Sie wird auch *Jaguarundi* genannt und gilt als typisches Raubtier der Pampas. Sie besitzt einen langen Schwanz und ein dunkles Fell. Die Einzelgängerin geht vorwiegend nachts auf die Jagd nach kleinen Säugetieren.

Das kleine, aber kräftige argentinische Pferd ist bei der Arbeit der Gauchos unentbehrlich.

Ein Töpfervogel beobachtet von einem Ast herab einen Halsband-Wehrvogel, der in den Sumpfgebieten nach Nahrung sucht. Beachte den Größenunterschied.

Der Pampashirsch – Er ist etwas kleiner als der europäische Hirsch und hat ein helles Fell, das ihm eine gute Tarnung bietet. Die Geweihstangen weisen jeweils drei Enden auf.

Ein Mara – oder *Pampashase* – mit seinem Jungen. Neun Monate lang bleibt es bei der Mutter. Maras sind flinke Läufer und gute Springer, die tiefe Höhlen graben.

Der Große Ameisenbär – Er macht Jagd auf Ameisen und Termiten. Mit den kräftigen Krallen seiner Vorderfüße gräbt er die Ameisenhügel auf. Anschließend zieht er mit seiner langen klebrigen Zunge die Insekten aus dem Bau.

DIE ZUNGE DES AMEISENBÄREN KANN BIS ZU EINEM METER LANG SEIN.

4
5
3
2
1
9
8
10

Offenes Gelände

Die Savanne – Dieses Bild zeigt eine typische afrikanische Savanne. Im Hintergrund sieht man den höchsten Berg Afrikas: den Kilimandscharo. Die Savanne ist eine weite, Gras bewachsene Ebene, auf der seltene Baumarten wie Akazien und Baobabs anzutreffen sind. Meist ist das Gras trocken und gelblich, nur nach Regenfällen, wenn sich die Vegetation erneuern kann, wird es für kurze Zeit grün.

Große Tiervorkommen – Die Savanne bietet vielen Tierarten Nahrung und Lebensraum. Die großen Pflanzenfresser, die schon aus der Ferne erkennbar sind, sind nur in großen Herdenverbänden einigermaßen sicher. Die kleinen Tiere verstecken sich im hohen Gras vor den Raubtieren.

1. **Warzenschwein**
2. **Kleiner Kudu**
3. **Oryx oder Spießbock**
4. **Sperbergeier**
5. **Elefant**
6. **Giraffe**
7. **Zebra**
8. **Blauböckchen**
9. **Impala**
10. **Perlhuhn**
11. **Frankolin**
12. **Ginsterkatze**
13. **Löwe**

DIE SAVANNE

Das Zebu – Dieses wuchtig gebaute Tier gehört zur Familie der Rinderartigen. Es ist auch unter dem Namen *Buckelochse* bekannt. In Asien und Südamerika, wo das Zebu beheimatet ist, wird es als Arbeitstier gehalten.

IN DER SAVANNE kann es lange Dürrezeiten geben, in denen die Nahrung knapp wird. Dann machen sich riesige Tierherden auf den Weg in Gebiete, in denen es noch Nahrung gibt.
Diese Wanderungen können viele Wochen dauern und nur die stärksten Tiere überleben sie. Die schwächeren Tiere müssen verdursten.

Eine Weißschwanz-Manguste bewacht ihre Jungen. Sie nimmt sie oft auf ihre Streifzüge mit, damit sie lernen, wie man Vögel und kleine Tiere jagt.

Ein Streifenschakal-Weibchen säugt ihre Jungen. Dieses Tier ernährt sich überwiegend von der Beute anderer Raubtiere.

Die eleganten Kronenkraniche führen kunstvolle Tänze auf, um paarungswillige Weibchen anzulocken.

Das Warzenschwein – Das Warzenschwein ist ungefähr 60 cm hoch und ähnelt dem europäischen Wildschwein. Es hat einen riesigen Kopf und lange, nach oben gerichtete Hauer.

Vegetation – Das Klima der Savanne begünstigt ein dichtes und üppiges Graswachstum. Bäume sieht man eher selten. Die Trockenheit, Brände und die großen Pflanzenfresser tragen zu einer Verringerung des Baumbestandes bei.

Der Kaffernbüffel nimmt ein erfrischendes Bad und befreit sich dabei gleichzeitig von lästigen Hautparasiten.

Der Baobab ist zwar kein besonders hoher Baum, aber sein Stamm kann einen Durchmesser von acht Metern erreichen.

Der Kaffernbüffel – Er ist das einzige, frei lebende Rind der afrikanischen Savanne. Die großen Herden halten sich stets in der Nähe von Wasserläufen auf.

Riesige Hörner
Das Rift-Valley-Rind wird von den Einheimischen als Haustier gehalten.

Der Löffelhund kann mit seinen großen Ohren auch sehr leise Geräusche wahrnehmen.

Eine Zebrafamilie auf der Flucht vor einem Raubtier.

Der Elefant – Der Afrikanische Elefant unterscheidet sich vom Asiatischen Elefanten durch seine viel größeren Ohren, seine längeren Stoßzähne und seinen größeren Körperumfang. In Asien setzt man die Elefanten als Arbeitstiere ein. Die Afrikanischen Elefanten haben einen ausgeprägten Freiheitssinn und lassen sich nicht zähmen.

Der Strauß kann bis zu 2,5 m groß werden. Er ist ein ausgezeichneter Läufer und entkommt somit fast allen seinen Angreifern.

Obwohl das Nashorn streng geschützt ist, wird es wegen seines Horns, das angeblich Heilkräfte besitzen soll, immer noch von Wilderern gejagt.

DER GRÖSSTE VOGEL IST DER STRAUSS, DER 155 KG SCHWER WERDEN KANN.

Das Gnu – Bereits vier bis fünf Minuten nach der Geburt kann das Gnujunge seiner Mutter folgen. Diese Fähigkeit erhöht seine Überlebenschancen.

Tarnung – Hier sind die Fellzeichnungen von drei Tieren der Savanne abgebildet. Wenn sich die Tiere ruhig verhalten, dann sind sie von der Umgebung farblich kaum zu unterscheiden.

Zebra Giraffe Gepard

DER BÜFFEL

ER BESITZT EIN SCHWARZBRAUNES FELL und gilt zusammen mit dem Nilpferd als eines der gefährlichsten Tiere Afrikas. Wird er verwundet oder fühlt er sich bzw. seine Jungen bedroht, dann zögert er nicht seinen Angreifer auf die gewaltigen Hörner zu laden und zu töten. Selbst der Löwe geht ihm aus dem Weg. Daher suchen sich Raubtiere nur Jungtiere aus, die sich von der Herde entfernt haben, oder alte und kranke Tiere, die sich nicht verteidigen können.

Tagesablauf – Tagsüber, wenn es heiß ist, halten sich die Büffel lieber im Schatten auf, wo sie ihre Jungtiere säugen. Erst wenn der Abend hereinbricht und es kühler wird, gehen sie auf ihre Weiden zurück und grasen die ganze Nacht hindurch.

Riesige Herden – Büffelherden bestehen meist aus mehreren hundert oder noch mehr Tieren. Büffel baden gerne in Tümpeln. So werden sie ihre Parasiten los und können sich gleichzeitig erfrischen. Anschließend suhlen sie sich im Schlamm. Das hilft ihnen lästige Insekten fern zu halten.

DAS ZEBRA

ZEBRAS erkennt man sofort an ihrer typischen Fellzeichnung. Auf den ersten Blick sehen alle Zebras gleich aus. Doch die schwarzen Streifen verlaufen bei jedem Tier anders. Man kann sie in etwa mit unseren Fingerabdrücken vergleichen. Es wurde schon unzählige Male versucht Zebras zu zähmen, doch der Erfolg blieb bislang aus. Zebras lassen sich weder als Reit- noch als Lastentiere einsetzen. Sie sind sehr scheu, sodass man sich ihnen selbst in Naturschutzgebieten nur schwer nähern kann.

Zebras haben keine Hörner. Wenn sie angegriffen werden, ergreifen sie die Flucht. Sie können aber treten und beißen, wenn sie in die Enge getrieben werden.

Wasserstellen – In manchen wasserarmen Gegenden Afrikas kann man beobachten, wie die unterschiedlichsten Tiere friedlich nebeneinander ihren Durst an der Wasserstelle löschen.

Kämpfe – Männliche Zebras bezeichnet man – in Anlehnung an die Pferde – als Hengste. Manchmal kommt es vor, dass sie untereinander um ein Weibchen kämpfen.

Zebrastreifen – Die Streifen sind bei der Unterscheidung der einzelnen Arten hilfreich. Besonders aufschlussreich sind die Streifen am Hinterleib.

Über kurze Strecken kann das Zebra eine Geschwindigkeit von 80 km/h erreichen.

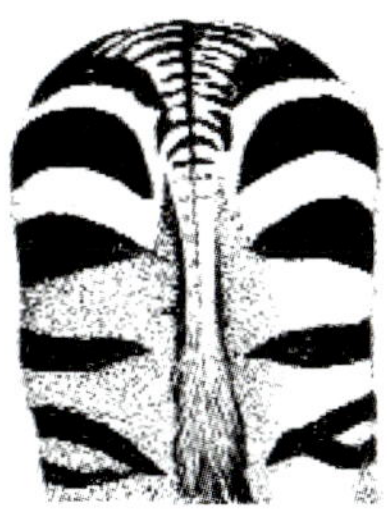

Hartmann-Zebra

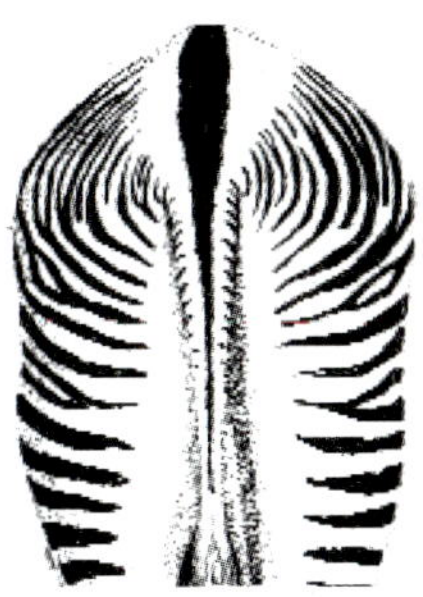

Grevy-Zebra

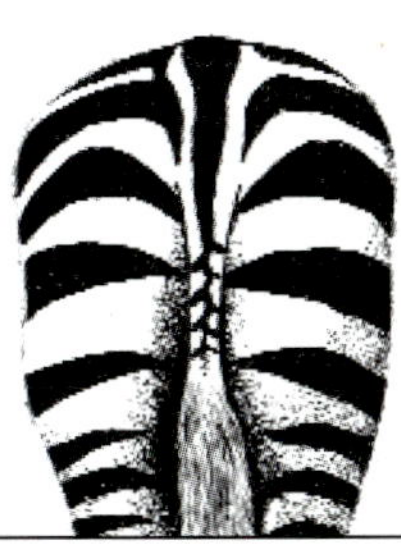

Grant-Zebra

Schutz vor Räubern
Zebras können nicht besonders gut sehen. Daher gesellen sie sich oft zu anderen Tieren wie beispielsweise zu Giraffen oder Straußen, die Raubtiere viel früher erkennen können.

DER LÖWE

MAN NENNT IHN DEN »KÖNIG DES DSCHUNGELS«, obwohl er in Wirklichkeit offenes Gelände vorzieht. Oft sieht man ihn im kühlen Schatten eines der wenigen Bäume liegen. Für die Jagd ist ein guter Aussichtspunkt sehr wichtig: Der Löwe kann die Herden frühzeitig erspähen und eine Strategie entwickeln, wie er sich ihnen unbemerkt nähern kann.
Löwen sind offensichtlich sehr träge Tiere, die stundenlang vor sich hin dösen können. Diese Trägheit weicht nur von ihnen, wenn sie Hunger haben, das Revier verteidigen oder den wandernden Herden folgen müssen.

Erwachsene Löwen gehen mit ihren Jungtieren sehr liebevoll um und dulden es, von ihnen gebissen und gekratzt zu werden.

Jagdzüge – Die Jagd wird normalerweise den Weibchen überlassen, die in Gruppen angreifen. Nur selten beteiligt sich das Löwenmännchen auch daran. Die Löwinnen umzingeln die Beute und halten sich dabei im hohen Gras versteckt. Sobald die Opfer die Gefahr erkennen, geraten sie in Panik und ergreifen die Flucht. In ihrer blinden Angst laufen sie fast immer direkt auf die Löwinnen zu, die unbemerkt im Gras lauern.

Das Löwenmännchen hat eine dichte Mähne, die unter allen Raubkatzen einzigartig ist.

Der Familienverband – Im Gegensatz zu Geparden oder Tigern gehen Löwen stets in Gruppen auf die Jagd. Das führt zu starken Familienverbänden, bei denen auch die ausgewachsenen Jungtiere das Rudel nicht verlassen müssen – es sei denn, die Jagdbedingungen im Revier verschlechtern sich.

Während der größten Hitze liegen die Löwen gerne an einem kühlen Ort oder spielen mit ihren Jungen.

Eine Hyäne beobachtet eine Löwin, die ein Zebra erlegt hat. Sobald die Löwin ihre Mahlzeit beendet hat, macht sich die Hyäne über den restlichen Kadaver her.

Löwenkinder – Das Weibchen bringt im Durchschnitt drei Junge zur Welt. Nach ungefähr zwei Jahren sind sie erwachsen und unabhängig. Während dieser Zeit übernehmen sie viele Verhaltensweisen der Eltern.

DIE REISSZÄHNE DES LÖWEN KÖNNEN BIS ZU 7 CM LANG SEIN.

GAZELLEN UND ANTILOPEN

OHNE SCHARFE KRALLEN UND ZÄHNE ist das Überleben in der afrikanischen Savanne oft schwierig. Deshalb verfügen Pflanzenfresser über gut ausgeprägte Sinnesorgane und sind schnelle Läufer. Sie schließen sich zu großen Verbänden zusammen und verteidigen sich mit ihren Hörnern. Den größten Teil ihres Lebens verbringen sie mit Nahrungssuche und der Beobachtung ihrer Umgebung: Es könnte ja plötzlich ein Löwe, Gepard oder Leopard auftauchen.

Die Grant-Gazelle lebt in Tansania, Äthiopien und Somalia.

Die Impala bevorzugt Savannengebiete mit vielen Bäumen und Sträuchern.

Die Thomson-Gazelle – Sie lebt in unterschiedlich großen Verbänden und hält sich gerne längere Zeit in der gleichen Gegend auf. Ihr größter Feind ist der Gepard, weil er es an Schnelligkeit mit ihr aufnehmen kann.

Die Impala – Die Männchen können bis zu 90 kg schwer werden, die Weibchen wiegen allerdings weniger. Außerdem tragen nur die Männchen Hörner. Impalas leben in den Buschsteppen Süd- und Ostafrikas. Die Herden werden auf ihren Wanderungen von einem erfahrenen Weibchen angeführt, während ein Männchen die Nachhut bildet. Solche Wanderungen erfolgen häufig in Zeiten großer Wasserknappheit, da Impalas auf eine tägliche Wasserzufuhr angewiesen sind.

Auf der Flucht können Impalas über zehn Meter weit und bis zu drei Meter hoch springen.

Die Giraffengazelle – Ihren Namen verdankt sie natürlich ihrem langen Hals. Bei Gefahr bleibt sie regungslos stehen: Dieses Verhalten ist ein durchaus erfolgreiches Verteidigungssystem.

Die Oryx-Antilope – Sie ist auch unter dem Namen *Spießbock* bekannt. Die langen, geraden Hörner sind auch beim Weibchen vorhanden. Sie weidet bei Nacht, weil dann das Gras saftiger ist und sie ihren Wasserbedarf aus der Nahrung decken kann.

DAS KLEINSTBÖCKCHEN IST DIE KLEINSTE ANTILOPENART. ES WIEGT GERADE MAL DREI KILOGRAMM.

DIE GIRAFFE

UM IN DER WILDNIS ZU ÜBERLEBEN, hat jede Tierart ihre eigene Methode entwickelt, an Nahrung zu gelangen. Die Giraffe ernährt sich von Blättern, die andere Pflanzenfresser nicht erreichen können, denn mit einer Höhe von sechs Metern ist sie größer als fast alle anderen Tiere der Savanne. Sie kann aber auch vom Boden Nahrung und Wasser aufnehmen. Wenn sie sich bücken will, muss sie ihre Vorderbeine weit grätschen. In dieser Stellung ist die Giraffe eine leichte Beute für Raubtiere, denn es dauert einige Zeit, bis sie sich wieder aufgerichtet hat und fluchtbereit ist.

Ernährung – Die Lieblingsspeise der Giraffen sind Akazienblätter. Die Dornen dieser Bäume scheinen ihnen nichts auszumachen.

Zunge und Lippen
Die Zunge ist sehr lang, dünn und beweglich und eignet sich bestens zum Abstreifen von Akazienblättern. Auch die Oberlippe wird dabei eingesetzt. Die Giraffe ernährt sich von Blättern, die in einer Höhe von zwei bis sechs Metern wachsen.

Dank ihrer Größe kann die Giraffe Raubtiere schon aus großer Entfernung erspähen.

Verhalten – Normalerweise leben Giraffen in zwei Gruppen: Die eine besteht aus Giraffenkühen und -kälbern, die andere aus Bullen. Bei ihren Rangkämpfen versetzen sich die Männchen mit dem Hals oder mit der Schulter gegenseitig Hiebe.

Wasseraufnahme – Das ist der gefährlichste Augenblick im Tagesablauf einer Giraffe. Diese Stellung ist recht unbequem und oft nutzen Raubtiere die Gelegenheit, eine Giraffe anzugreifen.

Giraffen sind keine guten Läufer. Wenn sie vor Angreifern fliehen, erreichen sie höchstens eine Geschwindigkeit von 50 km/h.

DIE ZUNGE DER GIRAFFE IST ÜBER 40 CM LANG.

Über kurze Strecken kann der Gepard eine Geschwindigkeit von 115 km/h erreichen. Er ist somit das schnellste Säugetier der Welt.

DER GEPARD

EIN SCHLANKER KÖRPER MIT SCHMALER TAILLE sowie eine kräftige und biegsame Wirbelsäule sind die Geheimwaffen des Gepards. Seine großen Tatzen haben scharfe Krallen, mit denen er erfolgreich Beute macht. So ausgestattet, ist der Gepard das schnellste Tier der afrikanischen Savanne. Innerhalb weniger Sekunden erreicht er eine Geschwindigkeit von über 100 km/h. Wäre er dabei auch noch etwas ausdauernder, dann wäre er wohl das gefährlichste Raubtier Afrikas.

Kleingruppen – Der Gepard lebt gerne im kleinen Familienverband, der aus zwei bis acht Tieren besteht.

Krallen – Im Gegensatz zu anderen Katzen kann der Gepard seine Krallen nicht einziehen. Wie bei den Spikes an den Sportschuhen mancher Athleten hat er dadurch beim Laufen eine bessere Bodenhaftung. Lediglich die Daumenkralle berührt den Boden nicht.

Aussichtspunkte – Bei seinen Jagdzügen klettert der Gepard oft auf Bäume, um Ausschau nach Beutetieren zu halten.

Fellzeichnung – Die Fellzeichnung des Gepards besteht nicht immer aus schwarzen Flecken. Manchmal sind sie wie beim Königsgepard zu Streifen verschmolzen. Der lange Schwanz dient als eine Art Steuer, wenn bei Verfolgungsjagden plötzlich die Richtung geändert wird.

Ein Königsgepard in seiner typischen Drohhaltung: Die Ohren sind angelegt.

Jungtiere – Sie haben einen gedrungenen Körper und kurze Beine. Normalerweise bringen die Weibchen pro Wurf jeweils drei Junge zur Welt.

Erfolgreiche Jagd – Die schnelle Verfolgung hat sich gelohnt: Nun ist für die ganze Familie ausreichend Nahrung vorhanden.

Einige Hyänen beobachten zwei Geparde. Wenn sie in großen Gruppen unterwegs sind, gelingt es ihnen oft, die Jäger anzugreifen und diesen die Beute wegzunehmen.

DER ELEFANT

ANFANG DES 20. JAHRHUNDERTS war der Afrikanische Elefant vom Aussterben bedroht. Er wurde wegen seiner Stoßzähne gejagt, für die es einen florierenden Absatzmarkt gab. Außerem griff der Mensch dramatisch in den Lebensraum der Elefanten ein. Heute leben Elefanten überwiegend in großen Nationalparks, wo sie von Zoologen beobachtet und von Aufsehern beschützt werden. Leider reicht dies immer noch nicht aus, um sie vor Wilderern zu bewahren. Der Asiatische Elefant war nie solchen Gefahren ausgesetzt, da er seit vielen Jahrhunderten als Arbeitstier gehalten wird.

Ernährung – Wie die Giraffe frisst auch der Elefant am liebsten Blätter, die er mit seinem Rüssel von den Zweigen abstreift. Um an die Blätter zu gelangen, stößt er auch schon mal einen ganzen Baum um!

Manchmal suchen sich Löwen Elefantenjunge als Opfer aus. In solchen Fällen greift die Mutter ein und schlägt den Angreifer in die Flucht.

Stoßzähne und Rüssel – Sie sind zwei geniale Werkzeuge zum Überleben. Mit den Stoßzähnen verteidigt sich der Elefant vor Raubtieren und in Dürrezeiten gräbt er damit im Boden nach Wasser. Der lange und bewegliche Rüssel dient zum Abstreifen der Blätter von den Bäumen. Oder er saugt ihn mit Wasser voll, das er sich anschließend in das Maul spritzt. Der Elefant liebt das Wasser und ist ein guter Schwimmer.

Im Schatten – Der Elefant hält sich gerne im Schatten auf, weil sein massiger Körper nur bedingt Körperwärme entlässt. Mit seinen großen Ohren fächelt er sich rhythmisch Luft zu.

So wie Kinder an der Hand ihrer Mutter gehen, ergreifen auch Elefantenkinder mit dem Rüssel den Schwanz ihrer Mutter und lassen sich von ihr führen.

EIN AFRIKANISCHER ELEFANT KANN BIS ZU SECHS TONNEN WIEGEN.

Die dünne Lehmschicht auf der Haut des Elefanten hält Parasiten fern.

Staubdusche – Nachdem der Elefant im Fluss gebadet oder sich mit Wasser bespritzt hat, nimmt er ein Staubbad. Auf diese Weise hält er Parasiten fern. Willkommene Helfer sind auch bestimmte Vögel, die ihn von lästigen Hautparasiten befreien.

DER STRAUSS

DIESES TIER HAT SICH AN DAS LEBEN IN DER EBENE bestens angepasst. Der Strauß ist der größte Vogel der Welt und kann über 130 kg wiegen. Durch seinen langen Hals erreicht er eine Höhe von 2,5 Metern. Der bewegliche Kopf und die scharfen Augen ermöglichen ihm drohende Gefahren frühzeitig zu erkennen. Dank seiner langen Beine erreicht er eine Geschwindigkeit von 70 Stundenkilometern und kann damit fast jedem Angreifer entkommen. Trotz seiner Flügel und der langen Federn ist der Strauß flugunfähig. Vielleicht handelt es sich dabei um das Erbe seiner Vorfahren, die noch fliegen konnten.

Lebensraum – Der Strauß bevorzugt offenes Gelände, um einen guten Überblick zu haben und ungehindert fliehen zu können. Er ernährt sich sowohl von Pflanzen als auch von kleinen Tieren.

Einige Monate nach der Geburt werden die jungen Strauße von der Mutter verlassen.

Ein Leben in der Gruppe – Strauße leben in unterschiedlich großen Gruppen. Wenn sie auf Nahrungssuche gehen, hält mindestens eines der Tiere Wache. Zu den Feinden gehören vor allem Geparden und Löwen.

Strauße haben lange Wimpern, die sie vor der grellen Sonne, aber auch vor aufgewirbeltem Staub schützen.

Nester – Kleine Mulden im sandigen Boden werden mit weichem Material ausgepolstert. Die Hennen brüten bei Tag. Ihr graues Gefieder bietet eine ausgezeichnete Tarnung. Die Hähne mit ihrem überwiegend schwarzen Federkleid brüten bei Nacht.

Die Hennen legen in das gemeinsame Nest jeweils drei bis vier Eier, die sie abwechselnd ausbrüten. Ein Ei wiegt mehr als 1,5 kg und besitzt eine sehr harte Schale.

Der Schnabel – Er ist kurz, abgeflacht und sehr kräftig. Damit kann der Strauß Gras und andere Pflanzen, aber auch Insekten, kleine Säugetiere oder Schlangen fressen.

Manchmal dauert es einen ganzen Tag, bis die Küken aus dem Ei geschlüpft sind. Das erste Bild zeigt den Größenunterschied zwischen einem Straußen- und einem Hühnerei.

Trotz seiner Masse erreicht das Nashorn eine erstaunliche Gewandtheit beim Laufen und kann blitzschnell die Richtung wechseln.

DAS NASHORN

DIESER DICKHÄUTER kommt sowohl in Afrika als auch in Asien vor. Die afrikanischen *Rhinozerosse*, wie man die Nashörner auch nennt, tragen zwei Hörner und haben sich an das Leben auf den kargen, weiten Ebenen der afrikanischen Savanne gut angepasst. Die asiatischen Nashörner hingegen haben nur ein Horn und bevorzugen das Dickicht der Wälder. Nashörner sind vom Aussterben bedroht, da sie wegen ihres in einigen Ländern begehrten Horns gnadenlos von Wilderern gejagt werden.

Friedliches Zusammenleben – Nashörner werden oft von Reihern begleitet. Sie suchen nach Insekten, die von den weidenden Nashörnern aufgescheucht werden. Auf deren Rücken sitzen Gelbschnabel-Madenhacker, die Parasiten aus der Haut picken. Nashörner baden oft sehr ausgiebig. Sie suhlen sich auch gerne im Schlamm, um Parasiten loszuwerden und um sich zu erfrischen.

Jungtiere – Alle zwei bis vier Jahre bringt das Nashornweibchen ein Jungtier zur Welt. Es bleibt selbst dann noch bei seiner Mutter, wenn es schon erwachsen und unabhängig ist.

Kämpfe – Auch bei den Nashornbullen kommt es zu erbitterten Kämpfen um die Vorherrschaft. Sie setzen dabei ihre Hörner ein, wobei sie nicht mit der Spitze angreifen, sondern die Hörner seitlich gegeneinander drücken. Bei den Kämpfen kann es vorkommen, dass die Hörner abbrechen, doch sie wachsen – wenn auch langsam – wieder nach.

DAS HORN DES WEISSEN NASHORNS KANN BIS ZU 1,5 METER LANG SEIN.

Sehen und Hören – Das Sehvermögen ist beim Nashorn kaum entwickelt: Es ist sehr kurzsichtig. Dafür hat es ein hervorragendes Gehör und einen sehr guten Geruchssinn. Es kann Nahrung oder Feinde bereits aus großer Entfernung wittern.

Wachstum – Bereits eine Stunde nach der Geburt folgt das Junge seiner Mutter, wobei es entweder an ihrer Seite oder vor ihr herläuft. Das Junge wird ein Jahr lang gesäugt. In dieser Zeit nimmt es ungefähr 250 kg zu.

Das Maul des Nashorns erinnert an vorzeitliche Tiere.

1
2
7
4
6
11
5

DER AUSTRALISCHE BUSCHWALD

Dünne Besiedelung – In Australien gibt es nur wenig Einwohner, denn das Innere des Landes besteht größtenteils aus Wüste. Zu den Ureinwohnern, den *Aborigines*, kamen erst im 19. Jahrhundert europäische Siedler.

Tierwelt – Aufgrund der geografisch isolierten Lage hat sich in Australien und Ozeanien eine einzigartige Tierwelt entwickelt. Die meisten Tiere sind auf den anderen Kontinenten nicht vertreten.
Einige Arten wiederum stammten ursprünglich nicht aus dieser Gegend, sondern wurden von den Europäern eingeführt. Dazu zählt beispielsweise das Kaninchen. Es vermehrt sich sehr schnell und seine hohe Zahl führt zu beträchtlichen Schäden in der Landwirtschaft.

1. und 2. Riesengleitbeutler

3. Allfarb-Loris

4. Fingerbeutler

5. Beutelwolf (inzwischen ausgestorben)

6. Zwergsteinkänguru

7. Emu

8. Känguru

9. Koala

10. Waran

11. Ameisenigel

12. Schnabeltier

DIE TIERWELT AUSTRALIENS

DER GROSSTEIL DER AUSTRALISCHEN SÄUGETIERE gehört zu den Beuteltieren. Bei ihrer Geburt sind die Jungen noch winzig und völlig hilflos. Sie klettern sogleich in den Bauchbeutel der Mutter. Dort werden sie gesäugt, bis sie eine bestimmte Größe erreicht haben.
Im 19. Jahrhundert führten die Siedler Kaninchen ein. Durch ihre starke Vermehrung verursachten sie riesige Einbußen in der Landwirtschaft. Um dieser Plage Herr zu werden, wilderte man Rotfüchse aus. Diese Maßnahme hatte allerdings das Aussterben anderer Tierarten zur Folge.

Der Emu – Der australische Strauß ist ungefähr zwei Meter groß. Er lebt in großen Gruppen und ist ständig auf der Suche nach wasserreichen Gebieten. Das Weibchen legt drei große, grüne Eier, die vom Männchen ausgebrütet werden.

Australien – Australien ist die größte Insel Ozeaniens und wird auch der *fünfte Kontinent* genannt. Die hier lebenden Tierarten sind nicht sehr zahlreich: Affen, Dickhäuter und Wiederkäuer sind überhaupt nicht vertreten. Im Zuge der Besiedlung führte man allerdings etliche Tierarten ein.

Der Kakadu ist ein großer, weißer Papagei. Am Kopf trägt er einen langen, gelben Federkamm.

Der Honigbeutler – Dieses kleine Beuteltier steckt seine dünne Schnauze in Blütenkelche und leckt deren Nektar, wie es auch Schmetterlinge oder Kolibris tun. Ein höchst ungewöhnliches Verhalten für ein Säugetier.

Der Fuchskusu – Dieses nachtaktive Beuteltier lebt überwiegend auf Bäumen. Mit seinem Schwanz klammert es sich an den Ästen fest. Zu seiner Nahrung gehören Baumrinde, Blätter und manchmal auch die Eier anderer Tiere. Es ist nicht menschenscheu, sodass man große, lärmende Kolonien dieser Tiere selbst in Wohnsiedlungen antreffen kann.

Den Ameisenbeutler erkennt man sofort an seinem gestreiften Fell und dem buschigen Schwanz. Mit seiner Zunge sucht er in Baumritzen nach seiner Lieblingsspeise: Termiten.

ES GIBT EINE OPOSSUMART, DIE 80 % IHRES LEBENS VERSCHLÄFT.

Der Schnabeligel – Mit dem Igel hat er nur das Aussehen gemein. Die Jungen entwickeln sich in einer Bruttasche, wo aus einer Drüse die Muttermilch austritt und von Haarbüscheln weitergeleitet wird. Dank ihrer spitzen Stacheln haben Schnabeligel so gut wie keine natürlichen Feinde, abgesehen von den Eingeborenen, die sie als Leckerbissen betrachten.

BEUTELTIERE

DIESE SÄUGETIERE SIND TYPISCH für Australien. Einige von ihnen kommen allerdings auch in Südamerika vor und manche Opossumarten sind in Nordamerika beheimatet.
Die Jungen kommen als Embryos auf die Welt, sind höchstens 1,5 cm groß, blind und unbehaart. Ihre Entwicklung wird im Beutel fortgesetzt, in dem sie noch einige Wochen verbringen. Wenn sie den Beutel verlassen, ist es für sie wie eine zweite Geburt.

Der Wombat – Er lebt in Südaustralien und gräbt sich tiefe, weit verzweigte Höhlen. Der Wombat ernährt sich von Wurzeln, Blättern und Pilzen.

Der Ameisenbeutler wird von den australischen Ureinwohnern *Numbat* genannt. Er ist kaum größer als eine Ratte.

Das Känguru – Mit seinen Hinterbeinen entwickelt es eine gewaltige Sprungkraft, die ihm auch eine schnelle Fortbewegung ermöglicht. Das Känguru ernährt sich von Gras, Blättern und Baumrinde.

Der Riesengleitbeutler – Er ähnelt dem Eichhörnchen und lebt auf Bäumen. Flughäute dienen ihm als Fallschirm und sind zum Gleiten bestens geeignet.

Der Tüpfelkuskus ist ein Baumtier. Solange die Kleinen sich nicht selbst versorgen können, werden sie von den Eltern auf dem Rücken getragen.

Der Beutelwolf hatte eine gewisse Ähnlichkeit mit dem Hund. Er war äußerst angriffslustig und ging nachts auf Jagd.

Der Beutelwolf – Er war einer der wenigen Fleischfresser unter den Beuteltieren. Leider ist nur wenig über seine Gewohnheiten bekannt, da er bereits 1933 ausstarb. Er lebte auf Tasmanien, wo man ihn gnadenlos jagte.

DIE ZWERGFLACHKOPF-BEUTELMAUS IST DAS KLEINSTE BEUTELTIER: SIE IST GERADE MAL 4,5 CM GROSS.

Das Baumkänguru lebt auf Bäumen und ernährt sich von Blättern. Es kann jedoch nicht sehr gut klettern.

Der Beutelteufel – Er lebt auf Tasmanien und wird auch Tasmanischer Teufel genannt. Tagsüber hält er sich im dichten Unterholz auf, nachts geht er auf die Jagd. Der Beutelteufel ist äußerst kampflustig und kann sich auch gegen Hunde durchsetzen. Jungtiere lassen sich hingegen zähmen und sind besonders anhänglich.

DAS KÄNGURU

DIE VORDERBEINE dieses unverwechselbaren Tieres sind kurz und die Finger ähneln denen einer menschlichen Hand. Die Hinterbeine sind dafür lang und bestens zum Springen geeignet. Einige Känguruarten bewohnen Trockengebiete, andere leben in Wäldern. Wieder andere sind in Feuchtgebieten anzutreffen. Das Rote Riesenkänguru ist der bekannteste Vertreter. Es lebt gesellig in unterschiedlich großen Gruppen. Kängurus sind nicht sehr menschenscheu und daher leicht zu beobachten.

Ohren – Das Känguru hat lange und recht große Ohren. Sie können unabhängig voneinander bewegt werden und nehmen die leisesten Geräusche wahr.

Nach ungefähr acht Monaten verlässt das Jungtier den Beutel seiner Mutter.

Beine – Die Vorderfüße berühren fast nie den Boden, sondern dienen zum Greifen von Gegenständen.

Boxkämpfe – Manchmal tragen Kängurus untereinander Machtkämpfe aus, bei denen sich die Kämpfer aufrecht gegenüberstehen. Hinterbeine und Schwanz sorgen für einen guten Stand. Aus dieser Stellung verpassen sie dem Gegner kräftige Tritte, während der Schwanz als Stütze dient. Oft kommt es dabei zu schlimmen Verletzungen.

Das Baumkänguru – Es ist kleiner als das Rote Riesenkänguru und seine Vorder- und Hinterbeine sind gleich stark ausgeprägt. Es ist in Wäldern beheimatet und lebt auf Bäumen.

Sprünge – Kängurus können sich durch weite Sprünge sehr schnell fortbewegen. Der Schwanz dient als Steuer und die Hinterbeine verleihen die notwendige Sprungkraft. Trotz ihres Gewichts, das bis zu 70 kg betragen kann, erreichen sie eine hohe Geschwindigkeit.

Der sich nach hinten verjüngende Schwanz ist sehr muskulös und kann über einen Meter lang sein.

Perfekte Mütter – Oft kommt es vor, dass ein Weibchen ein Jungtier säugt, das den Beutel verlassen hat, während sich dort wieder ein Neugeborenes befindet. Gleichzeitig entwickelt sich bereits ein Kängurubaby im Bauch der Mutter. Bei der Geburt ist es unbehaart, blind, zwei Zentimeter groß und ein Gramm schwer.

DAS SCHNABELTIER

SEINEN NAMEN verdankt dieses eigenartige Tier seinem »Entenschnabel«. Obwohl es zu den Säugetieren zählt, legt es in der Regel zwei Eier, die eine weiche, membranartige Schale aufweisen. Die Brutzeit beträgt ungefähr zehn Tage. Bei der Geburt sind die Jungen blind und völlig unbehaart. Die Mutter legt sich zum Säugen auf den Rücken, damit die Jungen die aus der Brust austretende Milch trinken können. Wenn sie älter sind, dürfen sie mit ihr auf Unterwasserjagd gehen.

Der Körper hat sich an das Leben im Wasser gut angepasst. An Land wirken Schnabeltiere eher plump.

Der Schnabel – Auf den ersten Blick ähnelt er einem Vogelschnabel. Er ist breit, flach, zahnlos und lediglich mit zwei Hornpolstern versehen. Dafür befinden sich auf der Zunge zwei Zähne. Die Nahrung wird gegen den Schnabel gepresst, der an der Oberfläche verhornt ist.

Der Eingang zu seinem Bau befindet sich direkt am Ufer von Wasserläufen.

Lebensraum – Am frühen Morgen und am späten Abend verlässt das Schnabeltier seine Höhle, die in der Nähe eines Wasserlaufes gelegen ist, und begibt sich für höchstens eine Stunde auf die Jagd. Es ernährt sich von Larven, Würmern, kleinen Fischen und Krustentieren. Mit seinem stromlinienförmigen Körper und den Schwimmhäuten an den Vorder- und Hinterbeinen ist es ein ausgezeichneter Schwimmer.

Der Koala

Dieses Beuteltier hat eine gewisse Ähnlichkeit mit einem Bären. Der Koala wiegt ungefähr 15 kg und hat ein graues Fell, das am Bauch etwas heller ist. Die mit kräftigen Krallen versehenen Vorderbeine eignen sich sehr gut zum Klettern. Der Koala verbringt die meiste Zeit in den Baumkronen und steigt nur selten auf den Boden herab. Er lebt in den östlichen Gebieten Australiens, die reich an Eukalyptuswäldern sind.

Der Koala frisst täglich ungefähr ein Kilo Eukalyptusblätter.

Ernährung – Der Koala ernährt sich nur von alten Eukalyptusblättern, die jungen, zarten Blätter verschmäht er. Zoologen haben festgestellt, dass die jungen Blätter Blausäure enthalten und somit hochgiftig sind. Aus diesem Grund werden sie von den Koalas gemieden.

Sobald das Junge zu groß für den Beutel geworden ist, lässt es sich von der Mutter auf dem Rücken tragen.

Beweglichkeit – Der Koala wirkt ein wenig plump und ist doch ein sehr flinkes Tier. Er kann problemlos von Ast zu Ast und von Baum zu Baum springen. Sind die Bäume allerdings zu weit voneinander entfernt, dann klettert er auf den Boden hinunter.

Da er stark nach Eukalyptus riecht, wird der Koala nicht von Parasiten geplagt.

DIE VÖGEL OZEANIENS

IN OZEANIEN gibt es viele ungewöhnliche Vogelarten. Dazu gehören zum Beispiel der Leierschwanz und der Paradiesvogel. Seltsamerweise passt ihr unmelodiöser Gesang nicht zu dem schillernd schönen Federkleid. Auch viele Papageienarten leben in Ozeanien, der Kakadu ist nur eine davon. Sein Gefieder kann farblich stark variieren: vom Schwarz des Ruß-Kakadus bis zum strahlenden Weiß des Gelbhauben-Kakadus.

Nach ungefähr zwei Monaten schlüpfen die Emuküken aus dem Ei. Bei ihrer Geburt tragen sie einen gestreiften Flaum.

Die Fächertaube – Diese blau gefiederte Taube lebt in Neuguinea. Auf dem Kopf trägt sie eine Krone aus wunderschönen Federn, die man früher als Schmuck verwendete.

Der Leierschwanz – Im 19. Jahrhundert wurde er so stark gejagt, dass er vom Aussterben bedroht war. Seine Federn waren bei den europäischen Frauen als modisches Accessoire sehr beliebt. Er ernährt sich von Insekten, die er unter dem Laub findet.

In Australien gibt es auch Greifvögel wie beispielsweise den Keilschwanzadler.

Ein typisches Merkmal für den Kasuar ist der Knochenhelm auf seinem Kopf.

Der Trauerschwan – Durch sein schwarz glänzendes Gefieder, seinen weiß umrandeten, roten Schnabel und die weißen Flügelspitzen wirkt er äußerst elegant. Trauerschwäne werden oft in Parks gehalten.

Der Kasuar – Er ist mit dem Strauß verwandt und lebt in den dichten Wäldern Neuguineas. Der Helm auf seinem Kopf dient dazu, sich beim Laufen einen Weg durch das Geäst zu bahnen.

Der Paradiesvogel – Nur die Männchen besitzen ein farbenprächtiges und schillerndes Gefieder. Meist leben sie von den Weibchen getrennt und nähern sich diesen nur zur Balzzeit.

DER AUSTRALISCHE PELIKAN HAT DEN LÄNGSTEN SCHNABEL: BIS ZU 50 CM.

Zur Familie der Paradiesvögel zählen noch zahlreiche andere Arten. Allen gemeinsam ist das auffällige, farbenprächtige Gefieder und die bizarr geformten Federn.

DER KAKADU

Orientierung – Kakadus legen auf ihrer täglichen Nahrungssuche oft mehrere Kilometer zurück. Dennoch sind sie in der Lage, stets an ihren Ursprungsort zurückzukehren.

DER GELBHAUBEN-KAKADU ist ein australischer Papagei, der auch in Europa und Amerika gern als Haustier gehalten wird.
Der berühmte Verhaltensforscher und Nobelpreisträger Konrad Lorenz besaß einen Kakadu, der völlige Freiheit genoss. Selbst wenn sich der Papagei weit entfernt hatte, genügte ein lauter Ruf, und er flog sogleich auf den Arm seines Besitzers zurück.

Ein Kakadu wartet, bis er mit dem Brüten an der Reihe ist. Männchen und Weibchen wechseln sich bei dieser Aufgabe sowie bei der späteren Nahrungsbeschaffung für die Jungvögel ab.

Der Kakadu kann menschliche Laute sehr gut nachahmen.

Nestverteidigung – Der Kakadu ist ein geselliger Vogel. Tiere, die eine Bedrohung für seine Brut darstellen, werden von ihm jedoch angegriffen. Kakadus nisten meist in Baumhöhlen, die hoch über dem Boden liegen.

Der Ruß-Kakadu ähnelt dem Gelbhauben-Kakadu. Abgesehen von der Farbe besitzt auch er eine Haube, die er aufstellen kann. Beide leben in den Wäldern Ostaustraliens.

Küken – Das Weibchen legt meist zwei Eier in das Nest. Die Brutzeit beträgt ungefähr einen Monat, danach schlüpfen die Jungen aus den Eiern. Der Schnabel ist bei den Jungtieren noch nicht schwarz, sondern fleischfarben.

Gelbschopf – In Ruhestellung liegt der Kamm des Kakadus flach an seinem Kopf. Bei einem Angriff spreizt er die Flügel ab und stellt seine Haube auf. Wie alle Papageien, so ernährt sich auch der Kakadu von Früchten und Samen, die er mit den Füßen greift und zum Schnabel führt. Mit seinem kräftigen Schnabel kann er Schalen aufknacken.

In Gefangenschaft können Kakadus ein hohes Alter – bis zu hundert Jahre – erreichen.

NEUSEELAND

NEUSEELAND LIEGT IN OZEANIEN, südöstlich von Australien. Es besteht aus zwei Inseln: der Südinsel und der Nordinsel. Das Klima ist mild und feucht und begünstigt das Wachstum einer üppigen Vegetation, die ihrerseits für das Überleben der Tierwelt notwendig ist. Neuseeland wurde um 1850 von den Briten besiedelt. Nachdem die Tiere anfangs gejagt und verfolgt wurden, stehen sie heute unter Schutz. Die Jagd wurde wie fast überall auf der Welt streng reglementiert.

Der Kiwi – Dieser Vogel hat einen sehr langen Schnabel. Er wurde zum Symbol Neuseelands. Seine Flügelstummel sind für das Fliegen ungeeignet.

Neuseeland – Die Form dieser Inselgruppe erinnert an einen Stiefel. Sie liegt ungefähr 2 000 km südöstlich vor der australischen Küste.

Der Tigerhai – Diesen Bewohner der neuseeländischen See sollte man lieber meiden. Er kann bis zu neun Meter lang werden. Sein Körper weist dunkle Flecken auf.
Da er bis in flache Küstenregionen und Flussmündungen vordringt, stellt er auch für Menschen eine Gefahr dar. Er ist sehr gefräßig und greift sogar Krokodile an.

Der Kea – Er hat ein grün glänzendes Gefieder und einen kurzen Schwanz. Wie andere Papageien verwendet er zum Klettern Krallen und Schnabel.

MIT EINER KÖRPERLÄNGE VON LEDIGLICH 15 CM IST DER ZWERGHAI DER KLEINSTE HAI.

Der Kea verdankt seinen Namen seinem typischen Ruf: einem schrillen und lang gezogenen „Keeeeah“.

Steppe und Wüste

1
2
3
7
6
8
5
10
11

DIE ASIATISCHE STEPPE

Öde Landschaft – Die Steppe ist eine eintönige Ebene. In dieser Halbwüste überwiegen baumlose Graslandschaften, in denen lediglich vereinzelte Esparto-Sträucher vorzufinden sind. Auf Wasserläufe stößt man nur selten.

Klima – Nur im Herbst und Frühling fällt so viel Niederschlag, dass sich die Vegetation erneuern kann. Im Winter herrscht eisige Kälte und im Sommer sengende Hitze. Während dieser Jahreszeiten müssen die Tiere in Gebiete mit günstigeren Lebensbedingungen wandern.

Tierwelt – In einem derart öden Gebiet gibt es nur wenige Tiere: Vor allem sind es Reptilien, Huftiere und Nager. Aber viele Insektenarten fliegen in riesigen Schwärmen durch die Steppe.

1. **Steppenadler**
2. **Halbesel**
3. **Trampeltier**
4. **Przewalski-Pferd**
5. **Manul**
6. **Großtrappe**
7. **Speke-Gazelle**
8. **Saiga-Antilope**
9. **Ziesel**
10. **Steppenhuhn**
11. **Zwergtrappe**
12. **Bobak**

Der Steppenadler
Er ist nicht sonderlich groß. Das Weibchen wiegt ungefähr 3 kg, das Männchen etwas weniger. Da er flache, baumlose Gebiete bewohnt, hält er sich oft am Boden auf.

IN DER STEPPE

DIE STEPPE wird überwiegend von Hirten und Jägern bewohnt. Da der Boden auf Grund der langen Trockenzeiten landwirtschaftlich nicht nutzbar ist, leben dort keine Bauern. Die Menschen, die hier leben, sind überwiegend Nomaden, die den Tieren auf ihren saisonbedingten Wanderungen folgen. Da es so gut wie keine Autos gibt, werden Pferde und Kamele als Transportmittel eingesetzt. Sie sind zum Transport von Menschen und Gütern unersetzlich. Es gibt viele Herden wild lebender Pferde. Die Hirten gehen beim Fangen und Zähmen äußerst behutsam vor, da Pferde in dieser Region sehr wertvoll sind.

Das kleinwüchsige Steppenpferd ist kräftig und robust gebaut.

Das Trampeltier wird als Last- und Reittier eingesetzt. Es liefert Wolle, Milch und Fleisch.

Das Kamel – Dieses widerstandsfähige Tier kann bei Temperaturen von –25 °C bis zu +50 °C überleben. Kamele werden schon seit sehr langer Zeit als Arbeitstiere gehalten. Wild lebend gibt es sie nur noch selten. Sie sind in schwer zugänglichen Gebieten angesiedelt und stehen unter strengem Schutz.

Die Hirschziegen-Antilope – Obwohl sie weit verbreitet und sehr anpassungsfähig ist, nimmt die Anzahl der Tiere ständig ab. Sie kommt nicht nur in der Steppe vor, sondern auch in pflanzenreichen Gegenden. Das Männchen hat lange Hörner, die es bei Revierkämpfen auf den Gegner richtet. Die Böcke sondern aus ihren Voraugendrüsen eine Substanz ab, mit der sie ihr Revier markieren.

Bei Gefahr flüchten Hirschziegenantilopen mit weiten Sprüngen und versuchen so den Angreifer zu verwirren.

Die Großtrappe ist ein mittelgroßer Vogel, der zwar gut fliegen kann, sich aber lieber auf dem Boden fortbewegt. Sie ernährt sich von Beeren und Samen.

IN DER SIBIRISCHEN STEPPE WURDEN TEMPERATUREN VON + 36°C BIS ZU -68 °C GEMESSEN.

Der Onager – Der sandfarbene Halbesel ist die meiste Zeit auf der Suche nach Nahrung. Hin und wieder nimmt er ein Sandbad, um lästige Parasiten loszuwerden. Sein Nachtlager richtet der Onager im Gebüsch ein, wo er sich zum Schlafen auf die Seite legt.

1
4
5
6

Die australische Steppe

Weite Flächen – Ein beträchtlicher Teil Australiens besteht aus Ebenen oder sanften Hügeln. Einige Küstengebiete sind von hohen Bergen geprägt und mit Nadel- und Eukalyptuswäldern bedeckt. Nur hier kommt es zu starken Regenfällen.

Pflanzenwelt – Im Inneren des Kontinents stößt man auf scheinbar grenzenlose, grasbewachsene Savannen, die nach und nach in eine Steppenlandschaft übergehen, die Scrub genannt wird. Im Zentrum überwiegen Wüsten und Halbwüsten.

Tierwelt – Die Tierwelt ist einzigartig. Da Australien schon seit Urzeiten von den anderen Erdteilen abgetrennt ist, konnten sich die Tiere nicht mit denen anderer Kontinente vermischen. Es entwickelten sich viele Tierarten, die ausschließlich hier vorkommen.

1. **Teppichpython**
2. **Corella**
3. **Bärenkuskus**
4. **Lachender Hans**
5. **Kragenechse**
6. **Pelikan**
7. **Dingo**
8. **Gelbfuß-Felsenkänguru**
9. **Gleithörnchenbeutler**

Der Lachende Hans
Er ist mit unserem Eisvogel verwandt und wird auch Siedleruhr genannt. Sein an schallendes Gelächter erinnernder Ruf ist über große Entfernungen hinweg zu vernehmen.

DIE STEPPE AUSTRALIENS

DIE AUSTRALISCHEN SÄUGETIERE sind fast ausschließlich Beuteltiere. Die wenigen Plazentatiere – das sind Säugetiere, die ihre Jungen so lange austragen, bis sie lebensfähig sind – wurden wahrscheinlich vom Menschen eingeführt.
Im australischen Binnenland herrscht ein äußerst trockenes Klima, fast ohne Niederschläge. Diese fallen nur im Winter und Sommer. Die Jahreszeiten unterscheiden sich nicht so deutlich wie in den gemäßigten Zonen. Folglich gibt es keine nennenswerten Tierwanderungen auf der Suche nach besseren Lebensbedingungen. Die Tierwelt hat sich dem trockenen Klima und dem Wassermangel angepasst.

Das Westliche Hasenkänguru ist ein kleines Beuteltier. Sein Rücken ist von dichtem und langem Fell bedeckt.

Der Dingo – Tierforscher sind davon überzeugt, dass der Dingo ursprünglich nicht aus Australien stammt, sondern von Seeleuten als Arbeitstier eingeführt wurde. Der Dingo unterscheidet sich kaum vom Hund, obgleich er nicht bellen kann. Man nennt ihn daher auch *stummer Hund*.

Der Waran – Dieses Reptil ist ungefähr 130 cm lang. Alle zwei oder drei Tage frisst er ein kleines Säugetier oder ein anderes Reptil. Flüssigkeit braucht er kaum. Beim Trinken taucht er den Kopf bis zu den Augen ins Wasser.

Der Große Kaninchennasenbeutler
Er ähnelt einem kleinen Känguru und verfügt über keine besonderen Verteidigungsmechanismen. Wird er angegriffen, bleibt ihm nur die Flucht. Mit erstaunlicher Geschwindigkeit gräbt er tiefe Erdhöhlen. Er ernährt sich von Insektenlarven oder von kleinen Mäusen, womit er dem Menschen einen wertvollen Dienst erweist.

Die Kragenechse – Das Hauptmerkmal dieser Echse ist der große Kragen, den sie fächerartig aufspannen kann. Damit erschreckt sie ihre Angreifer. Um noch bedrohlicher zu erscheinen, richtet sie sich auf den Hinterbeinen auf, gibt zischende Laute von sich und bewegt den Schwanz heftig im Kreis.

VON ALLEN VÖGELN HAT DER AUSTRALISCHE PELIKAN DEN LÄNGSTEN SCHNABEL: ER MISST 50 CM.

1
3
5
4
8
9
7
10

Ein Meer aus Sand

Die Sahara – Diese größte Wüste der Welt liegt in Nordafrika und erstreckt sich über eine Fläche von neun Millionen Quadratkilometern. An manchen Stellen findet man noch Spuren ehemaliger Flüsse, die nach den sehr seltenen Niederschlägen wieder Wasser führen. Vereinzelt trifft man auf Wasserstellen mit üppiger Vegetation, die Oasen.

Sanddünen – Sandwüsten werden durch starke Winde modelliert und es entstehen Dünen. Diese Art von Wüste nennt man Erg. Mit der Zeit verschieben sich die Dünen wie langsam wandernde Wellen.

Steinwüsten – Andere Gebiete sind mit Geröll (Serir) oder flachen, vom Wind geglätteten Felsen und Sand (Hammada) bedeckt.

1. **Wüsten-Steinschmätzer**
2. **Wüstensperling**
3. **Dromedar**
4. **Fennek**
5. **Dorkas-Gazelle**
6. **Mendes- oder Addax-Antilope**
7. **Hundertfüßer**
8. **Dornschwanz**
9. **und 11. Wüstenspringmaus**
10. **Skorpion**
12. **Hornviper**

IM SAND

DAS TROCKENE KLIMA mit glühend heißen Tagen und eisig kalten Nächten begünstigt nicht gerade den Pflanzenwuchs. Abgesehen von vereinzelten Sträuchern findet man hier lediglich Kakteen. Aus diesem Grund leben hier auch nur wenige Tiere.

Die Tuareg sind ein Nomadenvolk, das schon seit Jahrhunderten in großen Karawanen die Sahara durchquert. Sie treiben Handel mit verschiedenen Waren.

Ein junges Dromedar findet unter dem Körper seiner Mutter Schutz vor der Sonne. Der hohe Nährwert der Muttermilch versorgt das Junge am besten für die harten Lebensbedingungen in der Wüste.

Geringer Wasserbedarf
Ein Dromedar kommt zehnmal länger ohne Flüssigkeit aus als der Mensch. Die Annahme, es speichere Wasser in seinem Höcker, ist jedoch falsch. Aber ein durstiges Dromedar kann mehr als 130 l Wasser auf einmal trinken.

Nachwuchs – Ein Weibchen bewacht seine beiden Jungen (es bringt bis zu vier auf die Welt), die am Eingang zum Bau spielen. Fenneks halten sich tagsüber in ihren Erdhöhlen auf.

Der Fennek – Der kleine, zierliche Fennek wird auch *Wüstenfuchs* genannt. Er wiegt nur 1,5 kg. Die riesigen Ohren sind 15 cm lang. Das dichte, flauschige Fell ist an der Oberseite braun und unten weiß. Die Schwanzspitze ist fast schwarz.

Nachtleben – Das dichte Fell ist wie geschaffen für die kalten Temperaturen bei Nacht, wenn der Fennek seinen Bau verlässt und auf Nahrungssuche geht. Er ernährt sich von Insekten wie beispielsweise Heuschrecken, aber auch von anderen Kleintieren und sogar Pflanzen.

Die Wüstenspringmaus
Sie lebt in trockenen Gebieten und besitzt kräftige Sprungbeine, mit denen sie weite Sprünge ausführen kann. Der Schwanz ist sehr lang. Er dient als Stütze, wenn sich die Wüstenspringmaus aufrichten möchte, um die Umgebung auszukundschaften.

DER SAND DER SAHARA KANN BIS ZU 85 °C HEISS WERDEN.

1
2
4
5
6

Afrikanische Felswüste

Berge – In der Sahara gibt es Bergmassive, die beachtliche Höhen erreichen: Die bekanntesten heißen Hoggar (2918 m), Tibesti (3415 m) und Air (2310 m). Im Laufe der Jahrtausende hat sie der vom Wind aufgepeitschte Sand geformt und ihnen eine abgerundete, glatte Oberfläche verliehen. Oft kommt es zu Sandstürmen mit Windgeschwindigkeiten von über hundert Stundenkilometern.

Regen – An den Bergen steigt die Luft nach oben. Dabei bilden sich aus der geringen Luftfeuchtigkeit Regentropfen. So wird in den Trockengebieten nicht ein einziger Tropfen Wasser vergeudet.

Pflanzenwuchs – Die in der Wüste vorkommenden Pflanzen nehmen die wenige Feuchtigkeit aus der Luft auf und speichern sie in ihrem Fruchtfleisch. Es gibt so gut wie keine Verdunstung.

1. **Chamäleon**
2. **Spießbock**
3. **Mähnenschaf**
4. **Sandrasselotter**
5. **Elefantenspitzmaus**
6. **Katzenwels**
7. **Mauergecko**
8. **Schakal**
9. **Heuschrecke**

IN DER FELSWÜSTE

WENN DIE PFLANZENWELT nach einem der wenigen Regenfälle wächst, kommen sofort Tiere in die betreffende Gegend. Dies lässt sich sowohl in den Randgebieten der Wüste beobachten, wo bereits Gräser und Sträucher wachsen, als auch in den Bergen, wo kleine Flussläufe zeitweise Wasser führen.
In diesen Gegenden haben sich Menschen angesiedelt, die dort Landwirtschaft und Tierhaltung einführten.
Weil es hier mehr Nahrung gibt, wagen sich manche Wildtiere bis in die Nähe dieser Siedlungen vor.

Das Chamäleon – Dieses Reptil wechselt je nach Umgebung die Farbe. Manchmal ist der Wechsel jedoch auch durch den jeweiligen Gemütszustand bedingt. Die Farbe ändert sich, je nachdem, ob es verängstigt oder erregt ist.

Schliefer sind etwa kaninchengroße Pflanzenfresser. In ihrem Darm befindet sich eine Tasche mit Bakterien. Diese sind bei der Verdauung von Zellulose hilfreich.

Der Spießbock – Er hat die Größe eines Hirsches. Die Hörner können gerade oder leicht gebogen sein. Der Spießbock kann wochenlang ohne Wasser auskommen. Während dieser Zeit begibt er sich auf Wanderschaft, um nach besseren Lebensbedingungen zu suchen.

Weite Flächen – Der Spießbock findet in seiner natürlichen Umgebung kaum Verstecke und ist so eine leichte Beute für Raubtiere. Aus diesem Grund suchen Spießböcke Schutz in der Gruppe und werden erst am Abend oder in der Nacht aktiv.

Der Körperbau der Elefantenspitzmaus erinnert auf Grund der langen Hinterbeine an ein Känguru. Die Oberlippe hat sich zu einem kurzen Rüssel entwickelt.

Der Serval steckt seine Pfoten oft in die Bauten von Nagetieren. Oder er fängt sie mit einem typisch katzenhaften Sprung.

Der Serval – Er ist auch unter dem Namen *Afrikanischer Gepard* oder *Buschkatze* bekannt und ist von mittlerer Größe. Der Serval geht zwar in Trockengebieten auf Jagd, entfernt sich jedoch nie sehr weit von einer Wasserstelle, da er häufig trinken muss. Seine Fellzeichnung ähnelt der eines Leoparden, allerdings können bei jedem Tier die Anzahl, Größe und Form der dunklen Flecken stark variieren.

IN LIBYEN WURDE EINE TEMPERATUR VON 58 °C IM SCHATTEN GEMESSEN.

1
2
3
4
6
7
8
9
10

Die Wüsten Amerikas

Unwirtliche Gegend – In Mexiko und im Süden der Vereinigten Staaten gibt es große Wüstengebiete, in denen gerade noch einige Kakteenarten oder vereinzelte Sträucher wachsen. Selbst in einer derart kargen Umgebung können noch einige Tierarten überleben.

Vorkehrungen der Natur – In dieser öden Gegend müssen die Tiere sich nicht nur gegen ihre natürlichen Feinde durchsetzen, sondern auch mit sengender Hitze und Wassermangel umgehen können. Sie nutzen daher die Pflanzensäfte und die nächtliche Feuchtigkeit.

Nachtleben – Tagsüber sind Luft und Boden glühend heiß, sodass sich nur wenige Tiere ins Freie trauen. Wenn bei Nacht jedoch die Temperatur sinkt, gehen die Tiere auf Nahrungssuche und die Wüste wird lebendig.

1. **Elfenkauz**
2. **Rotluchs**
3. **Halsband-Pekari**
4. **Fleckenskunk**
5. **Amerikanischer Dachs**
6. **Wüstenfuchs**
7. **Wühlmaus**
8. **Gila-Krustenechse**
9. **Gophern-Schildkröte**
10. **Kängurumaus**
11. **Prärie-Klapperschlange**
12. **Rennkuckuck**
13. **Krötenechse**

INMITTEN VON KAKTEEN

Ein Rotluchs ist mit seiner Beute auf einen Riesen-Säulenkaktus geklettert. Die Stacheln können ihm nichts anhaben.

VIELE WÜSTENGEBIETE der Vereinigten Staaten wurden zu Nationalparks erklärt, in denen die Natur streng geschützt ist. Selbst Kakteen und Klapperschlangen haben uneingeschränktes Wohnrecht. Die Natur ist ganz sich selbst überlassen, während der Mensch nur Kontrollfunktion übernimmt.

Das *Death Valley* (Tal des Todes) ist eine bekannte Wüste in Kalifornien. Sie ist 225 km lang und 6 bis 25 km breit. Manche Gebiete liegen bis zu 86 m unter dem Meeresspiegel.

Die Gabelhorn-Antilope – Wenn sich ihr ein Wolf oder Kojote nähert, sträubt die Gabelhorn-Antilope die weißen Fellhaare des Hinterkörpers, sodass sie für die anderen Antilopen gut sichtbar sind. Dieses Warnsignal wird sofort von allen anderen wahrgenommen.

Sprinter – Die schnelle Laufgeschwindigkeit bewahrt die Gabelhorn-Antilope vor Angriffen. Auf der Flucht erreicht sie bis zu 80 Stundenkilometer und ist somit schneller als jeder Angreifer. Aber sie ist ein neugieriges Tier: Angeblich braucht man sich nur hinzulegen, mit den Beinen zu strampeln oder ein rotes Tuch zu schwingen, um eine Gabelhorn-Antilope zum Stehen und Näherkommen zu bringen.

Die Prärie-Klapperschlange – Auf dem Schwanz der Klapperschlange befinden sich Hornringe, die klappern, wenn sie ihren Schwanz vibrieren lässt. Den Winter verbringen Klapperschlangen in Erdhöhlen, wo sich hunderte von ihnen versammeln können.

Vegetation – Wüstengewächse sind reich an Fruchtfleisch, das als Feuchtigkeitsspeicher dient, sie besitzen Stacheln, um Tiere fern zu halten, und sie haben farbige Blüten, die sich bei Regen öffnen.

Das Halsband-Pekari – Sein Aussehen erinnert an ein Wildschwein. Es kommt sowohl in Wäldern als auch Wüsten vor. Auf seinem Speiseplan steht pflanzliche Kost, aber auch kleine Tiere. Halsband-Pekaris haben ein ausgesprochen feines Gehör.

Die am meisten verbreiteten Kakteenarten sind der Feigenkaktus, der Warzenkaktus, der Säulenkaktus und der Wachsfackel-Kaktus.

Der Elfenkauz – Dieser kleine, nachtaktive Raubvogel, der sich vor allem von Nagern ernährt, ist sehr weit verbreitet. Auf dem Bild sieht man ein Kauzpaar, das sein Nest in einem Säulenkaktus gebaut hat. Diese Kakteenart ist typisch für die nordamerikanische Wüste.

DER PUMA

DIESE ELEGANTE KATZE ist höchst anpassungsfähig. Man trifft den Puma auf dem gesamten amerikanischen Kontinent in allen möglichen Lebensräumen an. Seine rötlich braune Fellfarbe ändert sich je nach Aufenthaltsort. Meist jagt er in der Dämmerung und im Morgengrauen. Der Puma ist ein sehr schlauer Jäger: Er nähert sich einer Schafherde erst bei Nacht, wenn Hunde und Hirten weniger aufmerksam sind. Außerdem ist er ein ausgezeichneter Springer: Mit einem Satz kann er einen 6–7 m hohen Ast vom Boden aus erreichen.

Nachwuchs – Die kleinen Pumas kommen mit schwarzen Ohren und einem schwarz gefleckten Fell zur Welt. Bei ihrem ersten Fellwechsel nehmen sie ihre endgültige Farbe an.

Präriehunde sind die bevorzugte Beute des Pumas. Dadurch bleibt ihre Zahl konstant. Präriehunde vermehren sich nämlich sehr schnell.

Einzelgänger – Der Puma ist ein Einzelgänger. Jedes Tier hat sein eigenes Revier. Manchmal überlagert sich das Revier eines Weibchens mit dem eines Männchens.
Nur während der Paarungszeit und der Geburt der Jungen suchen die Pumas die Gesellschaft von Artgenossen, aber nur so lange, bis die Jungtiere alt genug sind, um sich ein eigenes Revier zu suchen.

Regenwald

TROPISCHE REGENWÄLDER

IM TROPISCHEN REGENWALD ist das Pflanzenwachstum üppig. Obwohl nur wenig Licht durch das Blattwerk der hochstämmigen Bäume dringt, wächst darunter noch ein dichter Niederwald. Die hohe Luftfeuchtigkeit und die häufigen Niederschläge begünstigen das Wachstum von Pflanzen aller Art. Für unzählige Tierarten sind diese Gebiete ein idealer Lebensraum, da sie dort reichlich Nahrung finden. Vor allem die kleinen und mittelgroßen Tiere profitieren von der üppigen Pflanzenwelt, weil sie sich flinker fortbewegen können.

Nordamerika – Die Feuchtgebiete in Florida, im Süden der Vereinigten Staaten, bestehen aus undurchdringlichen Sumpflandschaften. Dort lebt der Alligator – ein Reptil, das dem Krokodil ähnelt. Nicht selten begegnet man einem dieser großen Tiere, wenn es gerade eine Straße überquert.

Im Regenwald führt die große Wasserausdünstung der Blätter zu starken Niederschlägen.

Im Wasser – Auf Grund ihrer Masse und ihres Gewichts fühlen sich Nilpferde im Wasser wohler als an Land. Sie bleiben daher immer in Wassernähe.

Wasserstellen – Nach der Mahlzeit sucht der Schwarze Panther (eine dunkle Variante des Leoparden) stets ein Wasserloch auf. Er wiegt ungefähr sechzig Kilo. Tagsüber hält er sich im Dickicht des Waldes versteckt, bei Einbruch der Dunkelheit geht er auf Jagd.

Papageien – Sie gehören zu den farbenprächtigsten und lautesten Bewohnern tropischer Regenwälder. Diese Vögel haben einen ganz besonderen Schnabel, der sich vorzüglich zum Knacken von Obst- und Samenschalen eignet. Neben den Krallen ist der Schnabel die wichtigste Kletterhilfe. Papageien gehören zu den intelligentesten Vögeln.

Im tropischen Regenwald gibt es nicht nur Wasser- und Bodentiere. Auch auf den Bäumen tummeln sich Vögel, Reptilien und Säugetiere.

Der Graupapagei lebt in den Urwäldern Zentral- und Westafrikas.

Das Faultier – Aussehen und Gewohnheiten sind bei diesem Tier höchst sonderbar. Es lebt in den südamerikanischen Urwäldern, wo es sich mit seinen hakenförmig gebogenen Krallen an Baumzweige klammert. Seine Bewegungen sind äußerst langsam und am Boden kriecht es auf der Brust.

Affen – Sie sind typische Bewohner der tropischen Regenwälder und können ausgesprochen gut klettern. Zu ihrer Nahrung gehören vorzugsweise Pflanzen; nicht selten ernähren sie sich jedoch auch von Fleisch.

Der Schimpanse gilt als der intelligenteste Affe. Er lebt in Afrika.

1
2
3
4
5
9
12
13

Sumpfland Nordamerikas

Ein idealer Lebensraum – Menschen meiden den Sumpf: Es ist schwierig, dort Häuser und Siedlungen zu bauen, und es können Krankheiten wie beispielsweise Malaria auftreten. Die Tiere können somit ganz ungestört dort leben. In Florida gibt es ein weites Sumpfgebiet: die Everglades.

Everglades – Zum Teil ist dieses Gebiet noch unerforscht. Hier ist der Alligator heimisch. Er ist ein großes Reptil und ähnelt dem Krokodil. Der Alligator steht unter gesetzlichem Schutz. Nicht selten kann man ihm auf Straßen begegnen.

Klima – Das feuchte Klima begünstigt das Wachstum einer üppigen Pflanzenwelt, die vielen Tieren als Nahrungsquelle dient.

1. **Weißkopfseeadler**
2. **Rosalöffler**
3. **Grünreiher**
4. **Brauner Pelikan**
5. **Silberreiher**
6. **Amerikanischer Nimmersatt**
7. **Anhinga**
8. **Virginia-Hirsch**
9. **Wassermokassinschlange**
10. **Alligator**
11. **Weißer Ibis**
12. **Rallenkranich**
13. **Schnabelfisch**
14. **Amerikanisches Sultanshuhn**
15. **Sumpfschildkröte**

DER PELIKAN

DIESER AUFFALLENDE VOGEL ist auf allen Kontinenten heimisch. Das Meer ist sein angestammter Lebensraum, aber man trifft ihn auch an Flüssen und Seen an. Zu seiner Nahrung gehören Wassertiere, insbesondere Fische, die er mit einer interessanten Methode jagt: Mehrere Pelikane schlagen zugleich im seichten Wasser mit den Flügeln und erschrecken somit die Fische. Diese schwimmen in Ufernähe, wo sie sich nicht so flink bewegen können und gut zu erkennen sind. Dort sind sie für die Pelikane eine leichte Beute. Der Schnabel des Pelikans ist an der Unterseite elastisch; er kann sich also ausdehnen und mehrere Fische gleichzeitig aufnehmen, die dann in aller Ruhe verspeist oder ins Nest gebracht werden.

Größe – Der Pelikan ist ein recht großer Vogel: Er erreicht eine Länge von 1,80 m und eine Flügelspannweite von 3 m. Wenn Pelikane auf Nahrungssuche gehen, dann fliegen sie in mehr oder weniger großen Schwärmen. Sie können nicht tief tauchen, doch ihr Flug ist leicht und elegant.

Beim Fliegen hält der Pelikan seinen Hals gebogen. In Ruhestellung stützt er seinen Schnabel am Hals ab.

Pelikane sind recht gesellige Tiere. Sie leben stets in großen Verbänden, sei es bei der Nahrungssuche oder beim Nestbau.

In Amerika – Der amerikanische Weißpelikan verbringt die meiste Zeit des Jahres im Westen der Vereinigten Staaten, Mexikos und Mittelamerikas. Zur Fortpflanzungszeit ziehen die Tiere von den nördlicher gelegenen Gebieten in den Süden, wo das mildere Klima für das Wachstum der Jungen günstiger ist. Das Federkleid ist, abgesehen von den hellgelben Flecken auf der Brust und auf den Flügeln, fast weiß.

Das Nest – Aus Schilf, Gestrüpp und Federn baut der Pelikan ein einfaches Nest. Wenn er seinen Jungen Futter ans Nest bringt, stecken diese ihre Schnäbel in seinen Hals. Die zum Teil bereits verdaute Nahrung wird wieder hervorgewürgt und ist somit für die Jungen leichter aufzunehmen.

DER PELIKAN KANN BIS ZU 14 KG WIEGEN.

Nachwuchs – Das Weibchen legt zwei bis drei bläuliche oder gelbliche Eier, die sie ungefähr dreißig Tage lang ausbrütet. Beim Schlüpfen sind die Küken nackt. Nach ungefähr zehn Tagen wachsen die ersten Federn. Pelikanweibchen sind etwas kleiner als die Männchen.

1
2
4
5
3
9
7
8
11

Amazonas-Regenwald

Großer Strom – Der Amazonas ist 5500 km lang und führt von allen Flüssen auf der Welt das meiste Wasser. Er durchquert eine weite Ebene, die mit dichten Wäldern bedeckt ist: Amazonien. Hier gibt es sehr viele Tier- und Pflanzenarten.

Die Pflanzenwelt – Nur die Indios, die Ureinwohner Amazoniens, kennen die Geheimnisse des Waldes. Es ist schwierig, sich zwischen alten, mit Lianen bewachsenen Baumstämmen, Moosen und Wurzeln zurechtzufinden. Das Licht, das bis zum Boden durchdringt, ist spärlich, die Luft ist feucht und schwer und an den Ästen blühen zauberhafte Orchideen.

Die Tierwelt – Einige Tiere sind gefährlich wie beispielsweise die Anakonda, andere harmlos wie das langsame Faultier.

1. **Silberaffe**
2. **Gehaubter Kapuziner**
3. **Kapuzineraffe**
4. **Weißgesicht-Seidenaffe**
5. **Faultier**
6. **Grünflügelara**
7. **Anakonda**
8. **Riesenotter**
9. **Pekar**
10. **Opossum**
11. **Jaguar**
12. **Tapir**
13. **Regenbogenboa**
14. **Tukan**
15. **Blattschneider-Ameise**

IN AMAZONIEN

Einige Affen sind gerade mal so groß wie eine Hand.

AMAZONIEN IST EIN RIESIGES, südamerikanisches Regenbecken, das vom Amazonas-Strom durchquert wird. Zwischen 1541 und 1542 wurde es von Francisco de Orellana erforscht. Die zunehmende Ausbreitung der Zivilisation führt leider Jahr um Jahr zur Zerstörung riesiger Waldgebiete. Zum einen hat man es auf das wertvolle tropische Holz abgesehen, zum anderen will man zusätzliche Flächen landwirtschaftlich nutzen. Die Tiere sind also gezwungen sich in immer kleinere Gebiete zurückzuziehen.

Der Kolibri – Dieser Winzling unter den Vögeln kann mit seinem langen, gebogenen Schnabel im Schwirrflug Nektar aus den Blütenkelchen saugen.

Das Wasserschwein – Es ist das größte Nagetier der Welt und kann ein Gewicht von 50 kg erreichen. Das Wasserschwein lebt in der Nähe des Wassers, wo es bei Gefahr Zuflucht sucht. Zu seinen natürlichen Feinden gehören Jaguare an Land und gefährliche Alligatoren im Wasser.

In Amazonien:
1. Helmspecht
2. Indische Schlange
3. Korallenschlange
4. Blue Morpho
5. Neunbinden-Gürteltier
6. Trompetervogel
7. Surukuku oder Buschmeister
8. Landschildkröte
9. Amerikanische Eidechse
10. Fransenschildkröte
11. Lanzenotter
12. Vogelspinne
13. Blattschneider-Ameise

Dichter Dschungel – Die Sonnenstrahlen dringen nur mit Mühe durch das Pflanzendickicht, in dem sich alle möglichen Tiere verstecken. Einige von ihnen sind sehr gefährlich wie beispielsweise die tödliche Korallenschlange. Es gibt auch Tiere, die harmlos aussehen und dabei hochgiftig sind. Einer ihrer Vertreter ist der Pfeilgiftfrosch: Das Gift eines ausgewachsenen Männchens würde ausreichen, um 1500 Menschen zu töten.

Langsame Füße – So lautet der wissenschaftliche Name des Faultieres, *Bradypus*, aus dem Griechischen übersetzt. Begünstigt durch die hohe Luftfeuchtigkeit wachsen auf seiner Haut zwischen den Haaren winzig kleine Algen. Sie verleihen dem Faultier eine graugrüne Färbung, die ihm im Blattwerk als ausgezeichnete Tarnung dient.

Die Anakonda – Diese riesige Schlange kann über neun Meter lang werden. Sie lebt im Wasser, ernährt sich aber von Landtieren, die sie beim Trinken am Flussufer erbeutet.

Der Jaguar – Er ähnelt dem Leoparden, ist aber etwas größer. Zudem bestehen seine dunklen Flecken aus Ringen, in deren Mitte sich wiederum kleinere Flecken befinden. Der Jaguar lebt als Einzelgänger und jagt lieber auf dem Boden, da er nicht so gut klettern kann. Wenn er eine Beute gepackt hat, bringt er sie an einen abgeschiedenen Ort, um sie dort in Ruhe zu verspeisen.

Das Jaguarweibchen bringt bei einem Wurf jeweils zwei bis drei Junge zur Welt. Wenn sie größer sind, bringt sie ihnen das Jagen bei, wie es bei allen Raubtieren üblich ist.

Der Tapir – Die zahlenmäßig größte südamerikanische Art, der Landtapir, lebt in der Nähe von Wasserläufen. Er kann sehr gut schwimmen und selbst breite Flüsse durchqueren. Seine Hauptnahrung besteht aus Wasserpflanzen, nach denen er taucht.

DIE ANAKONDA IST DIE SCHWERSTE SCHLANGE. EIN EXEMPLAR WOG 230 KG.

VÖGEL

IM DICHTEN BLATTWERK DES REGENWALDES leben ungestört zahlreiche Vogelarten, die eine Vielfalt von Formen und unterschiedlichen Eigenschaften an den Tag legen: angefangen beim Hoatzin mit seinem rotbraunen Gefieder bis zum Halsband-Wehrvogel, dessen Beine besser zum Laufen geeignet sind als seine Flügel zum Fliegen. Der Quetzal baut sein Nest im Inneren von Termitenhügeln und lässt sich dabei nicht von den Insekten stören. Der Schopfuhu, ein Nachtraubvogel, lebt in so unzugänglichen Gebieten, dass es noch keinem Vogelkundler gelungen ist, seine Gewohnheiten zu erforschen.

Der Schnabel des Ararauna ist so kräftig, dass dieser bunte Papagei damit mehrere Minuten lang an einem Zweig hängen kann.

Das Pfauentruthuhn – Sämtliche Vertreter dieser Vogelart, die in Zoos leben, stammen von einem Pfauentruthuhnpaar ab, das sich 1940 im Zoo von San Diego, Kalifornien, paarte.

Der Tukan – Durch seinen riesigen, bunten Schnabel, der manchmal größer als sein ganzer Körper sein kann, ist dieser Vogel unverwechselbar. Der Tukan baut sein Nest in Baumhöhlen oder übernimmt einfach die verlassenen Höhlen von Spechtpaaren.

Der Schwertschnabel – Dieser Kolibri schlägt seine Flügel über 50-mal in der Sekunde und kann entweder im Schwirrflug in der Luft stehen oder mit einer Geschwindigkeit von bis zu 100 km/h fliegen. Typisch an ihm ist der sehr lange Schnabel, der eine gerade Form hat und nicht wie bei anderen Kolibriarten gebogen ist.

1
2
7
6
5
8
11
10

Afrikanischer Urwald

Schwarzafrika – Das Bevölkerungswachstum in Afrika führt dazu, dass man neues, landwirtschaftlich nutzbares Land benötigt. Dadurch wird der Lebensraum der Tiere immer mehr beschnitten. Zahlreiche Urwaldgebiete wurden bereits zu Gunsten neuer Anbauflächen abgeholzt.

Tarnung – Während die Tiere der Savanne überwiegend hell gefärbt sind und somit im sonnengebleichten Gras Tarnung finden, sind die Dschungeltiere in der Regel dunkel. Sie können sich dadurch unauffällig im Pflanzendickicht aufhalten.

Größe – Die Waldtiere unterscheiden sich nicht nur auf Grund der Farbe von den Bewohnern offenen Geländes: Sie sind meist auch etwas kleiner.

1. **Leopard**
2. **Meerkatze**
3. **Python**
4. **Schuppentier**
5. **Ducker oder Schopfantilope**
6. **Okapi**
7. **Nashornvogel**
8. **Fluss-Schwein**
9. **Gorilla**
10. **Goldkatze**
11. **Mandrill**

IM AFRIKANISCHEN URWALD

DER AFRIKANISCHE URWALD erstreckt sich größtenteils entlang der beiden Wendekreise. Hier unterscheiden sich die Jahreszeiten kaum voneinander. Temperatur und Niederschläge ändern sich kaum. Daher sind die dort lebenden Tiere überwiegend ortstreu. Es besteht für sie kein Anlass, bei jedem Jahreszeitenwechsel loszuziehen und sich auf die Suche nach besseren Lebensbedingungen zu machen, wie es sehr viele Tiere aus gemäßigten oder kalten Regionen tun müssen.

Helm und Schnabel des Nashornvogels sind innen hohl und daher sehr leicht.

Das Geweih des Bongo-Männchens kann bis zu 1 m lang sein. Es handelt sich bei ihm um ein scheues Tier, das nur bei Nacht den Schutz des Waldes verlässt. Das mondbeschienene Laub bietet ihm bei seiner weiß gestreiften Fellzeichnung eine gute Tarnung.

Hinterhalt – Im Dschungeldickicht gibt es viele Tiere, die regungslos darauf warten, bis eine Beute vorüberzieht: Im Astwerk von Bäumen verstecken sich Leoparden, große Schlangen und Greifvögel. An schlammigen Ufern von Flüssen und Seen lauert hingegen das Krokodil.

Der Python – Entgegen dem Volksglauben stellt diese ungiftige Schlange für den Menschen keine Gefahr dar. Lediglich sehr große Pythons besitzen die Kraft, einen Menschen umschlingen zu können. Kleinere Pythons halten sich auf Bäumen auf, während die großen meist auf dem Boden bleiben.

Das Okapi – Weiße Männer bekamen es erst im vorigen Jahrhundert zum ersten Mal zu Gesicht. Das Okapi ist mit der Giraffe verwandt und sehr scheu. Es lebt im Dickicht des Urwalds.

Der Leopard – Diese elegante Katze macht sich erst bei Anbruch der Dunkelheit auf die Jagd. Es ist sehr schwierig, sie zu Gesicht zu bekommen. Lediglich ihre Abdrücke oder andere Spuren wie beispielsweise Kot oder Reste von Beutetieren zeugen von ihrer Anwesenheit.

Bei den zahlreichen Arten und Unterarten der Menschenaffen weisen einige Körperzonen oft auffallende, großflächige Färbungen auf. Dadurch können sich Mitglieder der selben Art gegenseitig leichter erkennen.

Das Riesenschuppentier – Ein kräftiger Panzer bedeckt seinen Körper. Es kann gut klettern und ernährt sich von Ameisen und Termiten, die es im Holz findet. Manchmal gelingt es ihm auch, die stabilen, aus Lehm gebauten Termitenhügel zu zerstören. Wegen dieser eigenartigen Ernährung ist es schwierig, das Riesenschuppentier in Gefangenschaft zu halten. Es gewöhnt sich kaum an andere Nahrung.

Meerkatzen halten sich in der Nähe von Gewässern auf.

Das Nilkrokodil – Es ist riesig und kann bis zu sieben Meter lang werden. Den Großteil der Nacht verbringt es schlafend im Wasser. Bei Tag hält es sich hingegen an Land auf, wo es sich in der Sonne wärmt. Außer Fische greift das Nilkrokodil auch Tiere an, die zum Trinken ans Ufer kommen.

Krokodile sind sehr alte Reptilien, die es schon zur Zeit der Dinosaurier gab.

Das Flusspferd wiegt über drei Tonnen.

Der Leopard – Ein erwachsenes Leopardenmännchen wiegt ungefähr sechzig Kilo, die Jungen lediglich ein halbes Kilo. Normalerweise bringt ein Weibchen jeweils vier bis sechs Junge zur Welt, nur selten sind es mehr.

Der Marabu – Er gehört zur Müllabfuhr Afrikas, denn er ernährt sich von Aas. Seine Größe ist ganz beachtlich, und wenn er fliegt, wirkt er majestätisch. Das Weibchen legt in Baumnestern jeweils zwei bis drei Eier.

Die Elefantenspitzmaus ist ein kleiner Insektenfresser und wird ungefähr 30 cm lang. Sie hat eine lange, rüsselförmige Nase.

DIE SANDRASSELOTTER IST DIE GIFTIGSTE SCHLANGE.

Der Gorilla – Mit einer stattlichen Höhe von 2,5 Metern ist der Gorilla der größte Affe, was dazu führte, dass sich um ihn viele Legenden hinsichtlich seiner Wildheit ranken. Dabei handelt es sich um ein friedfertiges und oft scheues Tier, das in seiner natürlichen Umgebung, dem dichten, undurchdringlichen Wald, nur schwer zu erforschen ist.

DAS FLUSSPFERD

DIESES GROSSE SÄUGETIER verbringt die meiste Zeit seines Lebens im Wasser. Sein gedrungener Körper erschwert ihm allerdings das Schwimmen. Daher hält es sich lieber im seichten Wasser auf, wo es stets Grund unter den Füßen hat und laufen kann.
Seine äußerst beweglichen Ohren, die durch Membranen verschließbare Nase und die Augen treten oben aus dem Kopf hervor. Anordnung und Beschaffenheit dieser Sinnesorgane ermöglichen es dem Flusspferd, zu atmen und seine Umgebung genau zu beobachten, auch wenn der Rest des Körpers vollständig unter Wasser ist. Wenn das Flusspferd für sich oder seine Jungen Gefahr wittert, zögert es nicht, den Störenfried anzugreifen – sei es im Wasser oder auch an Land.

Geburt – Die Mutter kann ihr Junges sowohl an Land als auch im Wasser zur Welt bringen, wo ein besserer Schutz gewährleistet ist. Unmittelbar danach taucht das Junge zum Atmen an die Oberfläche. Die Geburt erfolgt zur Regenzeit, sodass die Mutter genügend Nahrung findet und selbst ausreichend Milch produziert.

Zum Säugen legt sich das Weibchen auf die Seite.

Sozialleben – Flusspferde sind keine Einzelgänger, sondern leben lieber in Gemeinschaften. Eine Gruppe besteht aus ungefähr zehn Mitgliedern. Oft spielen erwachsene Männchen mit den Jungen – im Wasser oder auch an Land. An Land gehen sie stets auf denselben Pfaden. Es kommt vor, dass Menschen angegriffen werden, die aus Versehen ihren Weg kreuzen.

Drohgebärde – Wenn sich ein Flusspferd bedroht fühlt, stößt es brüllende Laute aus, öffnet sein riesiges Maul und stellt seine sehr langen, unteren Eckzähne zur Schau. Damit erzielt es in der Regel den gewünschten Effekt.

DAS KROKODIL

NUR EINE KROKODILART lebt im Salzwasser; normalerweise halten sich Krokodile an See- oder Flussufern warmer bzw. heißer Klimazonen auf. Im Wasser fühlen sie sich weitaus wohler als an Land, wo sie nur mühsam laufen können. Zum Schwimmen verwenden sie ihren Schwanz. Größere Krokodile können bis zu eine Stunde lang tauchen. Während der heißesten Stunden des Tages liegen sie mit weit aufgesperrtem Maul regungslos an Land. Da sie über keine Schweißdrüsen verfügen, geben sie die überschüssige Wärme über die Mundschleimhaut und die Zunge ab – ungefähr so, wie es auch bei Hunden der Fall ist.

Kinderstube – Junge Krokodile ernähren sich überwiegend von Fischen, Vögeln, aber auch von Insekten. Erst wenn sie ein wenig größer sind, können sie Säugetiere angreifen, die größer als sie selbst sind, und sie dann ins Wasser zerren.

Die Zähne dienen nicht zum Kauen, sondern zum Packen der Beutetiere.

Im Wasser – Krokodile bewegen sich normalerweise sehr langsam, das kann sich jedoch ändern, wenn sie auf Jagd gehen.

Eier – Sie werden in ein Erdloch gelegt, das unweit vom Wasser gegraben wurde. Wenn die Zeit zum Schlüpfen gekommen ist, zerbricht das Junge mit einem Horn die Schale. Das Horn wächst auf seinem Maul und fällt nach kurzer Zeit ab.

DAS OSBORN-KROKODIL IST DAS KLEINSTE KROKODIL. ES IST 120 CM LANG.

Feinde – Selbst dieses schreckliche Reptil hat Feinde, und zwar jene Tiere, die seine Eier rauben. Der schlimmste Feind ist der Waran, eine große Echse. Wenn er ein Krokodilnest wittert, gräbt er mit überraschender Geschwindigkeit den Boden auf, ohne dass das Weibchen etwas bemerkt. Dann schafft er das Ei in ein Versteck, wo er es in Ruhe frisst.

Wie bei vielen im Wasser lebenden Landtieren befinden sich auch beim Krokodil Ohren, Nasenlöcher und Augen im oberen Kopfbereich, damit sie beim Schwimmen über dem Wasser liegen.

DER SCHIMPANSE

Sprache – Da Schimpansen über einen auf wenige Laute begrenzten Wortschatz verfügen, verständigen sie sich untereinander auch über ihre Gesichtsmimik. Das Gesicht kann eine Vielzahl von Ausdrucksformen annehmen, die oft an die des Menschen erinnern.

ER IST DER BEKANNTESTE AFFE, da er sehr intelligent ist und sich problemlos zähmen lässt. Obwohl der Schimpanse ausgezeichnet klettern kann, verbringt er die meiste Zeit des Tages auf dem Boden – selbst wenn er von einem Ort zum anderen wechselt. Er schläft allerdings auf Bäumen, weil er sich dort am sichersten fühlt. Der Schimpanse gehört zu den wenigen Tieren, die Werkzeuge verwenden. Beispielsweise steckt er kleine Zweige in Termitenhügel, damit die Insekten, von denen er sich ernährt, daran kleben bleiben. Schimpansen fressen alles Mögliche. Oft findet man auf dem Speiseplan von Gruppen, die an verschiedenen Orten leben, ganz unterschiedliche Kost.

Normalerweise wird ein Junges geboren, nur selten kommen Zwillinge auf die Welt. Solange es klein ist, klammert sich das Jungtier fest an die Mutter.

Die stärkeren Männchen bringen ihre Überlegenheit zum Ausdruck, indem sie kleine Pflanzen aus dem Boden reißen, eine Drohgebärde einnehmen oder mit einem Stock um sich schlagen.

Ammen – Schimpansenweibchen pflegen einen freundschaftlichen Umgang miteinander. Es kommt vor, dass eine Mutter ihr Junges vorübergehend einem anderen Weibchen anvertraut, das dann außer ihrem eigenen Jungen zwei oder drei weitere spazieren führt.

Sozialleben – Schimpansen leben in recht großen Gemeinschaften, die allerdings nicht so starr geregelt sind wie die anderer Affen, beispielsweise der Gorillas. Übergänge von einer Gruppe zur anderen sind hier recht häufig.

DER GORILLA

TROTZ SEINER FURCHT ERREGENDEN ERSCHEINUNG ist dieser riesige Affe sehr gesellig. Die Männchen eines Verbandes kämpfen normalerweise nicht um die Vorherrschaft. Der Anführer braucht nur die Augen aufzureißen, zu brüllen oder mit den Fäusten auf seine Brust zu schlagen, damit ihm die anderen gehorchen. Dieses Verhalten ist nur Imponiergehabe, auf das nie ein Angriff folgt. Vor einem echten Angriff beschränkt sich der Gorilla darauf, seinem Gegner lang und ruhig in die Augen zu starren. Dieses Verhalten wird nämlich von fast allen Säugetieren – Hunden, Katzen und selbst Menschen – als Herausforderung gedeutet.

Nachwuchs – Junge Gorillas bleiben fast vier Jahre lang bei der Mutter. Wenn ein Geschwisterchen zur Welt kommt, beginnt die Mutter das größte Junge allmählich zu entwöhnen, doch nie auf lieblose Weise. Vielmehr fordert sie es auf, zu lernen, wie man alleine zurechtkommt.

Tagesablauf – Nach dem Aufwachen gehen die Gorillas auf Nahrungssuche. Danach ruhen sie sich aus oder spielen. Nach der Abendmahlzeit richten sie sich auf dem Boden eine Schlafstätte für die Nacht ein.

NGAGI, EIN GORILLA AUS DEM ZOO VON SAN DIEGO, WOG MIT 17 JAHREN 310 KILO.

DAS OKAPI

ES IST KNAPP ÜBER ZWEI METER LANG und wiegt ungefähr 250 Kilo. Das Okapi ist mit der Giraffe verwandt. Da es sehr scheu ist und in begrenzten Waldgebieten lebt, ist dieses Tier in freier Wildbahn kaum erforscht. Es hält sich bevorzugt in Gebieten auf, die reich an Sträuchern sind. Die Fellzeichnung, die auf den ersten Blick sehr auffallend erscheint, dient ihm hier als ausgezeichnete Tarnung. Das Okapi ist ein Einzelgänger. Nur die Mütter verbringen viel Zeit mit ihren Jungen.

Wenn die Mutter anhand der typischen Laute, die das Junge ausstößt, Gefahr wittert, wird sie sehr aggressiv und zögert nicht jeden Feind anzugreifen.

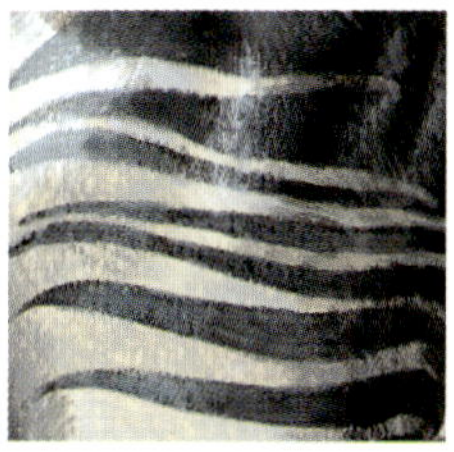

Die Streifen am Hinterleib und an den Beinen des Okapis ähneln denen eines Zebras und dienen zur Tarnung.

Aussehen und Spiele – Okapis ähneln den Pferden, doch es gibt auch Unterschiede: Die Männchen tragen beispielsweise kurze Hörner. Beim Spielen schlagen sie sich so lange gegenseitig mit dem Maul, bis ein Tier aufgibt und sich auf den Boden legt.

AUF MADAGASKAR

Zu den typischen Tieren Madagaskars zählen bunte Schmetterlinge.

MADAGASKAR IST EINE GROSSE AFRIKANISCHE INSEL im Indischen Ozean. Die Tierwelt deckt sich nur teilweise mit der des afrikanischen Kontinents. Viele Tierarten sind hingegen für diese Insel typisch und sonst nirgendwo auf der Welt vertreten. Die Hügellandschaft ist mit einer abwechslungsreichen Vegetation bedeckt und das milde Klima begünstigt das Vorkommen so vieler Tiere. Darunter fallen besonders die Lemuren auf, die auch Halbaffen genannt werden.

1. Mohrenmaki
2. Fingertier
3. Dermaleipa miniata
4. Papilio delalandei
5. Verreaux-Sifaka
6. Mongoz
7. Igeltanrek
8. Fossa
9. Katta
10. Mausmaki

Lemuren – Sie ähneln den Affen und leben wie diese überwiegend auf Bäumen. Lemuren sind sehr lebhaft und äußerst gewandt. Sie haben eine Fuchsschnauze und große Augen, die sich an das Nachtleben angepasst haben. Einige von ihnen sind tagsüber so verschlafen, dass man sie sehr leicht fangen kann.

1
2
3
4
6
7
8
9
12
13
14

Asiatischer Dschungel

Vegetation und Klima – Die Entwicklung des Dschungels hängt stark von der Niederschlagsmenge ab. Am Äquator sind Regenfälle besonders häufig.

Tierwelt – Einige Tiere des asiatischen Dschungels wie beispielsweise Elefanten, Nashörner und Leoparden sind auch in Afrika vertreten. Im Laufe der Jahrtausende haben sie sich jedoch anders entwickelt als ihre afrikanischen Vettern und weisen nun andere Merkmale auf. Asiatische Elefanten sind beispielsweise kleiner und umgänglicher als Afrikanische. Andere Tiere wie zum Beispiel der Tiger sind hingegen typisch für Asien.

1. **Gibbon**
2. **Nasenaffe**
3. **Koboldmaki**
4. **Python**
5. **Indischer Reiher**
6. **Königskobra**
7. **Rothalstaucher**
8. **Großer Asiatischer Marabu**
9. **Indischer Nimmersatt**
10. **Krokodil**
11. **Stockente**
12. **Mangroven-Nachtbaumnatter**
13. **Wasserfasan**
14. **Schützenfisch**
15. **Mandarinenente**
16. **Katzenwels**
17. **Unke**
18. **Kleines Sultanshuhn**

Die Pagodenfeige – Es handelt sich um ein hochstämmiges Gewächs, das sich durch eine Besonderheit auszeichnet: Aus den Ästen wachsen Wurzeln, die nach unten treiben und in Feuchtgebieten den Weg in den Boden finden. So kann die Pflanze in die Breite wachsen.

IM DSCHUNGEL

MONSUNE SIND TYPISCHE WINDE der asiatischen Tropen. Sie kommen regelmäßig und bringen starke Regenfälle, die den Dschungel zu neuem Leben erwecken und die Pflanzenwelt erneuern. Während der Monsunzeit herrschen daher auch für Tiere ideale Bedingungen für Entwicklung und Fortpflanzung. Nahrung ist im Überfluss vorhanden, und es gibt ständig Nachschub. Wie der Urwald Amazoniens so ist auch der asiatische Dschungel sehr dicht und undurchdringbar.

Die hochgiftige Brillenschlange verdankt ihren Namen der Zeichnung am Hals, die gut sichtbar ist, wenn sie bei Erregung ihre Haut spannt.

Der Gayal – Er gehört zur Familie der Rinderartigen und wird in Indonesien als Haustier gehalten. Tagsüber hält er sich in den Wäldern auf, abends kehrt er wieder in die Siedlungen zurück.

Der Palmenroller ist ein kleiner, nachtaktiver Fleischfresser, der sich an den Menschen gewöhnt hat.

Der Palmenroller – Er ernährt sich von Insekten, Reptilien und kleinen Säugetieren, aber auch von zuckerhaltigen Früchten. Vom Menschen wird er zwar geschätzt, weil er Mäuse jagt, doch manchmal erbeutet er auch Haustiere.

Der Asiatische Elefant wurde viele Jahrhunderte lang als Arbeitstier gehalten. Inzwischen werden immer häufiger Maschinen eingesetzt. Manchmal ist er allerdings noch unersetzlich.

Der Bestand des Indischen Panzernashorns ist wie der des Afrikanischen sehr zurückgegangen, weshalb dieses Tier streng geschützt ist.

Das Indische Panzernashorn – Im Gegensatz zum Afrikanischen Nashorn besitzt es nur ein einziges Horn und dicke Panzerplatten auf dem Körper. Es schreitet langsam, kann aber auch galoppieren und dabei eine Geschwindigkeit von 40 km/h erreichen.

Die Zibetkatze – Dieses Säugetier hält sich zwar überwiegend auf dem Boden auf, ist aber auch ein ganz geschickter Kletterer. Frühmorgens und am Abend geht sie auf Jagd.

Der Muntjak
Dieser Hirsch hat ein kurzes Geweih, das für die dichten Wälder, in denen er lebt, sehr gut geeignet ist. Seine oberen Eckzähne sind stark ausgeprägt und dienen ihm als Verteidigungswaffe.

Ein Schabrackentapir hatte im Dschungel das Pech, auf einen Leoparden zu stoßen, der auf einem Ast lauerte.

Der Ganges-Gavial – Das auffallendste Merkmal an diesem Reptil ist die stark verlängerte, schmale Schnauze. Am Oberkiefer wachsen 54, am Unterkiefer 48 Zähne. Es verfügt somit über ausgezeichnete Werkzeuge, um seine Beute – vor allem Fische – zu fassen und festzuhalten. Der Ganges-Gavial lebt überwiegend im Wasser.

In Indien gilt der Ganges-Gavial als heiliges Tier.

Der Tiger – Der indische Urwald ist das Reich des Tigers. Das Bild zeigt ihn bei der Verfolgung von Hirschziegenantilopen. Tiger sind große Katzen, die als Einzelgänger leben. Im Gegensatz zur Hauskatze liebt er das Wasser und schwimmt oft durch breite Flüsse oder Seen.

DICKHÄUTER

AUF DEN ERSTEN BLICK sind die Unterschiede zu den afrikanischen Dickhäutern nicht erkennbar. Selbst im Verhalten gibt es viele Gemeinsamkeiten: Sie sind nicht an ein bestimmtes Revier gebunden, sondern halten sich dort auf, wo sie am einfachsten Nahrung finden, die vor allem aus zarten Blättern besteht. Da sie gute und ausdauernde Schwimmer sind, lieben sie das Wasser. Gerne rasten sie in Wassernähe und suhlen sich im Schlamm. Das ist gut für ihre Haut – ähnlich wie manche Menschen Spezialkliniken aufsuchen, um dort Fangokuren zu machen.

Das Nashorn – Dieses Tier wird von allen anderen respektiert und gemieden. Der Einzige, der das Nashorn nicht fürchtet, ist der Elefant, der es sogar problemlos in die Flucht treibt. Bei der Geburt wiegt ein Indisches Panzernashorn ungefähr 65 Kilo.

Die Mutter erlaubt ihrem Jungen nie sich von ihr zu entfernen. Sie behält es immer im Auge und ruft es sofort zurück, wenn es einmal zu weit weggelaufen ist.

Der Elefant – Trotz ihres robusten Aussehens, ist die Elefantenhaut sehr empfindlich. Sie ist mit kurzen Borsten besetzt, die dem Elefanten selbst leichteste Berührungen melden.

BEIM ASIATISCHEN ELEFANTEN BETRÄGT DIE TRAGZEIT UNGEFÄHR 20 MONATE.

AFFEN

ZU DEN ZAHLREICHEN AFFENARTEN gehören Tiere, die gerade mal 70 Gramm wiegen und solche, die ein Gewicht von 250 Kilo erreichen können. Asiatische Affen haben keinen Greifschwanz, den sie um einen Ast wickeln und an dem sie hängen könnten. Mit einem solchen Schwanz sind nur die in Amerika lebenden Affen ausgestattet. Der typischste Vertreter der asiatischen Affen ist wohl der Orang-Utan. Er lebt überwiegend auf Bäumen und begibt sich nur selten auf den Boden.

Nasenaffe – Seinen Namen verdankt er der riesigen Nase, die beim Männchen so lang sein kann, dass sie bis über das Maul reicht. Er kann sehr gut klettern und schwimmen, und er ist in der Lage, lange zu tauchen, um so seinen Feinden zu entkommen.

Orang-Utan – Wie kein anderer Affe kümmert sich die Orang-Utan-Mutter um die Erziehung des Nachwuchses. Mit den Zähnen schneidet sie ihren Jungen die Nägel, sie wäscht sie mit Regenwasser und schimpft mit ihnen, wenn sie unartig sind. Von der Erziehung hängt auch der Charakter des ausgewachsenen Affen ab.

Das Verhalten des Orang-Utans wird mehr durch Lernen als durch den Instinkt geprägt.

Der Schlankklori – Das spitze Maul und die großen, für das Nachtleben geeigneten Augen verleihen diesem Menschenaffen ein liebenswertes Aussehen. Tagsüber hält er sich in den Baumkronen versteckt, während er nachts auf Nahrungssuche geht.

Leopard und Schwarzer Panther – Sie unterscheiden sich eigentlich nur auf Grund ihrer Fellfarbe. Die für den Leoparden typischen Flecken sind auch beim Panther – wenn auch unauffälliger – vorhanden.

ASIATISCHE KATZEN

DIE ASIATISCHEN KATZEN leben nicht im Familienverband wie die afrikanischen Löwen und Geparden, sondern sind Einzelgänger. Jedes einzelne Tier besitzt ein Jagdrevier, das es vor Eindringlingen verteidigt. Lediglich Tiger jagen ab und zu in kleinen Gruppen. Auf dem gesamten asiatischen Kontinent leben wilde Katzen; einige von ihnen sogar in Gebieten mit ungünstigen Klimaverhältnissen wie zum Beispiel in Sibirien, wo der Sibirische Tiger vertreten ist. Das Besondere an Katzen, die im Dschungel leben, ist ihre Jagdmethode: Die Tiere nähern sich möglichst ungesehen ihrer Beute, die sie anschließend mit einem Satz oder mit einem kurzen Anlauf angreifen.

Der Nebelparder – Diese Katze bewegt sich im Astwerk der Bäume genauso geschickt wie ein Affe. Er wird auch Baumtiger genannt.

Der Bengaltiger ist inzwischen ein seltenes Tier geworden. Er ist in Indien und auf der indochinesischen Halbinsel vertreten.

Die Fischkatze – Sie hält sich in wasserreichen Gebieten auf und kann außerordentlich gut schwimmen. Neben Fischen und Weichtieren jagt sie auch kleine Säugetiere, die an Land leben. Über ihre Gewohnheiten weiß man noch wenig.

DER TIGER

DER TIGER kann sich gut an unterschiedliche Klimaverhältnisse anpassen. Er kann sowohl in flachen Tropengebieten als auch im Gebirge bis zu einer Höhe von 3 000 m leben. Er bewohnt aber auch Gegenden, die so kalt sind, dass sich eine über 5 cm dicke Fettschicht unter der Haut bildet, damit die Körperwärme erhalten bleibt. Fast alle Dschungeltiere können dem Tiger zum Opfer fallen. Lediglich vor den großen, angriffslustigen Dickhäutern hat er Respekt sowie vor den großen Wiederkäuern, die Furcht erregende Hörner auf dem Kopf tragen.

Dem Sibirischen Tiger können selbst Temperaturen bis minus 40 Grad nichts anhaben.

Jagd – Entgegen der weit verbreiteten Meinung ist der Tiger kein guter Jäger. Er muss sich seiner Beute auf eine Entfernung von höchstens 10–15 Metern unbemerkt nähern, damit sein letzter, entscheidender Sprung den erwünschten Erfolg bringt.

Wurf – Er besteht aus zwei, drei oder gar vier Jungen, die acht Wochen lang von der Mutter nur mit Milch ernährt werden. Während der ersten Zeit verlässt die Mutter ihre Jungen nur für kurze Augenblicke. Erst nach sechs Monaten entfernt sie sich auch mal länger als einen ganzen Tag, um auf die Jagd zu gehen.

Wenn die Jungen ungefähr sechs Monate alt sind, folgen sie der Mutter, um von ihr das Jagen zu lernen.

Menschenfresser? – Wie alle wilden Tiere, so fürchtet auch der Tiger den Menschen. Ausnahmsweise kommt es vor, dass ein altes oder krankes Tier, das kaum noch die üblichen Beutetiere fangen kann, seine natürliche Scheu überwindet und Menschen angreift.

DER TAPIR

ER WIRD OFT ALS LEBENDES FOSSIL BEZEICHNET, denn er hat lange zurückliegende geologische Epochen überlebt, und man findet ihn in weit voneinander entfernten Gebieten. Die Weibchen sind größer als die Männchen. Mit dem charakteristischen, gut beweglichen Rüssel streift der Tapir Blätter von den Bäumen oder reißt Gräser aus. In Asien sind die Schabrackentapire heimisch. Ihr außergewöhnliches Fell ist schwarz und weiß gefärbt. Man könnte vermuten, dass sie auf Grund einer derart auffälligen und deutlich abgegrenzten Färbung besonders gut erkennbar sind. Tatsächlich sehen sie aber in ihrer gewohnten Umgebung aus der Ferne wie Steinhaufen aus. Die Jungtiere haben hingegen eine gestreifte Fellzeichnung.

Frei lebende Tapire sind nicht sonderlich gesellig. Normalerweise trifft man nie mehr als drei Tiere an. Selten kommt es zu Kämpfen untereinander. Sollte es doch einmal vorkommen, dann benutzen sie ihre Zähne.

Ernährung und Gewohnheiten – Der Tapir ernährt sich von Blättern, Trieben und dünnen Zweigen, die er von Wasserpflanzen abtrennt. Tapire lieben besonders wasserreiche Gebiete und können sehr gut schwimmen. Sie benutzen stets dieselben Wege, sodass daraus regelrechte Trampelpfade werden, die mit einer »Rutschbahn« direkt ins Wasser enden.

Schutzlos – Die schlimmsten Feinde des Tapirs sind große Katzen und Gaviale. Nur selten wehrt sich der Tapir gegen Angreifer. Er versucht stets zu fliehen.

Nachwuchs – Auf dem braunen Fell der Jungen befinden sich gelbliche Flecken und Streifen, die denen der jungen Damhirsche oder Wildschweine ähneln. Nach dem ersten Lebensjahr nimmt diese Färbung allmählich ab und es erscheint die endgültige, typische weiße Schabracke.

Körperbau – Der Körper ist gedrungen und die Beine kurz. Der Kopf scheint direkt am Rumpf verwachsen zu sein. Mit dem äußerst beweglichen Rüssel, der ein ausgezeichnetes Geruchsorgan ist, erforscht der Tapir die Umgebung. Das Sehvermögen ist schlecht entwickelt.

Der Schabrackentapir kann auf dem Grund von Seen laufen.

VÖGEL

SCHON IM LAUFE VERGANGENER JAHRHUNDERTE, als die Kommunikation nur bedingt möglich war, berichteten Reisende aus asiatischen Ländern von Vögeln mit dichtem und unglaublich buntem Gefieder. Tatsächlich ist die asiatische Vogelwelt reich an farbenfrohen und sehr dekorativen Arten, deren Federn im Westen lange Zeit als modischer Kopf- und Kleiderschmuck verwendet wurden.

Die Jagdelster hat einen grünblauen Rücken, rötliche Flügel, eine grünhellblaue Brust, leuchtend rote Zehen und einen roten Schnabel.

Der Nashornvogel – Das Männchen besorgt das Material für den Nestbau, doch das Weibchen verleiht dem Nest die endgültige Form. Auf dem Schnabel trägt dieser Vogel eine Art Helm.

Das Nest der Neunfarbenpitta liegt am Boden oder zumindest knapp darüber. Dieser farbenfrohe Vogel hält sich fast immer auf dem Boden auf, wo er hüpfend nach Nahrung sucht.

Der Pfau – Er ist in den Gärten der ganzen Welt verbreitet. Das Männchen hat einen sehr langen Schwanz, den es wie ein fächerförmiges Rad aufrichten kann.

Meere

UNTERWASSERWELT

ÜBER ZWEI DRITTEL DER ERDOBERFLÄCHE sind mit Meeren und Ozeanen bedeckt. Diese riesigen Wassermengen sind für das Leben unentbehrlich. Durch die Winde gelangt Feuchtigkeit überall hin, verdunstet und fällt als Regen oder Schnee auf die Erde. Dadurch wird Leben für Pflanzen und Tiere erst möglich. Das Meer wimmelt von winzig kleinen Lebewesen. Riesige Tiere wie beispielsweise der Blauwal fressen große Mengen an Organismen, die mit bloßem Auge nicht zu erkennen sind: Sie ernähren sich von Plankton.

Die Qualle – Sie besteht zu mehr als 90% aus Wasser. Einige Quallenarten verursachen schmerzhafte Verletzungen.

Der Krake hat acht Fangarme. Seine Farbe passt sich dem Felsengrund an und dient als Tarnung.

Aus der Luft erkennt man die gewaltigen Ausmaße des größten Ozeans der Erde – des Pazifiks.

Der Hummer hat kräftige Scheren oder Zangen, mit denen er sich vor Feinden schützt.

Die Karett-Schildkröte – Sie ist eine geschickte Schwimmerin, die sich überwiegend von Quallen und Krustentieren ernährt. Ihre Eier legt sie im Sand abgelegener Buchten ab.

Der Mondfisch – Meist schwimmt er direkt unter der Wasseroberfläche, wobei seine Rückenflosse nach Haifischart herausragt. Aber der Mondfisch ist völlig harmlos.

Der Blauwal – Er ist das größte Tier der Erde. Ein Weibchen, das 1947 gefangen wurde, wog 190 Tonnen. Auf dem Bild sieht man, wie ein Blauwal-Weibchen ihr Junges säugt, das bei der Geburt acht Meter lang und drei Tonnen schwer sein kann.

Der Nautilus ist wie der Krake oder der Kalmar ein Kopffüßer.

Stachelschnecke

Algen – Die Meeresvegetation besteht aus Algen. In der Tiefsee gibt es sie nicht, denn sie können ohne Sonnenlicht nicht existieren.

Die Algenbarbe hat zwei lange Barteln, die als Sinnes- bzw. Geschmacksorgane dienen.

Der Seeteufel – Dieser Fisch ist ein sehr geschicktes Raubtier: Mithilfe eines Fortsatzes, an dessen Spitze ein wurmähnlicher Hautlappen hängt, lockt er seine Beute an. Die Opfer halten den Fortsatz für eine leckere Mahlzeit!

Das Seepferdchen-Männchen trägt die Jungen in einer Bruttasche.

Der Rotfeuerfisch – Hinter seinem farbenprächtigen Aussehen verbirgt sich eine große Gefahr. Die Stacheln seiner Rückenflosse enthalten ein Gift, das so stark ist wie das einer Kobra.

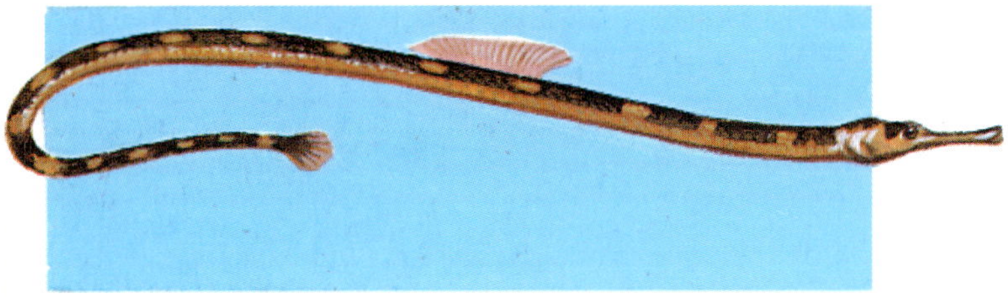

Die Seenadel – Sie hat eine ganz typische Jagdstrategie entwickelt: Hinter anderen Fischen versteckt, nähert sie sich ihrer Beute, die sie dann blitzschnell mit der langen Schnauze einsaugt. Die Seenadel und das Seepferdchen haben viele gemeinsame Merkmale.

Der Aal ist ein äußerst widerstandsfähiger Fisch: Er lebt auch im Süßwasser und kann sich recht lange außerhalb des Wassers aufhalten und sich an Land fortbewegen.

Der Aal – Schon der griechische Philosoph Aristoteles hat versucht das Fortpflanzungssystem dieses Fisches zu erkunden. Inzwischen ist bekannt, dass Aale im Sargasso-Meer laichen, das zwischen den Bermuda-Inseln und der Karibik liegt. Die Jungtiere legen tausende von Kilometern zurück, um wieder in die Flüsse zurückzuwandern, in denen ihre Eltern beheimatet waren.

Sardinen und Thunfisch sind beliebte Speisefische. Sie werden in Dosen abgepackt und sind somit lange haltbar.

SEEVÖGEL

DAS MEER STELLT FÜR ALLE KÜSTENTIERE eine unerschöpfliche Nahrungsquelle dar. Viele dieser Tiere sind Vögel. Alle Seevögel sind ausgezeichnete Flieger, sie können im Wasser landen und sich mithilfe ihrer Schwimmfüße im Wasser fortbewegen. Ihre Schnäbel eignen sich bestens zum Fischen. Einige von ihnen wie beispielsweise der Kormoran können nach Fischen tauchen. Der Braune Pelikan stürzt sich sogar aus einer Höhe von bis zu zehn Metern ins Wasser, wenn er einen Fisch gesichtet hat.

Der Pelikan – Neben der weiß gefiederten Variante gibt es in Amerika auch den braun gefiederten Pelikan, der im Hintergrund zu sehen ist.

Der Kormoran – Im Fernen Osten wird dieser Vogel von den Einheimischen zur Fischjagd abgerichtet. Nach jedem Fang kehrt er zu seinem Besitzer zurück.

Die Möwe – Viele unterschiedliche Arten von Seevögeln werden Möwen genannt. Oft kann man beobachten, wie Möwenschwärme den Fischkuttern hinterherfliegen, wenn sie vom Fischen zurückkehren. Sie holen sich die Abfälle, die von den Seeleuten ins Meer geworfen werden.

Möwen suchen ihre Nahrung auch auf Müllhalden, die viele Kilometer von der Küste entfernt liegen können.

Der Fregattvogel – Er ist an warmen Meeresgewässern anzutreffen. Das Männchen bläst bei der Balz seinen Kehlsack auf, um das Weibchen auf sich aufmerksam zu machen.

3
4
5
8
7

Die Hochsee

Auf offener See – Weit vor den Küsten gibt es keine Algen, die ihre Nahrung aus dem Meeresboden aufnehmen könnten. Dort gibt es nur pflanzliches Plankton, das aus winzigen, im Wasser schwebenden Algen besteht. Daher sind die meisten Tiere, die man auf hoher See trifft, Räuber. Andere ernähren sich von pflanzlichem und tierischem Plankton.

Verteidigung – Die offene See bietet keine Versteckmöglichkeiten. Ein massiger Körper flößt jedoch Respekt ein und hält Raubtiere ab. Aus diesem Grund begegnet man weit vor den Küsten großen Meerestieren: angefangen bei Walen wie beispielsweise den Schwertwalen bis hin zu großen Fischen wie Haien, Thunfischen und Schwertfischen.

Kleine Fische – Die kleineren Fische besitzen andere Verteidigungssysteme: Der Flugfisch kann lange Gleitflüge außerhalb des Wassers vollbringen; Sardinen und Makrelen schwimmen in großen Schwärmen.

1. **Flugfisch**
2. **Delfin**
3. **Portugiesische Galeere**
4. **Qualle**
5. **Sägefisch**
6. **Makrele**
7. **Tigerhai**
8. **Schwertfisch**
9. **Atlantischer Lachs**
10. **Hammerhai**

AUF OFFENER SEE

ES GIBT DREI OZEANE auf unserem Planeten: den Indischen, den Atlantischen und den Pazifischen Ozean. Mit einer Oberfläche von insgesamt 180 Millionen Quadratkilometer hat der Pazifik die größte Ausdehnung von allen. Die Durchschnittstiefe der Ozeane beträgt ungefähr 4000 m. Auf Grund der riesigen Ausdehnung und der Tiefe dieser Gewässer ist der Meeresboden noch weitgehend unerforscht: Es ist sehr schwierig und äußerst kostspielig, Geräte zu bauen, die dem starken Druck dort unten standhalten können.

Der Flugfisch – Er lebt in Schwärmen, die manchmal riesige Ausmaße annehmen, wie es in Westindien der Fall ist. Die stark vergrößerten Brustflossen ermöglichen ihm lange Gleitflüge an der Wasseroberfläche. Auf diese Weise kann der Flugfisch seinen Feinden entkommen.

Die Sardine gehört zu den am häufigsten gefangenen Fischen. Sie lebt in großen Schwärmen auf offener See.

Wellen – Der Wellengang entsteht durch das Zusammenspiel von Wind, Strömungen und Gezeiten. Selten erreichen Wellen eine Höhe von über zehn Metern, obwohl von Wellen berichtet wird, die über dreißig Meter hoch waren.

DIE TIEFSTE STELLE WURDE IN DER VITJAZ-SCHLUCHT IM PAZIFIK GEMESSEN: 11 022 M.

PLANKTON

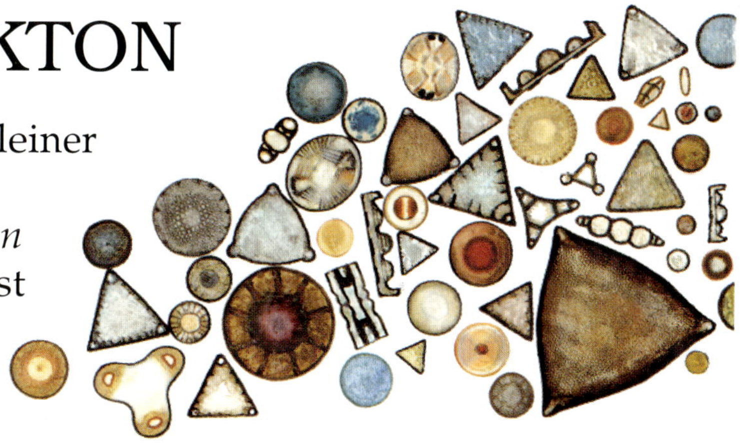

IM MEER SCHWEBEN riesige Mengen winzig kleiner Lebewesen, aus denen sich das Plankton zusammensetzt. Das so genannte *Zooplankton* ist tierischen Ursprungs, das *Phytoplankton* ist pflanzlich. Plankton wird in der Strömung mitgeführt und stellt sowohl für sehr kleine Fische oder Krustentiere als auch für riesige Säugetiere wie beispielsweise den Blauwal ein wichtiges Nahrungsmittel dar.

Phytoplankton – Damit bezeichnet man jenen Planktonanteil, der aus winzig kleinen Algen besteht, die an der Oberfläche treiben. Wenn Phytoplankton in großen Mengen vorkommt, nimmt das Wasser eine grünliche Färbung an.

Das Zooplankton besteht aus tierischen Organismen.

Pulsierendes Leben – In einem Liter Wasser leben viele Millionen winziger Organismen. Sie dienen den Meerestieren als Nahrung, sind aber auch für die Sauerstoffversorgung unentbehrlich und übernehmen somit eine ähnliche Funktion wie die Bäume auf der Erde.

WALE

WALE SIND GROSSE SÄUGETIERE, die Meere und Ozeane bewohnen. Ihre Entwicklung hat Millionen von Jahren gedauert und ihnen zu einem Körperbau verholfen, der dem der Fische ähnelt und der es ihnen ermöglicht, sich im Wasser schnell fortzubewegen. Anders als Fische können sie jedoch den im Wasser enthaltenen Sauerstoff nicht verwerten und müssen zum Atmen an die Wasseroberfläche schwimmen. Die Jungen kommen unter Wasser auf die Welt. Unmittelbar nach der Geburt werden sie von der Mutter zum Luftholen an die Oberfläche gebracht. Dies ist ein gefährlicher Augenblick und die Elterntiere müssen gut nach Räubern Ausschau halten.

Einige Wale, wie beispielsweise der Delfin, sind in seichten Gewässern beheimatet. Andere – darunter der Pottwal – können sehr tief tauchen.

Der kleinste Wal ist der Delfin, der größte der Blauwal, der gleichzeitig das größte Tier der Welt ist.

Wasserfontänen – Wenn Wale ausatmen, sieht es aus, als würden sie einen Wasserstrahl ausstoßen. Es handelt sich jedoch vielmehr um kondensierte, mit Wasser vermischte Luft – so wie der menschliche Atem, den man im Winter sehen kann.

1. Grönlandwal
2. Grauwal
3. Pottwal
4. Blauwal

Ernährung – Der Grönlandwal, der Buckelwal und der Blauwal ernähren sich von Plankton, das sie mit ihren hornigen Barten aus dem Wasser filtern. Die Barten verhindern, dass zu große Tiere in ihren Schlund gelangen, die vom Verdauungsapparat nicht verwertet werden könnten.

1. Schweinswal
2. Grönlandwal
3. Buckelwal
4. Blauwal
5. Pottwal
6. Schwertwal
7. Beluga
8. Narwal

Der Buckelwal – Im Gegensatz zu anderen Walen, die die offene See bevorzugen, lebt der Buckelwal in Küstennähe. Manchmal dringt er sogar bis in Häfen oder Flüsse vor. Obwohl der Buckelwal 30 Tonnen wiegt, ist er sehr verspielt und liebt es, weite Sprünge aus dem Wasser zu machen.

Der Pottwal – Er kann eine Länge von bis zu 20 m erreichen und ernährt sich vor allem von Kopffüßern – wie den Kalmaren –, aber auch von Fischen. Wenn er auf Beutefang geht, kann er bis in tausend Meter Tiefe tauchen. Dort findet er die Riesen-Kalmare, die mehrere Zentner wiegen können.

Der Narwal – Man erkennt ihn sofort an seinem langen, waagrechten Zahn, der wie ein Horn aussieht. Der Narwal lebt in den kalten arktischen Gewässern und gilt als geselliges Tier.

Der Orka – Man nennt ihn auch *Schwertwal*. Er hat den Ruf, ein wilder und äußerst gefährlicher Räuber zu sein. Wie alle Fleischfresser greift er andere Tiere jedoch nur an, wenn er hungrig ist. Angriffe auf Menschen sind nicht bekannt.

Der Delfin ist der natürliche Feind der Haie. Schon oft wurden Schiffbrüchige, die von Haien bedroht wurden, von Delfinen gerettet.

Der Delfin – Dank seiner Intelligenz und ausgezeichneten Gelehrigkeit ist der Delfin ein leicht zu zähmendes Säugetier.

DER POTTWAL KANN FAST ZWEI STUNDEN LANG TAUCHEN.

Wie alle Wale können auch Delfine sich durch eine Vielzahl verschiedener Laute untereinander verständigen. Ihre »Sprache« wird von Wissenschaftlern erforscht.

HAIE

BEI DEN HAIEN handelt es sich um entwicklungsgeschichtlich sehr alte Fische. Ihr stromlinienförmiger Körper leistet im Wasser kaum Widerstand, daher können Haie sehr schnell schwimmen.
Wie alle Fische legen auch Haie Eier, die sie auf dem Meeresgrund an Algen oder Felsen befestigen. Bei einigen Haiarten entwickeln sich die Eier im Mutterleib, sodass die Jungen bei ihrer Geburt bereits vollständig ausgebildet sind.
Die Familie der Haie umfasst sowohl gefährliche, Fleisch fressende Raubfische wie den Blauhai als auch friedliche Mitglieder, die sich von Plankton ernähren. Zu Letzteren gehört der riesige Walhai, der trotz seines Furcht erregenden Aussehens völlig harmlos ist.

Der Blauhai –Er lebt in tropischen Gewässern, wo er den seichten Meeresgrund nach Fischen und Krustentieren absucht. Da der Blauhai sehr neugierig ist, schwimmt er manchmal Tauchern nach. Erschrecken diese und versuchen zu fliehen, kann er gefährlich werden.

Der Sägefisch – Man findet ihn in den warmen Gewässern des Atlantischen Ozeans und des Mittelmeers. Sein verlängertes, abgeflachtes Maul ist mit kleinen Zähnen versehen, die an eine Säge erinnern. Damit kann der Sägefisch im sandigen Grund nach kleinen Beutetieren wühlen. Nur selten macht er davon Gebrauch, um andere Fische zu töten oder sich gegen Feinde zu verteidigen.

Oft sieht man Haie in Begleitung von Pilotfischen. Diese ernähren sich von den Resten der Haifischmahlzeit und werden seltsamerweise nicht angegriffen.

Einem Volksglauben zufolge führt der Pilotfisch den Hai zu großen Fischschwärmen. Doch handelt es sich nur um eine Legende, die jeglicher Grundlage entbehrt.

Der Blauhai gilt als »Menschenfresser«: Tatsächlich gibt es zahlreiche Berichte über Angriffe auf Schiffbrüchige oder Badende.

Der Rochen – Der Rochen besitzt einen extrem flachen Körper, mit dem er durch das Wasser zu fliegen scheint. Er hält sich meist in Bodennähe auf, wo er sich in seichtem Wasser bestens tarnen kann.

Der Tigerhai – Er verdankt seinen Namen dem Farbmuster seiner Haut. Der Allesfresser hält sich oft in Küstennähe auf. Auf seinem Speisezettel stehen Fische, Krustentiere, Vögel und sogar Krokodile.

DER WALHAI IST 12 M LANG UND SOMIT DER GRÖSSTE FISCH DER WELT.

1
4
7
8

Die Tiefsee

Finsternis – Bereits in einer Tiefe von einigen dutzend Metern dringt kein Sonnenlicht mehr durch das Wasser. Dort herrscht ewige Dunkelheit, bei der man die Nacht nicht vom Tag unterscheiden kann. Ohne Licht gibt es kein Pflanzenwachstum, daher findet man hier auch keine Algen. Die Fische der Tiefsee sind allesamt Fleischfresser und verfügen über ausgeklügelte Methoden, um Beute anzulocken.

Laternen – Viele Tiefseefische sind mit besonderen Körperteilen ausgestattet, die man Leuchtorgane oder Fotoforen nennt und die in der Lage sind, Licht zu produzieren. Andere Fische werden durch sie unwiderstehlich angezogen und landen schließlich im Rachen des Räubers. Die Mäuler dieser Raubfische sind oft extrem groß.

Druck – Die Tiefseefische haben sich dem sehr hohen Druck der Meerestiefen angepasst. Ein geringerer Druck, wie er beispielsweise an der Wasseroberfläche herrscht, würde für diese Fische den Tod bedeuten.

1. **Mundstachler**
2. **Johnsons Schwarzer Angler**
3. **Hochsee-Krustentiere**
4. **Stomias boa**
5. **Tiefsee-Angler**
6. **Opisthoproctus grimaldi**
7. **Plankton**
8. **Gnathophausia**
9. **Leuchtsardine**

DUNKELHEIT

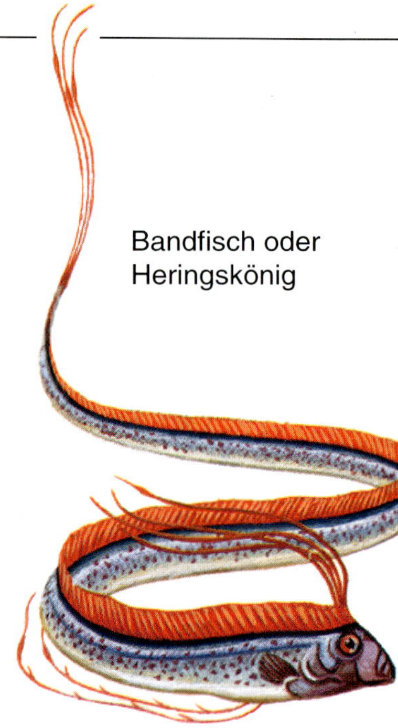

Bandfisch oder Heringskönig

AUF DEM MEERESBODEN setzen sich langsam organische Teilchen sowie Reste von Pflanzen und Tieren ab, die in den oberen Gewässerabschnitten abgestorben sind. Sie dienen dem *Benthos*, der Tier- und Pflanzenwelt des Meeresbodens, als Nahrung. Das Benthos ist wiederum Nahrungslieferant für größere Fische und Weichtiere. Diese werden von Räubern verfolgt, die aus geringeren Tiefen hierher vordringen. Die großen Pottwale, die zum Atmen den Sauerstoff aus der Luft benötigen, können beispielsweise mehrere tausend Meter tief tauchen.

In Jules Vernes Roman *20 000 Meilen unter dem Meer* wird das von Kapitän Nemo gesteuerte Unterseeboot Nautilus von einem Riesenkalmar angegriffen.

Der Riesenkalmar – Ein auf Neufundland gestrandeter Riesenkalmar hatte ein Gewicht von zwei Tonnen. Oft liefert sich der Riesenkalmar in den Tiefen des Meeres erbitterte Kämpfe mit dem Pottwal. Man fand auf der Haut von Pottwalen Spuren der Tentakel und in den Mägen Reste von Riesenkalmaren.

Der Spinnenfisch – Dieser sonderbar aussehende Fisch hat lange Flossen, mit denen er sich auf dem Meeresboden fortbewegen kann.

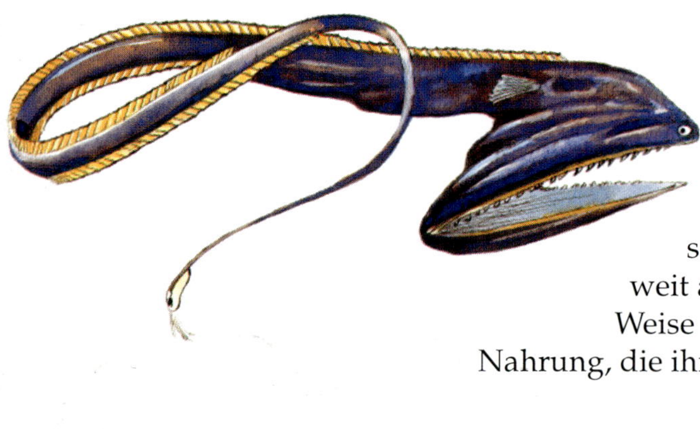

Der Pelikan-Aal – In der ständigen Dunkelheit hat er sein riesiges Maul stets weit aufgesperrt. Auf diese Weise verschlingt er jegliche Nahrung, die ihm in den Weg kommt.

Anpassung – Das Leben in der Tiefsee hat bei den dort lebenden Tieren Formen hervorgebracht, die uns zwar Furcht erregend erscheinen, die jedoch hoch spezialisiert sind.

1. Vinciguerra
2. Gonostoma
3. Tiefsee-Elritze
4. Silberbeil
5. Schnepfenaal
6. und **7.** Viper-Fisch
8. Latimeria
9. Stomias boa
10. Silberbeil

Mit der richtigen Ausrüstung kann der Mensch mehrere hundert Meter tief tauchen. Durch einen Schlauch wird er mit Sauerstoff versorgt.

Der Laternenangler – Da es schwierig ist, diesen Fisch in seiner natürlichen Umgebung zu beobachten, ist nur wenig über ihn bekannt. Vermutlich verbringt er die meiste Zeit auf dem Meeresboden und bewegt den langen Fortsatz über dem Maul, an dessen Spitze sich ein Leuchtorgan befindet, hin und her. Damit ködert er andere Fische, die unweigerlich in seinem Maul landen.

Das Laternenangler-Weibchen ist wesentlich größer als das Männchen.

1
2
3
5
6
8
9
10

Das Korallenriff

Die Koralle – Korallen sind kleine Tiere, so genannte Polypen, die zu Millionen auf dem Meeresgrund tropischer Gewässer verankert sind und große Kolonien bilden. Korallen formen ein Kalkskelett, das im Laufe von Jahrzehnten in Küstennähe eine regelrechte Barriere bildet, an der sich die Wellen brechen. Zwischen Riff und Küste ist das Meer daher ruhig, ähnlich wie in einem Hafen.

Farbenpracht – Das Korallenriff bietet einen idealen Lebensraum für Tiere und Pflanzen: Das Meer ist ruhig und warm und das Licht intensiv. Eine Vielzahl farbenprächtiger Fische schwimmt zwischen Seerosen und Seesternen hin und her.

Blaue Abgründe – Wenn man hinter das Korallenriff zur offenen See hinblickt, dann kann es einem richtig schwindelig werden: Der Meeresgrund ist nicht mehr sichtbar, nur noch das tiefblaue Wasser.

1. Koralle

2. Selenotoca multifasciata

3. und 10. Garnele

4. Hai

5. Papageifisch

6. Schmetterlingsfisch

7. Engelsfisch

8. Clownfisch

9. Riesenmuschel

11. Fledermausfisch

12. Seeigel

13. Ring-Kaiserfisch

INMITTEN DER KORALLEN

DAS LÄNGSTE KORALLENRIFF befindet sich vor der Nordostküste Australiens: das Great Barrier Reef. Es erstreckt sich über rund 2000 km. Dieser Wall liegt knapp unter der Wasseroberfläche und stellt für die Schifffahrt eine Gefahr dar. Hin und wieder brechen Durchgänge auf, durch die Schiffe passieren können. Aber auch Haie werden von der großen Fülle an Beutetieren, die zwischen Riff und Küste leben, angezogen.

Der Clownfisch verdankt seinen Namen dem auffälligen Farbmuster. Er lebt zwischen den Tentakeln großer Seeanemonen, die für ihn allerdings ungefährlich sind.

Die Muräne – Viele glauben, dass ihr Biss giftig ist, was jedoch nicht stimmt.

Atolle – Die Gipfel unterirdischer Berge können als kleine Inseln aus dem Wasser ragen oder knapp unter der Wasseroberfläche liegen. Bildet sich um die Gipfel eine Korallen-Kolonie, dann nimmt diese eine rundliche Form an und es entsteht ein Atoll.

Löcherkorallen – Sie sind mit den Korallen verwandt und bestehen ebenfalls aus Kolonien kleiner Polypen. Bei Nacht treten die Polypen aus den Löchern des Kalkgebildes hervor und strecken ihre Fangarme aus, um damit Plankton einzufangen.

Die Marmor-Kegelschnecke produziert ein für Menschen gefährliches Gift.

Der Pinzettfisch hat eine stark verlängerte Schnauze, mit der er auch in sehr schmalen Spalten nach Nahrung suchen kann.

Der Rochen – Dieser extrem flache Fisch kann sich auf dem Meeresboden bestens tarnen. Einige Rochenarten besitzen einen langen Rückenstachel, der ein starkes Gift enthält. Das in der Bauchgegend befindliche Maul ist mit sehr vielen scharfen Zähnen ausgestattet.

1
2
3
4
5
6
7
8

In Küstennähe

Idealer Lebensraum – Die Lebensbedingungen küstennaher Gewässer sind günstig: Das Sonnenlicht dringt ins Wasser ein und ermöglicht ein dichtes Algenwachstum. Von den Algen können sich Tiere ernähren, die wiederum als Nahrung für Fleisch fressende Tiere dienen. Der Wellengang schließlich, der nur bis in eine Tiefe von einigen dutzend Metern zu spüren ist, wühlt den Meeresboden auf und macht ihn dadurch fruchtbar.

Der Meeresgrund – Er kann felsig, sandig oder schlammig sein. Manchmal ist er mit Algen bedeckt, manchmal auch nicht. Je nach Beschaffenheit wird er von unterschiedlichen Tieren aufgesucht. Im Sand trifft man zum Beispiel auf die Seezunge, die sich dort teilweise eingräbt. Der Krake versteckt sich hingegen in den Felsen, wo er durch seine Tarnfarbe kaum auffällt.

1. **Tintenfisch**
2. **Butterfisch**
3. **KleineWasserschnecke**
4. **Einsiedlerkrebs**
5. **Rotfeuerfisch**
6. **Seepferdchen**
7. **Seezunge**
8. **Nacktkiemer-Schnecke**
9. **Rochen**
10. **Kalmar**
11. **Seegurke**
12. **Porzellanschnecke**

Sand und Felsen

Zwischen den Felsen, die von der Brandung umspült werden, herrscht viel Leben. Einige ihrer Bewohner sind Nichtschwimmer wie beispielsweise die Miesmuscheln, die Napfschnecken, die Seeigel, die Seesterne oder die Seerosen. Im Schutz der Höhlen oder unter natürlichen Vorsprüngen finden Krustentiere, Tintenfische und Fische wie die Brasse, der Zackenbarsch, der Sägebarsch und die Muräne ein ideales Versteck.
Im Sand hingegen verstecken sich Seezunge und Queise, während die Seebarbe mit ihren langen Barteln dort nach Futter sucht. Diese Beutetiere ziehen wiederum Raubfische an.

Der Seestern – Wenn die Beute des Seesterns zu groß ist – wie hier dieser tote Krebs –, dann stülpt er einfach seinen Bauch um und verdaut ihn außerhalb seines Körpers.

Das Gehäuse dieses Bauchfüßers namens Triton wurde früher als Rufhorn verwendet.

Seezungen legen sich auf den sandigen oder schlammigen Boden, wo man sie nur schwer erkennen kann.

Der Petersfisch – Das plumpe Aussehen des Petersfisches täuscht: Er kann seiner Beute, kleinen Heringen und Sardinen, blitzschnell hinterherschwimmen. Dieser Fisch ist als Delikatesse sehr gefragt.

Die Seezunge – Bei diesem Fisch wandert nach der Geburt das linke Auge langsam auf die rechte Seite. Da die Seezunge ihr Leben auf dem Meeresboden liegend verbringt, hätte das linke Auge sonst überhaupt keinen Nutzen.

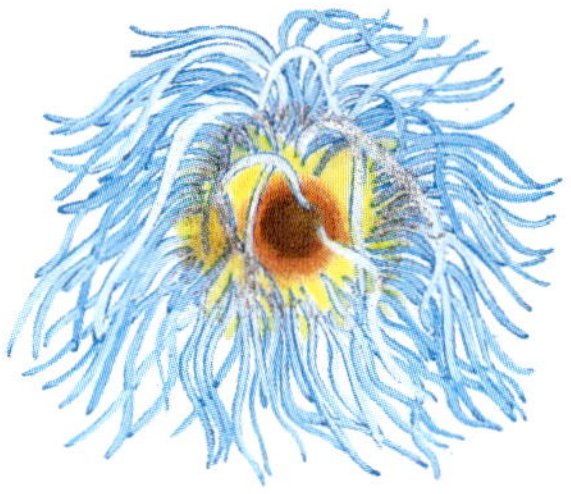

Die Seerose hat giftige Tentakel, mit denen sie ihre Opfer lähmt.

Schwämme – Schwämme sind sehr einfach gebaute Tiere, die fest mit dem Meeresboden verwachsen sind. Sie unterscheiden sich in ihrer Form, haben jedoch alle in ihrem Inneren winzige Stacheln, die denen der Feigenkakteen ähneln.

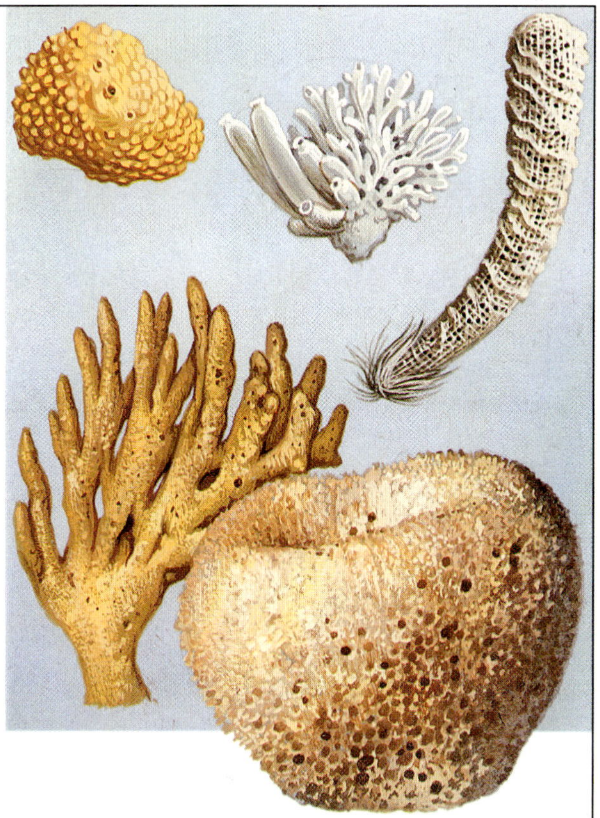

1. Papageifisch
2. Napfschnecken
3. Miesmuscheln
4. Tintenfisch
5. Rankenfüßer
6. Seeigel
7. Languste
8. Muräne
9. Koralle
10. Zackenbarsch
11. Clownfisch

Warme Meere – Auf der Abbildung unten sieht man den typischen felsigen Lebensraum tropischer Meere.

Seesterne und Seeigel bewegen sich mithilfe von Füßchen, den so genannten *Ambulakralfüßchen*, fort.

Der Seeigel – Wer im Meer badet, muss darauf achten, dass er nicht auf eines dieser Tiere tritt. Das könnte unangenehme Folgen haben! Das Maul des Seeigels ist mit fünf ständig nachwachsenden Zähnen ausgestattet. Man nennt ihn auch *Laterne des Aristoteles*.

Einige Seeigel besitzen kurze, dichte Stacheln, andere haben lange, weiter auseinander liegende Stacheln. Auch Farbunterschiede kommen vor.

Das Skelett des Seeigels ist fünfeckig, ähnlich wie das des Seesterns.

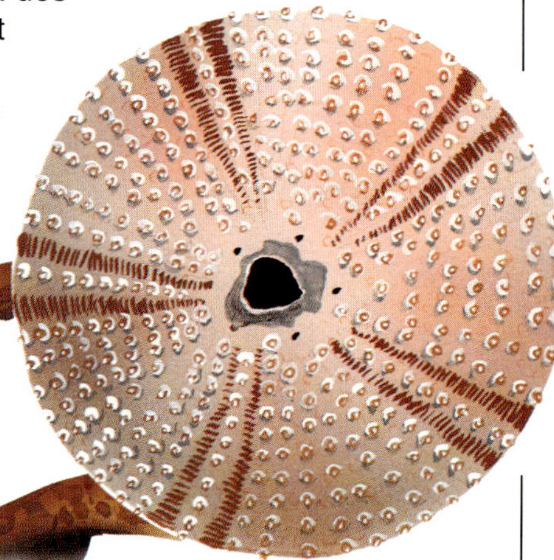

Der Tintenfisch – Er verfügt über eine überraschende Lernfähigkeit, was auf das Vorhandensein von Intelligenz hindeutet. An seinen acht Tentakeln befinden sich Saugnäpfe.

Wenn der Tintenfisch gestört wird, verspritzt er schwarze Tinte, die ihn während der Flucht umhüllt.

Die Sepia – Sie ist etwas kleiner als der Tintenfisch und hat kürzere Tentakel. Ihr großer flacher Knochen findet oft in Vogelkäfigen Verwendung: Er ist zum Schnabelwetzen gedacht.

Sammlerstücke – Die große Vielfalt an Muscheln, ihre Formen und Farben haben einen schwunghaften Handel ins Leben gerufen. Es gibt viele leidenschaftliche Muschelsammler, die Muscheln kaufen oder untereinander tauschen.

Die Cassis ist als Schmuckgegenstand sehr begehrt.

Die Architectonica ist spiralförmig und sehr farbenprächtig.

Einige Völker verwenden Muscheln nicht nur als Schmuck, sondern auch als Musikinstrumente.

Der Triton kann recht groß werden.

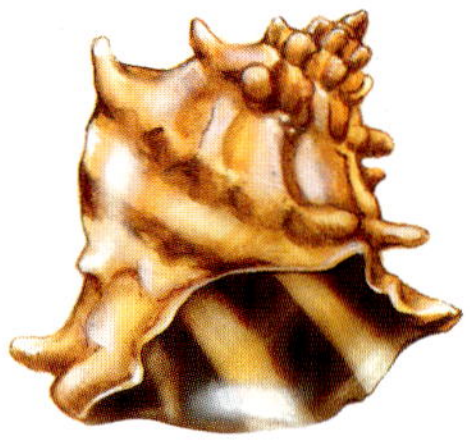

Aus dem Murex wurde im Altertum ein Farbstoff gewonnen.

Die Turmschnecke kann bis zu 19 Windungen haben.

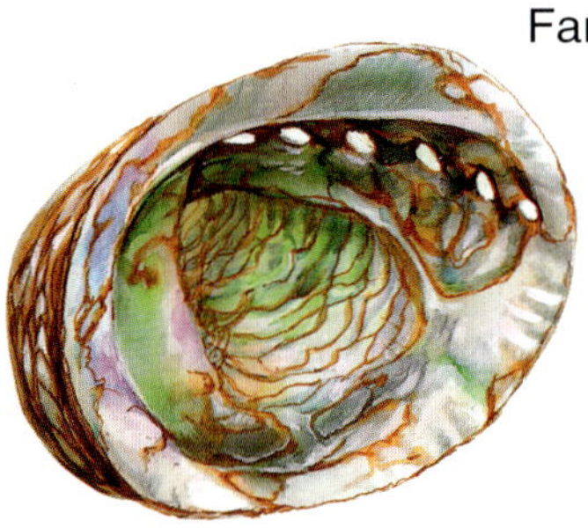

Das Innere der Haliotis besteht aus Perlmutt.

Die Napfschnecke heftet sich fest an Felsen.

Miesmuscheln – Die Schale dieser Weichtiere besteht aus zwei Klappen. Miesmuscheln werden intensiv gezüchtet, weil sie sehr gut schmecken. Sie ernähren sich von Nahrungspartikeln, die sie aus dem Wasser filtern.

Das Gehäuse der Herzmuschel besteht aus zwei Klappen. Diese Muschelart ist recht häufig.

Das Gehäuse der Miesmuscheln ist schwarz mit bläulichen Tönungen.

Die Korallenmadia hat blassgelbe Klappen. Sie lebt auf sandigen Meeresböden.

KRUSTENTIERE

SIE BESITZEN ZWEI ANTENNENPAARE und sind meist Meeresbewohner. Einige haben auffällige Zangen, die kräftig zuschnappen können. Die Bezeichnung »Krustentiere« leitet sich von ihrem Skelett ab, das sich außen befindet und widerstandsfähig wie eine Kruste ist. Tagsüber halten sich Krustentiere in ihren Felshöhlen auf. Bei Nacht werden sie aktiv und begeben sich auf Nahrungssuche. Sie ernähren sich hauptsächlich von Weichtieren und Aas.

Die Languste – Sie ist in fast allen Meeren der Erde beheimatet und kann ein Gewicht von acht Kilo erreichen.

Der Hummer – Hummer und Languste sind gefragte Krustentiere. Sie werden mithilfe von so genannten Korbreusen gefangen. Im Unterschied zur Languste hat der Hummer jedoch kräftigere Scheren.

Ein typisches Merkmal der Krebse ist ihre seitliche Gangart.

Höhlen – Krustentiere haben eine feste Höhle, in die sie nach ihren nächtlichen Beutezügen zurückkehren. Dies zeugt von einem ausgezeichneten Orientierungssinn. Einige Krustentiere, zu denen auch die Langusten gehören, begeben sich auf lange und mühsame Wanderungen.

Die Winkerkrabbe – Bei den Männchen ist die rechte Schere stark vergrößert, während die linke nur wenig ausgebildet ist.

1. Garnele	**8.** Seeigel
2. Seesterne	**9.** Garnelen
3. Krebs	**10.** Koralle
4. Meerspinne	**11.** Purpur-Rose
5. Einsiedlerkrebs	**12.** Seerose
6. Languste	**13.** Krebs
7. Seeanemone	

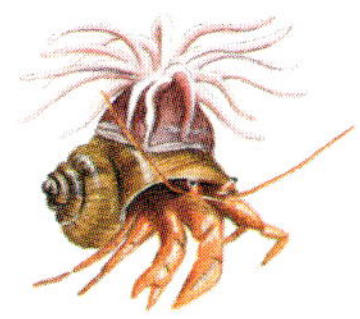

Hier nistet sich ein Einsiedlerkrebs in das Gehäuse eines Bauchfüßers ein, um dort Schutz zu suchen.

AUS DEM MEER INS AQUARIUM

ES IST NICHT SCHWIERIG, ein Süßwasser-Aquarium am Leben zu erhalten, während es bei einem Salzwasser-Aquarium bei weitem komplizierter ist. Hier muss man den Salzgehalt immer konstant halten. Ein Aquarium kann viel Freude bereiten: Oft kennen die Fische ihren Besitzer und schwimmen zu ihm, wenn er sie füttert.

Der Pomacanthus – Dieser prächtige Salzwasser-Fisch ist auf Grund seines farbenfrohen Musters sehr beliebt. Der oben abgebildete Fisch hat eine für Jungfische typische Färbung.

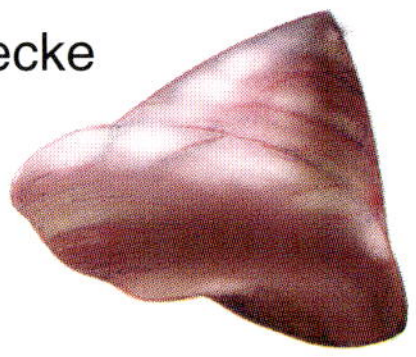

Die Kreiselschnecke ernährt sich von Algen und organischen Abfällen.

1. Kampffisch	**4.** Schwertträger
2. Segelflosser	**5.** Kampffisch
3. Goldfisch	**6.** Skalar

Die Stachelauster verbringt ihr gesamtes Leben fest verankert auf dem Meeresgrund.

Bauernhof

1
10
4
8

Der Bauernhof

Treue Helfer – Bevor der Mensch lernte Ackerbau zu betreiben, lebte er von der Jagd. Bei seinem täglichen Kampf ums Überleben waren Hunde seine treuen Helfer. Als er Landwirt wurde, dienten die Tiere dem Menschen viele Jahrtausende hindurch als Arbeitskräfte, bis sie von Maschinen ersetzt wurden.

Nutztiere – Einige Tiere wurden wegen ihrer Kraft eingesetzt: Ochsen zogen Pflüge und Karren, Pferde waren ein schnelles Transportmittel. Andere Tiere lieferten ihre Erzeugnisse: Hennen ihre Eier, Kühe ihre Milch und Schafe ihre Wolle. Hühner, Schweine und Rinder wurden wegen des Fleisches gehalten. Ohne die Hilfe der Tiere hätte der Mensch wohl kaum den Weg in die Zivilisation gefunden.

1. **Pferd**
2. **Kalb**
3. **Kuh**
4. **Zicklein**
5. **Hund**
6. **Entlein**
7. **Küken**
8. **Schwein**
9. **Katze**
10. **Kaninchen**
11. **Lamm**

AUF DEM BAUERNHOF

Ein gelbes Küken hat seine Eierschale aufgebrochen und folgt sofort der Mutter auf Nahrungssuche.

AUF MODERNEN BAUERNHÖFEN gibt es immer weniger Arbeitstiere wie Ochsen und Pferde. Sie werden durch landwirtschaftliche Maschinen ersetzt. Doch in vielen Ländern der Erde sind sie nach wie vor unentbehrlich: So kann keine Maschine auf den Zuchtfarmen Nord- und Südamerikas das Pferd ersetzen, das *Cowboys* oder *Gauchos* durch unwegsames Gelände trägt, wenn sie den Herden folgen. Tiere, die wegen ihrer Erzeugnisse gehalten werden oder weil sie dem Menschen nützlich sind – wie beispielsweise Schäfer- und Wachhunde – gibt es nach wie vor auf den Bauernhöfen der ganzen Welt.

Die Kuh – Wenn Kühe im Sommer auf den Almen weiden, tragen sie eine große Glocke um den Hals, damit der Kuhhirte sie stets wieder finden kann.

Der Truthahn – Ursprünglich aus Amerika stammend, wird er heute überall als Haustier gehalten.

Im Hühnerstall – Normalerweise gibt es im Hühnerstall nur einen einzigen Hahn, weil zwei Hähne um die Vorherrschaft kämpfen würden. Hühner aus Freilandhaltung haben ein wesentlich schmackhafteres Fleisch als solche, die aus einer Intensivzucht stammen.

Schweine – Sie haben die Gewohnheit, sich im Schlamm zu suhlen. Dadurch befreien sie ihre Haut von lästigen Parasiten. Schweine fressen so gut wie alles: altes Brot, Speisereste, Getreide und Obst.

Schwalben bewohnen oft die Dachstühle auf Bauernhöfen. Wenn sie von ihrer Reise in den Süden zurückkehren, nisten sie häufig an derselbe Stelle wie im Vorjahr.

Pferde – Man unterscheidet Reit- und Zugpferde. Zugpferde haben stark entwickelte Muskeln, die zum Ziehen von schweren Wagen erforderlich sind. Allerdings sind sie dafür nicht sehr wendig und schnell.

Der Hund – Er bewacht die Tiere, wenn in der Nacht Raubtiere wie Füchse oder Steinmarder auf der Jagd sind.

Katzen sind aufmerksame Wächter. Sie verhindern, dass Mäuse die Vorräte plündern.

IM HÜHNERSTALL

HAUSHÜHNER können nicht fliegen und sind daher leicht zu halten. Es genügt ein einfacher Zaun, um sie am Weglaufen zu hindern. Wichtig ist, dass man an geschützten Stellen etwas Stroh auslegt, damit die Hennen ungestört ihre Eier ausbrüten können. Während der Brutzeit verlässt die Henne kaum ihren Platz, selbst wenn man sich ihr nähert.

Die Küken – Eine Henne brütet jeweils 5–6 Eier aus. Während der ersten Wochen finden die Küken unter dem Körper der Mutter einen warmen Platz zum Schlafen.

Hackordnung – Der Hahn ist der unangefochtene Herrscher über den Hühnerstall. Doch auch unter den Hennen gibt es eine Rangordnung, wenn sie mit ihren harten Schnäbeln nacheinander hacken. Auf die Küken wird hingegen von allen Bewohnern des Hühnerstalles Rücksicht genommen.

Wenn das Perlhuhn einen Warnschrei ausstößt, bleiben die Küken regungslos stehen.

Der Truthahn – Er wurde schon von den Indianern als Haustier gehalten. Erst die Spanier brachten ihn nach Europa. Der Truthahn kann gerade mal ein paar hundert Meter im Flug zurücklegen. Dafür ist er ein schneller Läufer. Er ernährt sich sowohl von Beeren, Samen und Getreidekörnern als auch von Spinnen und anderen kleinen Insekten. Heuschrecken sind seine Lieblingsspeise.

Die Pute – Wie beim Truthahn sind auch bei der Henne Hals und Kopf federlos und rosa bis blau gefärbt. Sie ist jedoch kleiner und besitzt keinen Stirnlappen. Dieser kann bei den Männchen wesentlich länger sein als der Schnabel. Er dient als Schmuck, um die Weibchen anzulocken.

Truthähne, die als Haustiere gehalten werden, haben die Fähigkeit verloren, sich vor Räubern zu verteidigen. Ohne den Schutz durch den Menschen könnten sie also nicht überleben.

KÜHE UND OCHSEN

Der Stier ist in der Regel friedfertig, doch wenn die Herde oder er selbst in Gefahr sind, zögert er nicht die Feinde auf die Hörner zu nehmen.

DIESE HARMLOSEN RINDER sind unersetzlich: Fast täglich trinken wir ihre Milch oder ernähren uns von ihrem Fleisch. Aus ihrer Haut fertigen wir Schuhe, Gürtel und Taschen. Im Laufe der Jahrhunderte hat der Mensch viele Rassen gezüchtet, entsprechend der Umgebung, in der sie gehalten werden. Es gibt Rinder, die auf den großen Prärien frei leben, während andere in Ställen gehalten werden. Wiederum andere weiden im Sommer in Gebirgsgegenden und verbringen den Winter in geschützten Quartieren.

Ernährung – Es gibt industriell hergestelltes Fertigfutter, das den gesamten Nährstoffbedarf der Rinder deckt. Fleisch und Milch von Rindern, die frisches Gras fressen, sind jedoch schmackhafter und gesünder.

Die Kälber – Schon kurz nach der Geburt können sie ihrer Mutter folgen. Während der ersten Tage weichen sie nicht von ihrer Seite, danach spielen sie lieber mit den anderen Kälbern. Sie kämpfen miteinander und laufen gemeinsam über die Weiden. Zur Mutter kommen sie nur noch, um gesäugt zu werden.

Rinder haben einen gut entwickelten Geruchs- und Gehörsinn. Aber sie können nur schlecht sehen.

Das Joch – Im Altertum gab es noch kein Geschirr, mit dem die Ochsen den Pflug bequem ziehen konnten. Erst im Mittelalter erfand man das Joch. Es verhindert, dass das Geschirr zu eng um den Hals liegt und die Tiere würgt. Seit dieser Erfindung nahmen die landwirtschaftlichen Erträge beachtlich zu.

Die Milch – Eine Kuh gibt pro Jahr tausende Liter Milch. Heutzutage geschieht das Melken automatisch.

Zeichensprache – Auch Rinder können sich untereinander verständigen. Wenn ein Tier beispielsweise die Seite zeigt und den Kopf senkt oder mit den Hufen wiederholt am Boden scharrt, dann möchte es den anderen damit drohen.

FRIESENRINDER KÖNNEN PRO JAHR BIS ZU 11 000 LITER MILCH PRODUZIEREN.

DAS PFERD

VOR DER ERFINDUNG des Autos war das Pferd so gut wie das einzige Transportmittel: sei es als Zugtier für Wagen und Kutschen oder als Reittier für Menschen. Heute werden Pferde fast ausschließlich für den Reitsport gezüchtet. Die schnellsten Pferde sind die englischen Vollblüter. Sie entstanden gegen Ende des 18. Jahrhunderts aus einer Kreuzung zwischen englischen Stuten und einem arabischen Hengst, der infolge eines militärischen Feldzuges nach England gebracht wurde. Die Nachkommen aus Kreuzungen zwischen Vollblütern und anderen Rassen nennt man *Halbblüter*.

Das Zugpferd – Früher sah man auf dem Land häufig starke Pferde, die langsam einen Wagen hinter sich herzogen. Heutzutage ist das ein seltener Anblick.

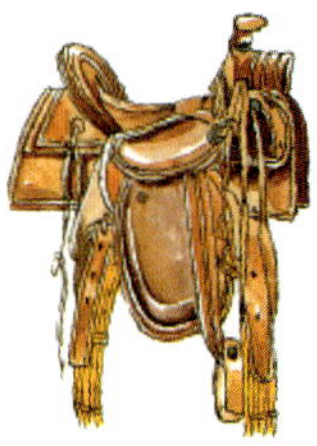

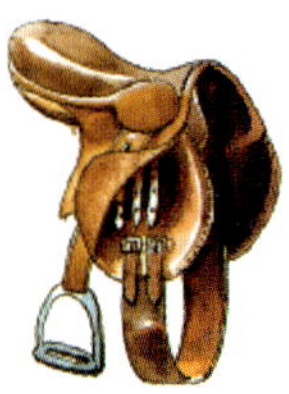

Links sieht man einen typischen mexikanisch-amerikanischen Sattel, der breit und bequem ist. Rechts ist ein leichter englischer Sattel abgebildet, der sich für den Reitsport eignet.

Auf der ganzen Welt – In Amerika gab es ursprünglich keine Pferde: Die spanischen Eroberer führten sie im 16. Jahrhundert dort ein. Pferde waren schon nach kurzer Zeit sowohl bei den Siedlern als auch bei den Einheimischen, die ohne Sattel ritten, sehr beliebt. Einige Tiere entkamen und bildeten Herden aus verwilderten Pferden, die man *Mustangs* nennt. Im Südwesten der Vereinigten Staaten gibt es noch Mustangherden, allerdings nicht mehr so viele wie früher.

Schnelle Läufer – Rennpferde können eine Geschwindigkeit von ungefähr 60 km/h halten, bei kurzen Sprints sogar bis zu 70 km/h. Pferderennen werden schon seit Jahrhunderten veranstaltet: Bei den Rennen der alten Römer zogen die Pferde einen einachsigen Wagen, die Biga.

Wild lebende Pferde sind gesellig und bilden Herden, die aus ein paar dutzend Tieren bestehen.

Die Lipizzaner – Der Erzherzog der Steiermark züchtete 1580 die Rasse der Lipizzaner, indem er Pferde aus der Po-Ebene mit andalusischen und neapolitanischen Pferden kreuzte. In der berühmten Wiener Reitschule führen sie ihre tänzerischen Schritte und Figuren vor.

David und Goliath – Das größte Pferd ist das belgische Kaltblut, das kleinste das Zwergpony.

Typische Merkmale eines Zugpferdes sind der kräftige Körperbau, kurze Ohren und muskulöse Beine, die oft mit langem Fell bedeckt sind.

ANHAND DES GEBISSES KANN MAN DAS ALTER EINES PFERDES BESTIMMEN.

ESEL UND MAULTIER

Dem jungen Esel steht ein langes Arbeitsleben bevor. Er kann seinem Besitzer bis zu vierzig Jahre lang dienen.

SCHON VOR 600 JAHREN wurde der Esel in Ägypten als Haustier gehalten. 2000 Jahre später gelangte er nach Europa. Das unermüdliche Arbeitstier ist nicht so kräftig wie ein Pferd, jedoch wesentlich zahmer. Er diente als Transportmittel für den Menschen, zum Betreiben von Mühlrädern, zum Wasserschöpfen aus tiefen Brunnen und für viele andere Zwecke. Die Nachkommen eines Eselhengstes und einer Pferdestute bezeichnet man als Maultiere. Eine Kreuzung von Pferdehengst und Eselstute nennt man Maulesel. Diese Kreuzungen sind jedoch nicht fortpflanzungsfähig.

Maultiere – Sie sind stärker als Esel und weniger scheu als Pferde. Da sie sich nicht vor Flammen fürchten, wurden sie früher vor die Tankfahrzeuge der Feuerwehr gespannt.

Verhalten – Der Esel ist ein vorsichtiges, aber auch sehr mutiges Tier. Wenn er angegriffen wird, versucht er nicht zu fliehen, wie es Pferde tun, sondern verteidigt sich mit kräftigen Tritten.

DAS HAUSSCHWEIN

Hampshire-Schwein

Hängebauchschwein

Poland-China-Schwein

DAS HAUSSCHWEIN fühlt sich in seiner gewohnten Umgebung am wohlsten und entfernt sich nie sehr weit von dem Ort, wo es geboren und aufgezogen wurde. Selbst in Asien, wo Schweine in nicht umzäunten Gehegen gehalten werden, kann man dieses Verhalten beobachten: Tagsüber gehen die Tiere auf Nahrungssuche und kehren abends wieder in ihren Stall zurück, um dort die Nacht zu verbringen. Schweine haben einen ähnlichen Organismus wie Menschen. Daher werden viele medizinische Experimente an diesem Tier durchgeführt.

Essenszeit – Wenn es an der Zeit ist, die Jungen zu säugen, ruft die Mutter die Ferkel mit einem Grunzlaut herbei. Mit dem gleichen Laut teilt sie den Jungen mit, dass es keine Milch mehr gibt.

FRÜHER VERWENDETE MAN SCHWEINEHAARE (BORSTEN) ZUR HERSTELLUNG VON ZAHNBÜRSTEN.

Rassen – Es gibt sehr viele Rassen, wobei die weniger nützlichen mit der Zeit aufgegeben wurden. Am weitesten verbreitet sind heute die Deutsche Landrasse und das Deutsche Weiße Edelschwein mit seinem dichten, weißen Fell, unter dem die rosa Haut noch erkennbar ist. Daneben sind auch englische und ungarische Rassen sehr bekannt und weit verbreitet.

DAS SCHAF

Das Schaf ist ein scheues und sanftmütiges Tier. Es wird hauptsächlich wegen seiner Wolle gehalten, aber auch wegen seiner Milch, aus der man Schafskäse herstellt.

MIT DIESER BEZEICHNUNG ist für gewöhnlich das Weibchen gemeint. Das männliche Tier heißt *Schafsbock* und das Jungtier *Lamm*. Neben den zahlreichen Arten von Hausschafen, die in fast allen Erdteilen gezüchtet werden, gibt es auch wild lebende Arten. Einige von ihnen liefern eine sehr erlesene Wolle wie das Steppen-Wildschaf, das ein äußerst feines und weiches Fell besitzt. Bis ins Mittelalter wurden in Europa ausschließlich Wolle und Leinen zum Weben von Stoffen verwendet. Baumwolle war noch unbekannt.

Wolle – In der Spinnerei werden die Fasern der Wolle zu einem Faden versponnen und auf ein Knäuel gewickelt.

Verhalten – Schafe grasen fast den ganzen Tag. Ab und zu machen sie eine kurze Pause und legen sich in den kühlenden Schatten von Bäumen. Die Tragzeit eines Schafes beträgt vier Monate. Es bringt ein bis drei Lämmer – selten auch vier – zur Welt.

DIE ZIEGE

TROTZ IHRES UNANGENEHMEN GERUCHS sind Ziegen sehr reinliche Tiere. Für die Stallhaltung eignen sie sich nicht sehr gut, da sie lieber in Herden umherziehen. Ziegen ernähren sich von Gras und jungen Trieben, kommen aber auch in trockenen, unwegsamen Gegenden mit spärlicher Nahrung zurecht. Bei artgerechter Haltung liefern Ziegen eine beachtliche Menge an Milch.

Besonderheiten – Das Fell der Ziegen kann unterschiedliche Färbung aufweisen und es gibt sowohl Arten mit als auch ohne Hörner. Die Kinnanhängsel der Ziegen nennt man *Kinnkette*. Der Bock besitzt einen langen Bart.

Ziegenmilch hat einen hohen Nährwert und kann zu schmackhaftem Ziegenkäse verarbeitet werden.

Lebensraum – Wildziegen leben normalerweise in Bergregionen, wo sie sich äußerst flink fortbewegen. Da ihre harten Hufe schnell wachsen, benötigen sie einen felsigen Untergrund, um sie gut abzunutzen.

DAS KANINCHEN

ZUR ZEIT DER RÖMER brachte man einige Kaninchenpaare auf die Balearen. Sie vermehrten sich so stark, dass sich die Inselbewohner an den Kaiser wandten. Sie baten ihn, sie bei der Ausrottung der Kaninchen zu unterstützen oder ihnen ein anderes Gebiet zuzuweisen, in das sie ziehen konnten – selbstverständlich sollte es dort keine Kaninchen geben. Dasselbe Problem ergab sich in Australien. Ohne ihre natürlichen Feinde wie zum Beispiel den Fuchs vermehren sich die Kaninchen unverhältnismäßig schnell.

Haustiere – Im Gegensatz zu früher werden Kaninchen heute viel häufiger als Heimtiere gehalten.

Auf dem Bild erkennt man den gewaltigen Größenunterschied zwischen dem Riesen- und dem Zwerg-Kaninchen.

Der Kaninchenstall – Eine Wand ist aus Maschendraht und der Deckel lässt sich öffnen, um die Kaninchen zu füttern oder den Stall zu reinigen.

EIN WILDKANINCHEN-WEIBCHEN KANN BIS ZU 30 JUNGTIERE PRO JAHR GEBÄREN.

Geschickter Gräber – Es ist nicht einfach, Kaninchen in Gehegen zu halten, weil sie geschickte Tunnelbauer sind und leicht entkommen können. Wildkaninchen bauen weit verzweigte, unterirdische Gänge mit zahlreichen Eingängen und bevorzugen weiche Lehm- oder Sandböden.

NAGETIERE

AUF DEM BAUERNHOF können Nagetiere großen Schaden anrichten. Die Bauern tun daher ihr Möglichstes, um die Schädlinge loszuwerden. Mäuse und Ratten vermehren sich sehr schnell und haben es auf Getreide oder andere Feldprodukte, selbst auf Eier, abgesehen. Manchmal fallen ihnen auch Küken zum Opfer. Außerdem können sie sowohl auf Menschen als auch Tiere Krankheiten übertragen. Die einzigen Nagetiere, die in kleinen Käfigen als Heimtiere gehalten werden, sind Hamster und Meerschweinchen.

Die winzig kleine Zwergmaus ernährt sich besonders gern von Weizen und anderem Getreide.

Das Meerschweinchen wurde 1554 aus Südamerika nach Europa eingeführt.

Irrtum – Als Christoph Kolumbus nach Amerika kam, glaubte er Indien erreicht zu haben. Daher heißen die Meerschweinchen in manchen Sprachen *Indische Schweinchen*.

Die Hausmaus – Sie ist ständig auf Achse und frisst alles, was sie findet: Nahrungsmittel, Holz, Papier – ja sogar Plastik.

ENTEN, GÄNSE UND SCHWÄNE

ENTEN UND GÄNSE sieht man oft auf Bauernhöfen. Schwäne, die an Land eher plump wirken, aber anmutig durch das Wasser gleiten können, sind selten und werden höchstens als Ziervögel gehalten. Sie alle sind kräftige Vögel, fressen dasselbe wie die Hühner und benötigen kein spezielles Futter. Obwohl sie fliegen können, verlassen sie kaum ihren angestammten Ort, der ihnen Nahrung und Unterschlupf bietet: Sie sind eben echte Haustiere.

Die Stockente findet man auch wild lebend. Das Männchen hat ein viel bunteres Gefieder als das Weibchen.

Die Hausgans – Zur Zeit der Römer wurde sie in ganz Europa bereits als Haustier gehalten. Unter ihren Deckfedern befinden sich die weichen, warmen Daunen, mit denen man Bettdecken füllt und die als Innenfutter für Winterbekleidung verwendet werden.

Wenn die kleinen Schwäne zu müde sind, um der Mutter zu folgen, trägt sie ihre Kleinen auf dem Rücken.

Der Höckerschwan – Seine typische Drohgebärde sieht folgendermaßen aus: Er formt den Hals zu einem S, spreizt die Flügel weit ab, plustert seine Federn auf und stürzt sich auf den Gegner. Viele, die sich seinem Nest zu nähern wagen, werden auf diese Weise angegriffen.

DER ZWERGSCHWAN IST DER VOGEL MIT DEN MEISTEN FEDERN: ÜBER 25 000.

AUF DEN DÄCHERN

ES GIBT VIELE WILD LEBENDE TIERE, die gelernt haben in der Nähe von Menschen zu leben. Darunter sind sehr viele Vögel, die den vom Menschen gestalteten Lebensraum für sich erobert haben: Schwalben finden unter den Dächern ihre Nistplätze; Spatzen und Tauben suchen in der Nähe menschlicher Behausungen nach Nahrung; Amseln und andere Insektenfresser picken in den Ackerschollen nach Regenwürmern und Insekten; Raben und Krähen hingegen haben es oft in den Hühnerställen auf Eier und Küken abgesehen.

Der Spatz ist ein bekannter Nachbar des Menschen. Er ist ortstreu und baut sein Nest in der Nähe anderer Artgenossen, manchmal auch unter Dachziegeln.

Die Taube – Sie ist so abhängig von menschlichen Siedlungen, dass es nur wenige Tiere gibt, die ohne den Menschen auskommen. Bauernhöfe sowie Dörfer und Städte sind der ideale Lebensraum für diese Vögel.

Im Frühling – Wenn in den gemäßigten Zonen der Frühling erwacht und die Insekten in großen Schwärmen durch die Lüfte fliegen, kehren die Schwalben aus dem Süden zurück, um ihre Nester zu bauen. Da sie ständig auf Nahrungssuche sind, tragen sie dazu bei, die Zahl der schädlichen Insekten in Grenzen zu halten.

Das runde Schwalbennest besteht aus Lehm und trockenem Gras.

HUNDE

VIELLEICHT HIELTEN UNSERE VORFAHREN, die damals noch Jäger waren, den Wolf als Haustier, damit er ihnen bei der Wildjagd behilflich sein konnte. Es gilt heute als erwiesen, dass alle Haushundrassen ausschließlich vom Wolf abstammen und nicht auch vom Schakal, wie man bis vor einiger Zeit noch annahm. Seit jeher stand der Hund dem Menschen bei den unterschiedlichsten Tätigkeiten hilfreich zur Seite, sodass er verdientermaßen als bester Freund des Menschen bezeichnet wird. Auch heute noch sind viele Hunde unersetzlich, wie zum Beispiel Schäferhunde, Blindenhunde und andere.

Der Dackel ist ein Jagdhund. Er ist so klein, dass er mühelos in Baue eindringen kann.

Manche Chihuahuas wiegen nicht einmal ein Kilo.

Die Deutsche Dogge – Dieser Riese wird fälschlicherweise auch als *Dänische Dogge* bezeichnet. Die größten Exemplare können mehr als einen Zentner wiegen.

Der Cocker – Noch im 19. Jahrhundert setzte man den Cocker als Jagdhund ein. Heutzutage gilt er als Familienhund, er hat jedoch seinen Jagdinstinkt nicht verloren. Es gibt verschiedene Variationen: Einige haben ein rötliches Fell, andere ein weißschwarz und rötlich geflecktes Fell.

Schäferhunde – Sie gehören unterschiedlichen Hunderassen an, haben jedoch einige Gemeinsamkeiten. Sie sind alle gehorsam und hängen sehr an ihrem Besitzer. Schäferhunde zeichnen sich durch ihre hohe Intelligenz aus, sie lernen mühelos und verteidigen den Besitz bis aufs Äußerste. Am bekanntesten ist wohl der *Deutsche Schäferhund*.

Der Bobtail – Er wird auch Englischer Schäferhund genannt. Er ist sehr groß und besitzt langes, weiches grauweißes Fell, das in Strähnen selbst die Augen bedeckt. Bobtails haben nur einen Stummelschwanz. Sie eignen sich sehr gut zum Bewachen von Schafen, sind aber auch als Familienhunde beliebt.

Der Collie – Es gibt viele Arten dieses schottischen Schäferhundes. Gewicht und Haarlänge können stark variieren. Dank des Films *Lassie* ist der Collie weltberühmt.

Setter gehören zu den so genannten Vorstehhunden: Sie bleiben regungslos vor der Beute stehen, machen ihren Besitzer darauf aufmerksam und scheuchen das Opfer auf sein Kommando hin auf.

Der berühmteste Bracke ist *Snoopy*, der kleine Hund von *Charlie Brown*.

Spezialisierung – Jagdhunde lassen sich in drei Kategorien einteilen: Apportierhunde, Vorstehhunde und Laufhunde. Apportierhunde suchen die erlegte Beute und bringen sie ihrem Besitzer. Vorstehhunde spüren das Wild auf und machen den Besitzer darauf aufmerksam. Laufhunde wurden zum Verfolgen abgerichtet. Sie verfügen alle über einen außerordentlich scharfen Geruchssinn und sind sehr gehorsam. Der Mensch macht sich ihre natürliche Veranlagung als Raubtiere zu Nutze.

Der Irische Setter – Dieses prächtige Tier hat einen schlanken, geschmeidigen Körper und ein rötliches Fell. Er wird als Vorstehhund eingesetzt. Weitere Vorstehhunde sind der Gordon-Setter mit seinem langen, schwarzroten Fell und der Englische Setter, dessen Fell weißschwarz oder weißbraun gefleckt sein kann.

Der Cockerspaniel ähnelt dem Cocker, ist aber größer. Er ist ein sehr intelligenter und anhänglicher Apportierhund.

Weitere Hunderassen – Außer Schäfer- und Jagdhunden wurden auch Wach- und Schutzhunde gezüchtet. Zu diesen gehören die Blindenhunde oder die Polizeihunde, die darauf abgerichtet sind, in Flughäfen nach Rauschgift zu schnüffeln.

Die Deutsche Dogge – Sie ist zwar der größte Hund, jedoch nicht der schwerste: An Gewicht wird sie vom Bernhardiner noch übertroffen. Auf dem Bild ist eine schwarzweiß gefleckte Tigerdogge abgebildet. Doggen sind meist sehr sanftmütige Hunde.

Der Dobermann – Er zählt zu den bekanntesten Wach- und Schutzhunden. Meistens ist er auf einen einzigen Besitzer fixiert.

Der English Greyhound – Sein Geruchssinn ist zwar nicht sonderlich gut entwickelt, dafür kann er ausgezeichnet sehen. Der English Greyhound gehört zu den schnellsten Hundearten.

Der Rauhaardackel – Er ist sehr lebhaft, intelligent und mutig: Wenn es sein muss, verteidigt er sich auch gegen viel größere Hunde.

Der Scottish Terrier – Terrier stammen von englischen Jagd- und Wachhunderassen ab. Sie sind sehr lebhaft und ihr Fell ist meist rau, in seltenen Fällen auch glatt.

Der Yorkshire-Terrier – Dieser Hund ist auch für kleine Wohnungen geeignet. Er ist sehr lebendig und verspielt. Sein langes, glattes, glänzendes Fell ist schwarzbraun gefärbt.

Der Tierarzt wird auch *Veterinär* genannt. Es ist wichtig, dass man Haustiere regelmäßig impfen und untersuchen lässt.

KATZEN

DIE NUBISCHE FALBKATZE gilt als die Stammform der Hauskatze. Die alten Ägypter hielten sie für ein heiliges Tier. Sie verehrten sogar eine Göttin in Katzengestalt, die Bastet hieß. Die Katze ist das einzige Haustier, das kein Sozialleben führt. Sie betrachtet das Haus, in dem sie lebt, als ihr Revier. Trotz ihrer Unabhängigkeit und ihrer Individualität schließt die Katze oft Freundschaft mit anderen Tieren, die sie in freier Natur als Feinde betrachten würde. Dazu gehören Haushunde, die sie als Spielgefährten ansieht und mit denen sie ihren Schlafplatz teilt, aber auch andere Tiere wie Hamster und sogar Vögel. Einige behaupten, das Wesen der Katze sei schwer zu durchschauen. In Wirklichkeit ist ihr Verhalten jedoch eindeutig – vorausgesetzt, man versteht ihre Körpersprache.

Geschmeidigkeit – Bei einem Sturz aus geringer Höhe kann die Katze sich während des Falls umdrehen, sodass sie auf ihren Pfoten landet. Ihre Sprungkraft ist ebenfalls beachtlich.

Verteidigung – Wenn eine Katze von einem größeren Tier angegriffen wird, dann meidet sie eine Konfrontation und flieht. Ist eine Flucht jedoch nicht möglich, wehrt sie sich durch Kratzen und Beißen und ergreift in der entstehenden Verwirrung die nächste Gelegenheit zur Flucht. Sind allerdings die Katzenjungen in Gefahr, dann kämpft die Mutter bis zum Tod.

Siamesische Rassekatzen sind sehr wertvoll. Ihr Fell ist hellbraun, Maul, Ohren, Pfoten und Schwanz sind dunkel. Die Augen hingegen sind blau.

Die Europäische Hauskatze – Sie ist am weitesten verbreitet. Ihr Fell ist getigert, wobei die Grundfarbe variieren kann. Katzen wurden nie für einen bestimmten Zweck gezüchtet, wie dies bei den Hunden der Fall ist. Lediglich im Orient züchtet man schon seit langem Perser- und Siamkatzen, allerdings nur wegen ihrer Schönheit.

Rassen – Es gibt weitaus weniger Katzen- als Hunderassen und diese unterscheiden sich lediglich durch ihre Färbung, die Haarlänge und in einigen Fällen durch ihren Körperbau.

Britisch-Kurzhaar Rot-Tabby

Cornish Rex

Sphinx

Perser Bicolor

Perser Blau

Streuner – Die starke Freiheitsliebe der Katzen hat dazu geführt, dass viele von ihnen wild herumstreunen. In solchen Fällen kommt es zu Kämpfen zwischen Katern, die ein Revier erobern oder verteidigen möchten.

Bei der Wildkatze handelt es sich um eine eigene Art und nicht etwa eine verwilderte Hauskatze.

DIE KATZE TOWSER, DIE EIN ALTER VON 24 JAHREN ERREICHTE, ERBEUTETE IN IHREM LEBEN ÜBER 20 000 MÄUSE.

IN DER WOHNUNG

Wasserschildkröten – Beim Kauf sind sie nur wenige Zentimeter groß, als ausgewachsene Tiere erreichen sie eine Körperlänge von bis zu 30 Zentimetern. Sie brauchen ein ausreichend tiefes Becken, aber auch trockene Bereiche, wo sie sich ausruhen und unter einer Lampe wärmen können.

EINIGE TIERE werden als Heimtiere bezeichnet. Dazu gehören Hunde und Katzen, aber auch Tiere, die wenig Platz benötigen wie Hamster, Kanarienvögel und Goldfische. Auch diese kleinen Tiere haben jedoch ein Anrecht darauf, dass man ihre Bedürfnisse erfüllt. Es ist also wichtig, ihre Gewohnheiten zu kennen und sie richtig zu ernähren. Man muss auch stets dafür sorgen, dass Aquarium oder Käfig sauber gehalten werden.

Der Kanarienvogel – Er stammt von den Kanarischen Inseln. Das Gefieder frei lebender Kanarienvögel ist nicht sehr auffällig. Viele Kreuzungen über Jahrhunderte hinweg haben farbenfrohe Arten hervorgebracht. Manche haben einen Federschopf auf dem Kopf oder einen dicht gefiederten Schwanz.

Das Nest – Es ist nicht schwierig, Kanarienvögel zu züchten. Man muss ihnen jedoch Material zum Auspolstern ihrer Nester zur Verfügung stellen. Wenn die Jungen schlüpfen, brauchen die Eltern eine ausgewogene Ernährung.

Goldfische erkennen ihren Besitzer und können mehrere Jahrzehnte alt werden.

Hamster lieben es, in Laufrädern zu rennen, die man im Fachhandel kaufen kann.

Klassifizierungen

Tiere Amerikas

Der amerikanische Kontinent erstreckt sich als einziger vom nördlichen Polarkreis bis fast zur Antarktis. Auf dieser gewaltigen Fläche lebt eine Vielzahl unterschiedlicher Tiere.

Klasse: Säugetiere
Ordnung: Raubtiere
Familie: Großbären
Gattung: Thalarctos
Art: maritimus

Eisbär

Klasse: Säugetiere
Ordnung: Raubtiere
Familie: Walrosse
Gattung: Odobenus
Art: rosmarus

Walross

Klasse: Säugetiere
Ordnung: Paarhufer
Familie: Rinderartige
Gattung: Ovibos
Art: moschatus

Moschusochse

Klasse: Säugetiere
Ordnung: Raubtiere
Familie: Robben
Gattung: Arcthocephalus
Art: towsendi

Nördlicher Seebär

Klasse: Säugetiere
Ordnung: Hasentiere
Familie: Hasenartige
Gattung: Lepus
Art: americanus

Schneeschuhhase

Klasse: Säugetiere
Ordnung: Paarhufer
Familie: Hirsche
Gattung: Rangifer
Art: tarandus caribou

Karibu

Klasse: Säugetiere
Ordnung: Paarhufer
Familie: Hirsche
Gattung: Alces
Art: alces

Amerikanischer Elch

Wolf

Klasse: Säugetiere
Ordnung: Raubtiere
Familie: Hundeartige
Gattung: Canis
Art: lupus

Grisli

Klasse: Säugetiere
Ordnung: Raubtiere
Familie: Großbären
Gattung: Ursus
Art: arctos horribilis

Schneeziege

Klasse: Säugetiere
Ordnung: Paarhufer
Familie: Rinderartige
Gattung: Oreamnos
Art: americanus

Dickhornschaf

Klasse: Säugetiere
Ordnung: Paarhufer
Familie: Rinderartige
Gattung: Ovis
Art: canadensis

Chinchilla

Klasse: Säugetiere
Ordnung: Nagetiere
Familie: Chinchillas
Gattung: Chinchilla
Art: laniger

Weißkopfseeadler

Klasse: Vögel
Ordnung: Greifvögel
Familie: Habichtartige
Gattung: Haliaetus
Art: leucocephalus

Lemming

Klasse: Säugetiere
Ordnung: Nagetiere
Familie: Wühler
Gattung: Lemmus
Art: trimucronatus

Husky

Klasse: Säugetiere
Ordnung: Raubtiere
Familie: Hundeartige
Gattung: Canis
Art: familiaris

Nerz

Klasse: Säugetiere
Ordnung: Raubtiere
Familie: Marder
Gattung: Mustela
Art: vison

Seeotter

Klasse: Säugetiere
Ordnung: Raubtiere
Familie: Marder
Gattung: Enhydra
Art: lutris

Schneehase

Klasse: Säugetiere
Ordnung: Hasentier
Familie: Hasenartige
Gattung: Lepus
Art: arcticus

Narwal

Klasse: Säugetiere
Ordnung: Wale
Familie: Monodontidae
Gattung: Monodon
Art: monoceros

Buckelwal

Klasse: Säugetiere
Ordnung: Wale
Familie: Finnwale
Gattung: Megaptera
Art: novaeangliae

Schwertwal

Klasse: Säugetiere
Ordnung: Wale
Familie: Delfine
Gattung: Orcinus
Art: orca

Pottwal

Klasse: Säugetiere
Ordnung: Wale
Familie: Pottwale
Gattung: Physeter
Art: catodon

Stinktier oder Skunk

Klasse: Säugetiere
Ordnung: Raubtiere
Familie: Marder
Gattung: Mephitis
Art: mephitis

Klasse: Säugetiere
Ordnung: Nagetiere
Familie: Biber
Gattung: Castor
Art: canadensis

Biber

Klasse: Säugetiere
Ordnung: Raubtiere
Familie: Kleinbären
Gattung: Procyon
Art: lotor

Waschbär

Klasse: Säugetiere
Ordnung: Beuteltiere
Familie: Beutelratten
Gattung: Didelphis
Art: marsupialis

Opossum

Klasse: Säugetiere
Ordnung: Raubtiere
Familie: Katzen
Gattung: Lynx
Art: rufus

Rotluchs

Klasse: Säugetiere
Ordnung: Raubtiere
Familie: Hundeartige
Gattung: Canis
Art: latrans

Kojote

Klasse: Reptilien
Ordnung: Schuppentiere
Familie: Vipern und Otter
Gattung: Crotalus
Art: atrox

Klapperschlange

Klasse: Säugetiere
Ordnung: Nagetiere
Familie: Hörnchen
Gattung: Cynomis
Art: ludivicianus

Präriehund

Klasse: Säugetiere
Ordnung: Paarhufer
Familie: Rinderartige
Gattung: Bison
Art: bison

Bison

Puma

Klasse: Säugetiere
Ordnung: Raubtiere
Familie: Katzen
Gattung: Felis
Art: concolor

Brillenbär

Klasse: Säugetiere
Ordnung: Raubtiere
Familie: Großbären
Gattung: Tremarctos
Art: ornatus

Mara oder Pampashase

Klasse: Säugetiere
Ordnung: Nagetiere
Familie: Meerschweinchenartige
Gattung: Dolichotis
Art: patagonum

Lama

Klasse: Säugetiere
Ordnung: Paarhufer
Familie: Kamele
Gattung: Lama
Art: guanacoe glama

Kondor

Klasse: Vögel
Ordnung: Falken
Familie: Greifvögel
Gattung: Vultur
Art: gryphus

Vikunja

Klasse: Säugetiere
Ordnung: Paarhufer
Familie: Kamele
Gattung: Lama
Art: vicugna

Jaguarundi

Klasse: Säugetiere
Ordnung: Raubtiere
Familie: Katzen
Gattung: Felis
Art: yaguaroundi

Riesengürteltier

Klasse: Säugetiere
Ordnung: Nebengelenktiere
Familie: Gürteltiere
Gattung: Priodontes
Art: maximus

Jaguar

Klasse: Säugetiere
Ordnung: Raubtiere
Familie: Katzen
Gattung: Panthera
Art: onca

Ararauna

Klasse: Vögel
Ordnung: Papageien
Familie: Papageien
Gattung: Ara
Art: ararauna

Halsband-Pekari

Klasse: Säugetiere
Ordnung: Paarhufer
Familie: Schweine
Gattung: Tayassu
Art: tajacu

Pfauentruthuhn

Klasse: Vögel
Ordnung: Hühnervögel
Familie: Truthühner
Gattung: Meleagris
Art: ocellata

Großer Ameisenbär

Klasse: Säugetiere
Ordnung: Nebengelenktiere
Familie: Ameisenbären
Gattung: Myrmecophaga
Art: tridactyla

Zweifinger-Faultier oder Unau

Klasse: Säugetiere
Ordnung: Nebengelenktiere
Familie: Faultiere
Gattung: Choloepus
Art: didactylus

Flachland-Tapir

Klasse: Säugetiere
Ordnung: Unpaarhufer
Familie: Tapire
Gattung: Tapirus
Art: terrestris

Schwertschnabel-Kolibri

Klasse: Vögel
Ordnung: Segler
Familie: Kolibris
Gattung: Ensifera
Art: ensifera

TIERE EUROPAS

DER ALTE KONTINENT hat wohl auf Grund der hohen Bevölkerungsdichte die meisten Veränderungen erfahren. Viele Tierarten sind hier ausgestorben.

Klasse: Säugetiere
Ordnung: Raubtiere
Familie: Marder
Gattung: Gulo
Art: gulo

Vielfraß

Papageitaucher

Klasse: Vögel
Ordnung: Wat-, Möwen- und Alkenvögel
Familie: Alken
Gattung: Fratercula
Art: arctica

Schneegans

Klasse: Vögel
Ordnung: Gänsevögel
Familie: Gänse
Gattung: Anser
Art: caerulescens

Küstenseeschwalbe

Klasse: Vögel
Ordnung: Wat-, Möwen- und Alkenvögel
Familie: Seeschwalben
Gattung: Sterna
Art: paradisaea

Sattelrobbe

Klasse: Säugetiere
Ordnung: Raubtiere
Familie: Robben
Gattung: Pagophilus
Art: groenlandicus

Hermelin

Klasse: Säugetiere
Ordnung: Raubtiere
Familie: Marder
Gattung: Mustela
Art: erminea

Rentier

Klasse: Säugetiere
Ordnung: Paarhufer
Familie: Hirsche
Gattung: Rangifer
Art: tarandus

Goldadler oder Steinadler

Klasse: Vögel
Ordnung: Greifvögel
Familie: Habichtartige
Gattung: Aquila
Art: chrysaetos

Mufflon

Klasse: Säugetiere
Ordnung: Paarhufer
Familie: Rinderartige
Gattung: Ovis
Art: musimon

Auerhahn

Klasse: Vögel
Ordnung: Hühnervögel
Familie: Raufußhühner
Gattung: Tetrao
Art: urogallus

Bernhardiner

Klasse: Säugetiere
Ordnung: Raubtiere
Familie: Hundeartige
Gattung: Canis
Art: familiaris

Steinbock

Klasse: Säugetiere
Ordnung: Paarhufer
Familie: Rinderartige
Gattung: Capra
Art: ibex

Gämse

Klasse: Säugetiere
Ordnung: Paarhufer
Familie: Rinderartige
Gattung: Rupicapra
Art: rupicapra

Murmeltier

Klasse: Säugetiere
Ordnung: Nagetiere
Familie: Hörnchen
Gattung: Marmota
Art: marmota

Wanderfalke

Klasse: Vögel
Ordnung: Falkenartige
Familie: Falken
Gattung: Falco
Art: peregrinus

Viper

Klasse: Kriechtiere
Ordnung: Schuppenkriechtiere
Familie: Vipern
Gattung: Vipera
Art: aspis

Klasse: Säugetiere
Ordnung: Raubtiere
Familie: Marder
Gattung: Meles
Art: meles

Dachs

Reh

Klasse: Säugetiere
Ordnung: Paarhufer
Familie: Hirsche
Gattung: Capreolus
Art: capreolus

Klasse: Säugetiere
Ordnung: Hasentiere
Familie: Hasenartige
Gattung: Lepus
Art: capensis

Feldhase

Wildkatze

Klasse: Säugetiere
Ordnung: Raubtiere
Familie: Katzen
Gattung: Felis
Art: silvestris

Klasse: Vögel
Ordnung: Gänsevögel
Familie: Enten
Gattung: Anas
Art: platyrhynchos

Stockente

Braunbär

Klasse: Säugetiere
Ordnung: Raubtiere
Familie: Großbären
Gattung: Ursus
Art: arctos

Klasse: Säugetiere
Ordnung: Insektenfresser
Familie: Igel
Gattung: Erinaceus
Art: europaeus

Igel

Ginsterkatze

Klasse: Säugetiere
Ordnung: Raubtiere
Familie: Schleichkatzen
Gattung: Genetta
Art: genetta

Stachelschwein

Klasse: Säugetiere
Ordnung: Nagetiere
Familie: Stachelschweine
Gattung: Histrix
Art: cristata

Steinmarder

Klasse: Säugetiere
Ordnung: Raubtiere
Familie: Marder
Gattung: Martes
Art: foina

Siebenschläfer

Klasse: Säugetiere
Ordnung: Nagetiere
Familie: Bilche
Gattung: Glis
Art: glis

Mauswiesel

Klasse: Säugetiere
Ordnung: Raubtiere
Familie: Marder
Gattung: Mustela
Art: nivalis

Hirsch

Klasse: Säugetiere
Ordnung: Paarhufer
Familie: Hirsche
Gattung: Cervus
Art: elaphus

Wildschwein

Klasse: Säugetiere
Ordnung: Paarhufer
Familie: Schweine
Gattung: Sus
Art: scrofa

Storch

Klasse: Vögel
Ordnung: Schreitvögel
Familie: Störche
Gattung: Ciconia
Art: ciconia

Eichhörnchen

Klasse: Säugetiere
Ordnung: Nagetiere
Familie: Hörnchen
Gattung: Sciurus
Art: vulgaris

Klasse: Säugetiere
Ordnung: Raubtiere
Familie: Hundeartige
Gattung: Vulpes
Art: vulpes

Fuchs

Baummarder

Klasse: Säugetiere
Ordnung: Raubtiere
Familie: Marder
Gattung: Martes
Art: martes

Klasse: Kriechtiere
Ordnung: Schildkröten
Familie: Seeschildkröten
Gattung: Caretta
Art: caretta

Karett-Schildkröte

Fischotter

Klasse: Säugetiere
Ordnung: Raubtiere
Familie: Marder
Gattung: Lutra
Art: lutra

Klasse: Säugetiere
Ordnung: Wale
Familie: Finnwale
Gattung: Balaenoptera
Art: physalus

Finnwal

Berberaffe

Klasse: Säugetiere
Ordnung: Primaten
Familie: Altweltaffen
Gattung: Macaca
Art: sylvana

Klasse: Säugetiere
Ordnung: Wale
Familie: Delfine
Gattung: Tursiops
Art: truncatus

Großer Tümmler

Tiere Asiens

Die asiatische Tierwelt besteht aus Arten, die sich untereinander stark unterscheiden und die sich an die verschiedenen Umweltbedingungen angepasst haben.

Klasse: Säugetiere
Ordnung: Raubtiere
Familie: Hundeartige
Gattung: Alopex
Art: lagopus

Eisfuchs

Weißer Polarwolf

Klasse: Säugetiere
Ordnung: Raubtiere
Familie: Hundeartige
Gattung: Canis
Art: lupus

Klasse: Vögel
Ordnung: Hühnervögel
Familie: Raufußhühner
Gattung: Lagopus
Art: lagopus

Moorschneehuhn

Ziesel

Klasse: Säugetiere
Ordnung: Nagetiere
Familie: Hörnchen
Gattung: Citellus
Art: citellus

Klasse: Säugetiere
Ordnung: Paarhufer
Familie: Rinderartige
Gattung: Saiga
Art: tatarica

Saiga-Antilope

Singschwan

Klasse: Vögel
Ordnung: Gänsevögel
Familie: Schwäne
Gattung: Cygnus
Art: cygnus

Klasse: Säugetiere
Ordnung: Paarhufer
Familie: Rinderartige
Gattung: Ovis
Art: ammon

Argali-Schaf

Schraubenziege oder Markhor

Klasse: Säugetiere
Ordnung: Paarhufer
Familie: Rinderartige
Gattung: Capra
Art: falconeri

Klasse: Säugetiere
Ordnung: Paarhufer
Familie: Rinderartige
Gattung: Bos
Art: mutus

Yak

Pfeifhase

Klasse: Säugetiere
Ordnung: Hasentiere
Familie: Pfeifhasen
Gattung: Ochotona
Art: ogotna

Klasse: Säugetiere
Ordnung: Paarhufer
Familie: Hirsche
Gattung: Moschus
Art: moschiferus

Moschustier

Irbis oder Schneeleopard

Klasse: Säugetiere
Ordnung: Raubtiere
Familie: Katzen
Gattung: Panthera
Art: uncia

Klasse: Säugetiere
Ordnung: Raubtiere
Familie: Katzenbären
Gattung: Ailurus
Art: fulgens

Kleiner Panda

Takin

Klasse: Säugetiere
Ordnung: Paarhufer
Familie: Rinderartige
Gattung: Budorcas
Art: taxicolor

Klasse: Vögel
Ordnung: Hühnervögel
Familie:
Glattfußhühner
Gattung: Chrysolophus
Art: amherstiae

Amherst-Fasan

Hirschziegenantilope

Klasse: Säugetiere
Ordnung: Paarhufer
Familie: Rinderartige
Gattung: Antilope
Art: cervicapra

Klasse: Säugetiere
Ordnung: Raubtiere
Familie: Großbären
Gattung: Ailuropoda
Art: melanoleuca

Großer Panda

Langur-Affe

Klasse: Säugetiere
Ordnung: Primaten
Familie: Altweltaffen
Gattung: Presbytis
Art: senex

Klasse: Säugetiere
Ordnung: Paarhufer
Familie: Rinderartige
Gattung: Tetracerus
Art: quadricornis

Vierhornantilope

Kamel

Klasse: Säugetiere
Ordnung: Paarhufer
Familie: Kamele
Gattung: Camelus
Art: bactrianus

Klasse: Säugetiere
Ordnung: Paarhufer
Familie: Pferde
Gattung: Equus
Art: hemionus onager

Onager

Muntjak

Klasse: Säugetiere
Ordnung: Paarhufer
Familie: Hirsche
Gattung: Muntiacus
Art: muntjak

Klasse: Säugetiere
Ordnung: Primaten
Familie: Altweltaffen
Gattung: Macaca
Art: fuscata

Rotgesichtsmakak

Klasse: Säugetiere
Ordnung: Raubtiere
Familie: Großbären
Gattung: Helarctos
Art: malayanus

Malaienbär

Klasse: Säugetiere
Ordnung: Primaten
Familie: Große Menschenaffen
Gattung: Pongo
Art: pygmaeus

Orang-Utan

Klasse: Säugetiere
Ordnung: Primaten
Familie: Loris und Pottos
Gattung: Nycticebus
Art: tardigradus

Schlankloris

Klasse: Säugetiere
Ordnung: Raubtiere
Familie: Schleichkatzen
Gattung: Paradoxurus
Art: hermaphroditus

Musang oder Palmenroller

Klasse: Vögel
Ordnung: Rackenvögel
Familie: Nashornvögel
Gattung: Buceros
Art: rhinoceros

Rhinozerosvogel

Klasse: Säugetiere
Ordnung: Unpaarhufer
Familie: Tapire
Gattung: Tapirus
Art: indicus

Schabrackentapir

Klasse: Säugetiere
Ordnung: Raubtiere
Familie: Katzen
Gattung: Panthera
Art: pardus

Schwarzer Panther

Klasse: Säugetiere
Ordnung: Paarhufer
Familie: Rinderartige
Gattung: Bos
Art: gaurus frontalis

Gayal

Asiatischer Elefant

Klasse: Säugetiere
Ordnung: Rüsseltiere
Familie: Elefanten
Gattung: Elephas
Art: maximus

Tiger

Klasse: Säugetiere
Ordnung: Raubtiere
Familie: Katzen
Gattung: Panthera
Art: tigris

Pfau

Klasse: Vögel
Ordnung: Hühnervögel
Familie: Glattfußhühner
Gattung: Pavo
Art: cristatus

Indisches Panzernashorn

Klasse: Säugetiere
Ordnung: Unpaarhufer
Familie: Nashörner
Gattung: Rhinoceros
Art: unicornis

Wildschwein

Klasse: Säugetiere
Ordnung: Paarhufer
Familie: Schweine
Gattung: Sus
Art: scrofa cristatus

Zwergwildschwein

Klasse: Säugetiere
Ordnung: Paarhufer
Familie: Schweine
Gattung: Sus
Art: salvanius

Fischkatze

Klasse: Säugetiere
Ordnung: Raubtiere
Familie: Katzen
Gattung: Felis
Art: viverrina

Zibetkatze

Klasse: Säugetiere
Ordnung: Raubtiere
Familie: Schleichkatzen
Gattung: Viverra
Art: zibetha

Tiere Afrikas

Für viele Menschen zählen die afrikanischen Tiere zu den bekanntesten. Sie sind teilweise gesetzlich geschützt und leben zur Sicherung ihres Fortbestands in großen Nationalparks.

Klasse: Säugetiere
Ordnung: Paarhufer
Familie: Kamele
Gattung: Camelus
Art: dromedarius

Dromedar

Fennek oder Wüstenfuchs

Klasse: Säugetiere
Ordnung: Raubtiere
Familie: Hundeartige
Gattung: Fennecus
Art: zerda

Klasse: Säugetiere
Ordnung: Raubtiere
Familie: Katzen
Gattung: Acinonyx
Art: jubatus

Gepard

Krokodil

Klasse: Kriechtiere
Ordnung: Krokodile
Familie: Krokodile
Gattung: Crocodylus
Art: niloticus

Klasse: Vögel
Ordnung: Kranichvögel
Familie: Kraniche
Gattung: Balearica
Art: pavonina

Kronenkranich

Leopard

Klasse: Säugetiere
Ordnung: Raubtiere
Familie: Katzen
Gattung: Panthera
Art: pardus

Klasse: Säugetiere
Ordnung: Raubtiere
Familie: Katzen
Gattung: Panthera
Art: leo

Löwe

Warzenschwein

Klasse: Säugetiere
Ordnung: Paarhufer
Familie: Schweine
Gattung: Phacochoerus
Art: aethiopicus

Klasse: Säugetiere
Ordnung: Raubtiere
Familie: Marder
Gattung: Ichneumia
Art: albicauda

Weißschwanz-Manguste

Giraffe

Klasse: Säugetiere
Ordnung: Paarhufer
Familie: Giraffen
Gattung: Giraffa
Art: camelopardalis

Klasse: Säugetiere
Ordnung: Paarhufer
Familie: Rinderartige
Gattung: Gazella
Art: granti

Grant-Gazelle

Serval

Klasse: Säugetiere
Ordnung: Raubtiere
Familie: Katzen
Gattung: Felis
Art: serval

Klasse: Säugetiere
Ordnung: Unpaarhufer
Familie: Nashörner
Gattung: Diceros
Art: bicornis

Spitzmaulnashorn

Schimpanse

Klasse: Säugetiere
Ordnung: Primaten
Familie: Große Menschenaffen
Gattung: Pan
Art: troglodytes

Klasse: Säugetiere
Ordnung: Rüsseltiere
Familie: Elefanten
Gattung: Loxodonta
Art: africana

Afrikanischer Elefant

Okapi

Klasse: Säugetiere
Ordnung: Paarhufer
Familie: Giraffen
Gattung: Okapia
Art: johnstoni

Gorilla

Klasse: Säugetiere
Ordnung: Primaten
Familie: Große Menschenaffen
Gattung: Gorilla
Art: gorilla

Flusspferd oder Nilpferd

Klasse: Säugetiere
Ordnung: Paarhufer
Familie: Flusspferde
Gattung: Hippopotamus
Art: amphibius

Riesenschuppentier

Klasse: Säugetiere
Ordnung: Pholidota
Familie: Manidae
Gattung: Manis
Art: gigantea

Löffelhund

Klasse: Säugetiere
Ordnung: Raubtiere
Familie: Hundeartige
Gattung: Otocyon
Art: megalotis

Goldschakal

Klasse: Säugetiere
Ordnung: Raubtiere
Familie: Hundeartige
Gattung: Canis
Art: mesomelas

Spießbock

Klasse: Säugetiere
Ordnung: Paarhufer
Familie: Rinderartige
Gattung: Oryx
Art: gazella

Zebu oder Buckelochse

Klasse: Säugetiere
Ordnung: Paarhufer
Familie: Rinderartige
Gattung: Bos
Art: indicus

Pelikan

Klasse: Vögel
Ordnung: Ruderfüßer
Familie: Pelikane
Gattung: Pelecanus
Art: rufescens

Klasse: Säugetiere
Ordnung: Paarhufer
Familie: Pferde
Gattung: Equus
Art: burchelli granti

Grant-Zebra

Weißbart-Gnu

Klasse: Säugetiere
Ordnung: Paarhufer
Familie: Rinderartige
Gattung: Connochaetes
Art: taurinus

Klasse: Säugetiere
Ordnung: Paarhufer
Familie: Rinderartige
Gattung: Aepyceros
Art: melampus

Impala

Großer Kudu

Klasse: Säugetiere
Ordnung: Paarhufer
Familie: Rinderartige
Gattung: Tragelaphus
Art: strepsiceros

Klasse: Vögel
Ordnung: Strauße
Familie: Strauße
Gattung: Struthio
Art: camelus

Strauß

Kaffernbüffel

Klasse: Säugetiere
Ordnung: Paarhufer
Familie: Rinderartige
Gattung: Syncerus
Art: caffer

Klasse: Vögel
Ordnung: Sperlingsvögel
Familie: Nektarvögel
Gattung: Anthreptes
Art: platurus

Grünbrust-Nektarvogel

Tiere Ozeaniens und der Antarktis

Auf diesen Kontinenten, die weit entfernt von allen anderen liegen, haben sich Tierarten entwickelt, die sich von denen der übrigen Erdteile unterscheiden. So sind beispielsweise die einheimischen australischen Säugetiere allesamt Beuteltiere.

Klasse: Vögel
Ordnung: Sperlingsvögel
Familie: Paradiesvögel
Gattung: Paradisaea
Art: apoda

Paradiesvogel

Tüpfelkuskus

Klasse: Säugetiere
Ordnung: Beuteltiere
Familie: Kletterbeutler
Gattung: Phalanger
Art: maculatus

Klasse: Vögel
Ordnung: Taubenvögel
Familie: Tauben
Gattung: Goura
Art: victoria

Fächertaube

Kragenechse

Klasse: Kriechtiere
Ordnung: Schuppenkriechtiere
Familie: Agamen
Gattung: Chlamydosaurus
Art: kingii

Klasse: Säugetiere
Ordnung: Beuteltiere
Familie: Gleit- und Streifenbeutler
Gattung: Petaurus
Art: breviceps

Kurzkopf-Gleitbeutler

Schnabeligel

Klasse: Säugetiere
Ordnung: Kloakentiere
Familie: Schnabeligel
Gattung: Tachyglossus
Art: aculeatus

Klasse: Säugetiere
Ordnung: Raubtiere
Familie: Hundeartige
Gattung: Canis
Art: canis familiaris dingo

Dingo

Großer Kaninchennasenbeutler

Klasse: Säugetiere
Ordnung: Beuteltiere
Familie: Nasenbeutler
Gattung: Macrotis
Art: lagotis

Klasse: Säugetiere
Ordnung: Beuteltiere
Familie: Kängurus
Gattung: Dendrolagus
Art: lumholtzi

Baumkänguru

Keilschwanz-Adler

Klasse: Vögel
Ordnung: Greifvögel
Familie: Habichtartige
Gattung: Aquila
Art: audax

Klasse: Säugetiere
Ordnung: Beuteltiere
Familie: Beutelbären
Gattung: Phascolarctos
Art: cinereus

Koala

Tüpfelbeutel-Marder

Klasse: Säugetiere
Ordnung: Beuteltiere
Familie: Raubbeutler
Gattung: Satanellus
Art: albopunctatus

Klasse: Vögel
Ordnung: Sperlingsvögel
Familie: Leierschwänze
Gattung: Menura
Art: novaehollandiae

Leierschwanz

Trauerschwan

Klasse: Vögel
Ordnung: Entenvögel
Familie: Entenvögel
Gattung: Cygnus
Art: atratus

Klasse: Vögel
Ordnung: Strauße
Familie: Emus
Gattung: Dromaius
Art: novaehollandiae

Emu

Ameisenbeutler

Klasse: Säugetiere
Ordnung: Beuteltiere
Familie: Ameisenbeutler
Gattung: Myrmecobius
Art: fasciatus

Riesenkänguru

Klasse: Säugetiere
Ordnung: Beuteltiere
Familie: Kängurus
Gattung: Macropus
Art: giganteus

Kasuar

Klasse: Vögel
Ordnung: Strauße
Familie: Kasuare
Gattung: Casuarius
Art: casuarius

Schnabeltier

Klasse: Säugetiere
Ordnung: Kloakentiere
Familie: Schnabeltiere
Gattung: Ornithoryncus
Art: anatinus

Kiwi

Klasse: Vögel
Ordnung: Strauße
Familie: Kiwis
Gattung: Apteryx
Art: australis

Tigerhai

Klasse: Knorpelfische
Ordnung: Blauhaiartige
Familie: Blauhaie
Gattung: Galeocerdo
Art: cuveri

Wombat

Klasse: Säugetiere
Ordnung: Beuteltiere
Familie: Plumpbeutler
Gattung: Vombatus
Art: ursinus

Beutelwolf

Klasse: Säugetiere
Ordnung: Beuteltiere
Familie: Beutelwölfe
Gattung: Thylacinus
Art: cynocephalus

Klasse: Säugetiere
Ordnung: Beuteltiere
Familie: Kletterbeutler
Gattung: Trichosurus
Art: vulpecula

Fuchskusu

Klasse: Säugetiere
Ordnung: Beuteltiere
Familie: Maus- und Marderbeutler
Gattung: Sarcophylus
Art: harrisi

Beutelteufel

Klasse: Vögel
Ordnung: Papageien
Familie: Papageien
Gattung: Cacatua
Art: galerita

Kakadu

Klasse: Vögel
Ordnung: Papageien
Familie: Papageien
Gattung: Nestor
Art: notabilis

Kea

Klasse: Säugetiere
Ordnung: Raubtiere
Familie: Hundsrobben
Gattung: Mirounga
Art: leonina

See-Elefant

Klasse: Vögel
Ordnung: Sturmvögel
Familie: Albatrosse
Gattung: Diomedea
Art: exulans

Albatros

Klasse: Vögel
Ordnung: Pinguine
Familie: Pinguine
Gattung: Aptenodytes
Art: patagonica

Königspinguin

Klasse: Säugetiere
Ordnung: Raubtiere
Familie: Hundsrobben
Gattung: Hydrurga
Art: leptomyx

Seeleopard

HAUS- UND HOFTIERE

BEREITS SEIT DEM ALTERTUM halten Menschen Tiere, die für sie nützlich sind. Auf der ganzen Welt sind es die gleichen, wenn man von kleinen umweltbedingten Unterschieden absieht.

Klasse: Vögel
Ordnung: Hühnervögel
Familie: Glattfußhühner
Gattung: Gallus
Art: domesticus

Haushuhn

Perlhuhn

Klasse: Vögel
Ordnung: Hühnervögel
Familie: Perlhühner
Gattung: Numida
Art: meleagris

Klasse: Vögel
Ordnung: Hühnervögel
Familie: Truthühner
Gattung: Meleagris
Art: gallopavo

Truthahn

Kuh

Klasse: Säugetiere
Ordnung: Paarhufer
Familie: Rinderartige
Gattung: Bos
Art: taurus

Klasse: Säugetiere
Ordnung: Unpaarhufer
Familie: Pferde
Gattung: Equus
Art: caballus

Pferd

Esel

Klasse: Säugetiere
Ordnung: Unpaarhufer
Familie: Pferde
Gattung: Equus
Art: asinus

Klasse: Säugetiere
Ordnung: Paarhufer
Familie: Schweine
Gattung: Sus
Art: scrofa

Schwein

Schaf

Klasse: Säugetiere
Ordnung: Paarhufer
Familie: Rinderartige
Gattung: Ovis
Art: aries

Klasse: Säugetiere
Ordnung: Paarhufer
Familie: Rinderartige
Gattung: Capra
Art: aegagrus

Ziege

Kaninchen

Klasse: Säugetiere
Ordnung: Hasentiere
Familie: Hasenartige
Gattung: Oryctolagus
Art: cuniculus

Klasse: Säugetiere
Ordnung: Nagetiere
Familie: Langschwanzmäuse
Gattung: Mus
Art: musculus

Hausmaus

Meerschweinchen

Klasse: Säugetiere
Ordnung: Nagetiere
Familie: Meerschweinchenartige
Gattung: Cavia
Art: porcellus

Klasse: Vögel
Ordnung: Gänsevögel
Familie: Enten
Gattung: Anas
Art: platyrhynchos

Stockente

Gans

Klasse: Vögel
Ordnung: Gänsevögel
Familie: Gänse
Gattung: Anser
Art: anser

Klasse: Vögel
Ordnung: Gänsevögel
Familie: Schwäne
Gattung: Cygnus
Art: olor

Höckerschwan

Sperling

Klasse: Vögel
Ordnung: Sperlingsvögel
Familie: Sperlinge
Gattung: Passer
Art: domesticus

Klasse: Vögel
Ordnung: Sperlingsvögel
Familie: Schwalben
Gattung: Hirundo
Art: rustica

Schwalbe

Taube

Klasse: Vögel
Ordnung: Taubenvögel
Familie: Tauben
Gattung: Columba
Art: livia

Klasse: Kriechtiere
Ordnung: Schildkröten
Familie: Landschildkröten
Gattung: Taestudo
Art: graeca

Landschildkröte

Haushund

Klasse: Säugetiere
Ordnung: Raubtiere
Familie: Hundeartige
Gattung: Canis
Art: familiaris

Klasse: Säugetiere
Ordnung: Raubtiere
Familie: Katzen
Gattung: Felis
Art: domesticus

Hauskatze

Goldfisch

Klasse: Knochenfische
Ordnung: Karpfenfische
Familie: Weißfische
Gattung: Carassius
Art: auratus

Klasse: Vögel
Ordnung: Sperlingsvögel
Familie: Finken
Gattung: Serinus
Art: canarius

Kanarienvogel

Lexikon

LEXIKON DES WASSERS

Aal: Überwiegend nachtaktiver Knochenfisch mit schlangenförmigem Körper. Er verbringt die meiste Zeit seines Lebens (8–18 Jahre) in Flüssen oder Brackgewässern. Zum Laichen unternimmt er allerdings lange Wanderungen (4000–7000 km) ins Meer. (Fische, die zur Laichablage von Süßwasser ins Salzwasser wandern, bezeichnet man als *katadrome* Wanderfische.) Die meisten Aale der europäischen Flüsse begeben sich zur Fortpflanzung in ein Gebiet des

Wolfsbarsch

Atlantischen Ozeans, das Sargasso-Meer genannt wird. Hier finden die Paarung der erwachsenen Aale (Blank- oder Silberaale) und die Eiablage statt. Es bilden sich blattförmige Larven (Weidenblattlarven), die in Richtung Osten wandern (Spitzköpfe). Nach 2–3 Jahren besitzen sie den typischen schlangenförmigen Körper (Glasaale). Nachdem sich die Glasaale an Flussmündungen zu riesigen Gruppen versammelt haben, wechseln sie ihre Farbe (Gelbaale) und schwimmen in die Flüsse. Aale können sich auch an Land über weite Strecken hinweg fortbewegen und in Gewässern leben, die nur wenige Zentimeter tief sind.

Anadrom: So bezeichnet man Tiere, insbesondere Fische, die aus dem Meer in Flüsse wandern, um sich dort fortzupflanzen. Zu den bekanntesten, anadromen Fischen zählen der Lachs, das Neunauge und der Stör.
Aus dem Altgriechischen *anà* = rückwärts und *dromos* = schnell.

Aquarienkunde: Lehre, die sich mit dem Bau und der Instandhaltung von Aquarien und aller darin enthaltenen Lebensformen befasst.

Aquarium: Behälter – in der Regel aus Glas –, der mit Wasser gefüllt ist und über Filtermechanismen verfügt, um Fische und Wasserpflanzen am Leben zu erhalten. Unter Aquarium versteht man auch ein Gebäude, in dem lebende Fische zur Schau gestellt werden. Sie sind in Becken untergebracht, in denen ihr natürlicher Lebensraum nachgestellt wurde.

Barteln: Fleischige Fortsätze um den Mund einiger Fische wie beispielsweise der Barbe.

Buntbarsche: Familie tropischer Süßwasserfische, die ungefähr 900 Arten umfasst und in Zentralamerika, Südamerika, Afrika und Teilen Asiens

Schützenfisch

Flugfisch

verbreitet ist. Buntbarsche, insbesondere jene der großen afrikanischen Seen, sind bei Aquarianern der ganzen Welt wegen ihrer außergewöhnlichen Farbenvielfalt beliebt. Sie besitzen große Ähnlichkeit mit den Meeresfischen der Korallenriffe.

Clownfisch: Diesen Namen tragen einige Knochenfischarten aus der Familie der Riff-Fische, die in den tropischen Gewässern des Indischen Ozeans und des Pazifiks vorkommen. Ihre Farbe erinnert an die Maske von Zirkusclowns und brachte ihnen daher den Namen ein. Alle Arten von Clownfischen haben ein gemeinsames Merkmal: Sie leben in Symbiose mit Seerosen, deren Nesselzellen ihnen nichts anhaben können.

Drachenkopf: Salzwasser-Knochenfisch aus der Familie der *Scorpaenidae*, der ein Meeresbewohner ist. Am vorderen und hinteren Teil der Rückenflossen befinden sich Giftdrüsen. Der Drachenkopf ist im Ostatlantik und im Mittelmeer verbreitet. Er ist ortstreu und lebt als Einzelgänger. Bevorzugt hält er sich an Felsküsten auf, wo er in Höhlen regungslos auf Beute lauert. Trotz seiner auffallenden roten Farbe kann er sich dort gut tarnen. Seine Opfer erbeutet er entweder durch Jagen oder durch plötzliches Aufreißen des Maules, mit dem er die Beute einsaugt.

Elefantenfisch: Süßwasser-Knochenfisch aus der Familie der Nilhechte, der ausschließlich in Afrika vorkommt. Die zu einem Rüssel verlängerte Schnauze ermöglicht ihm das Wühlen im schlammigen Grund, wo er nach kleinen Beutetieren sucht.

Lungenfisch

Fettflosse: Eine Art weicher Rückenflosse, die biegsam, stachellos und reich an Fett ist, das sich auf dem Rücken einiger Fische wie beispielsweise den Lachsartigen (Lachse, Forellen usw.) bildet.

Fledermausfisch: So heißen die Knochenfische aus der Familie der *Ogcocephalidae*, die in den warmen Meeren der Erde vertreten sind. Fledermausfische leben auf dem Meeresgrund und verdanken ihren Namen ihrer typischen, vorne flachen Körperform.

Flosse: Ein typisches Körperteil vieler Tierarten, die sich an das Leben im Wasser angepasst haben: Dazu gehören beispielsweise Fische, Pinguine, Robben, Wale. Flossen dienen zur Fortbewegung im Wasser.

Flugfisch: In der Regel meint man damit Knochenfische aus der Familie der *Exocoetidae*. Flugfische können nicht fliegen, wie man vielleicht auf Grund ihres Namens annehmen könnte; vielmehr gleiten sie auf der Wasseroberfläche. Einige Arten legen auf diese Weise bis zu 400 m zurück. Sie »fliegen«, um ihren Feinden wie beispielsweise Meeresvögel, große Fische und Delfine zu entkommen.

Goldbrasse: Knochenfisch aus der Familie der Brassen. Den Namen verdankt sie einem Goldstreifen zwischen den Augen. Die Goldbrasse kann eine Länge von 70 cm erreichen. Sie ist in den Küstengewässern des Mittelmeers, des Schwarzen Meers und des Ostatlantiks zu Hause.

Goldfasan-Prachtkärpfling: Süßwasser-Knochenfisch aus der Familie der Zahnkarpfen. Er lebt in Schwärmen in den seichten Flussgewässern Westafrikas. Zu seiner Nahrung gehören Insekten und andere kleine Tiere.

Goldfisch: Knochenfisch aus der Familie der Karpfenfische, der ursprünglich aus Ostasien stammt. In seiner natürlichen Umgebung wird der Goldfisch bis zu 45 cm lang und kann ein Gewicht von bis zu 3 kg erreichen. Im Hausaquarium wird er höchstens 10–15 cm lang.

Igelfisch: Knochenfisch aus der Familie der Igelfische. Er ist in fast allen warmen

Mondfisch

Meeren vertreten. An seinem kugelförmigen Körper befindet sich ein kleiner Schwanz, der sich ständig bewegt, und ein großer Kopf. Die Augen sind ebenfalls groß und können sich unabhängig voneinander bewegen: So kann der Igelfisch in zwei Richtungen blicken. Seine langen Stacheln liegen meist am Körper an. Bei Störungen pumpt er sich schnell mit Wasser auf und verwandelt sich in eine stachelige Kugel. Zu seiner Nahrung gehören Weichtiere und kleine Krustentiere.

Meerjunker

Katadrom: So bezeichnet man Tiere, insbesondere Fische, die aus Flüssen zur Fortpflanzung ins Meer wandern. Zu den bekanntesten katadromen Fischen gehört der Aal. Aus dem Altgriechischen *catá* = hinab und *dromos* = schnell.

Kiemen: Sie sind das Atmungsorgan der Fische und vieler anderer Wassertiere, beispielsweise einiger Weichtiere (Mollusken). Kiemen sind in der Regel

Mosambik-Buntbarsch

stark verästelt und reich an dünnwandigen Blutgefäßen, die für die Aufnahme von Sauerstoff aus dem Wasser und die Abgabe von Kohlendioxyd sorgen. Bei den Fischen werden sie durch einen Kiemendeckel geschützt, der ständig Wasser hindurchpumpt und somit für die Sauerstoffzufuhr sorgt.

Krake: Kopffüßiges Weichtier mit acht beweglichen, mit Saugnäpfen versehenen Fangarmen, mit denen es sich an Felsen festsaugt und seine Beute fängt. Dank besonderer Farbzellen seiner Haut, den zusammenziehbaren Chromatoforen, kann der Krake schnell seine Farbe wechseln. Zur Verteidigung spritzt er ein schwarzes Pigment, die so genannte Tinte, ins Wasser, die ihn

Elefantenfisch

vorübergehend vor seinen Angreifern verbirgt.

Kugelfisch: So werden einige Knochenfischarten aus der Familie der *Tetraodontidae* (Vierzähner) genannt. Er ist in tropischen Gewässern verbreitet, es gibt jedoch auch einige Süßwasserbewohner. Wie der Igelfisch so kann sich auch der Kugelfisch mit Wasser zu einer Kugel aufpumpen.

Lachs: Knochenfisch aus der Familie der Lachsartigen, von dem zahlreiche Arten existieren, die in den nördlichen Ozeanen und in den dort mündenden Flüssen beheimatet sind. Zum Laichen wandern die Lachse aus dem Meer in die Flüsse. Während dieser Zeit verändert sich ihr Aussehen gewaltig: Sie bekommen einen Buckel und nehmen eine rötliche Färbung an.

Langnasiger Knochenhecht: Knochenfisch aus der Familie der Knochenhechte (Kaimanfische), der in Nordamerika, von den Großen Seen bis Florida, vertreten ist. Der Knochenhecht kann eine Länge von über 180 cm und

Streifenbarbe

ein Gewicht bis zu 30 kg erreichen. Die Weibchen können 22 Jahre alt werden. Sie legen ca. 27 000 Eier, die an Wasserpflanzen festkleben. Nach 6–7 Tagen schlüpfen die Jungfische, die 3 cm pro Tag wachsen.

Languste: Krebstier aus der Ordnung der Zehnfußkrebse und aus der Familie der Langusten. Die Languste hat lange Antennen und kann eine Länge von 45 cm und ein Gewicht von 8 kg erreichen.

Lungenfisch: Süßwasser-Knochenfisch aus der Familie der *Lepidosirenidae*, der in den Flüssen und Seen Afrikas beheimatet ist. Der Lungenfisch kann die regelmäßig wiederkehrenden Trockenzeiten überstehen, indem er sich im Schlamm eingräbt und mit einer Schleimschicht umgibt. Sobald das

Krake

umgebende Wasser vollständig verdunstet ist, kann dieser Fisch dank seiner einfachen Lungen, die aus seiner Schwimmblase hervorgehen, atmosphärische Luft einatmen.

Meeräsche: Knochenfisch, der auch unter dem Namen *Großkopf* bekannt ist. Er lebt sowohl in küstennahen Meeresgewässern, die nicht mehr als 30 m tief sind, als auch im Brackwasser von Flussmündungen. Die Fortpflanzung erfolgt nur im Meer, wo ein Weibchen von einem Dutzend Männchen umworben wird. In Seegraswiesen legt sie bis zu 7 000 000 Eier ab. Die Meeräsche lebt in großen Schwärmen, kann schnell schwimmen und einige Meter aus dem Wasser springen. Sie ernährt sich von Algen, Krustentieren, Würmern, Weichtieren und organischen Abfällen.

Meerjunker: Knochenfisch aus der Familie der Lippfische. Er ist im Mittelmeer, im Schwarzen Meer und im Ost-

Große Geißbrasse

atlantik beheimatet und lebt in küstennahen Gewässern bis zu einer Tiefe von 120 m. Die jüngeren Tiere sind immer Weibchen, die sich im Laufe ihres Lebens in Männchen umwandeln und dabei nicht nur das Geschlecht, sondern auch die Farbe wechseln. Meerjunker können bis zu 25 cm lang werden. Sie werden gern in Salzwasser-Aquarien gehalten.

Menschenhai: Damit meint man den Weißen Hai, den riesigen Räuber aus der Familie der *Lamnidae*, der eine Länge von bis zu 7 m erreichen kann (das größte Exemplar wurde in Kuba gefangen: Es war 6,40 m lang und 3300 kg schwer). Menschenhaie sind sehr gefräßig und greifen oft auch Menschen an.

Mondfisch: Knochenfisch aus der Familie der Salmler. Er ist in allen Meeren der Welt vertreten. Seinen Namen verdankt er der typischen Diskusform. Er kann eine Länge von ungefähr 3 m und ein Gewicht von 900 kg erreichen. Vermutlich ist er der

Paradiesfisch

fruchtbarste Fisch der Welt: Ein Weibchen kann bis zu 300 Millionen Eier legen.

Mosambik-Buntbarsch: Süßwasser-Knochenfisch aus der Familie der Buntbarsche, dessen Heimat ursprünglich Westafrika war. Dieser Fisch ist ein so genannter Maulbrüter. Das Männchen gräbt mit seinen kräftigen

Sepia

Kiefern eine Grube in den Meeresboden, in der die Paarung stattfindet. Nach der Eiablage nimmt das Weibchen die Eier sofort ins Maul, wo die gesamte Entwicklung vonstatten geht. Bis zur Geburt der Setzlinge nimmt das Weibchen zwar weiterhin Nahrung auf, allerdings nur in kleinen Mengen, sodass sie einiges an Gewicht verliert. Nach der Geburt bleiben die Jungfische im Maul der Mutter, bis sie in der Lage sind, frei zu schwimmen.

Rotfeuerfisch

Neonfisch: Süßwasser-Knochenfisch aus der Familie der Salmler. Er stammt aus dem Rio Putumayo in Ostperu und wird inzwischen auch in Gefangenschaft erfolgreich gezüchtet. Der Neonfisch lebt in sehr großen Schwärmen und verdankt seinen Namen der typischen, glänzend blauen und roten Färbung, die wie ein Reklameschild leuchtet. Der Neonfisch ist einer der beliebtesten Aquarienfische.

Papageifisch: So nennt man die Knochenfische aus der Familie der *Scaridae*, die in den tropischen und subtropischen Meeren der ganzen Welt vorkommen. Ihren Namen verdanken sie der auffälligen Färbung und dem Schnabel, der aus verwachsenen Zähnen gebildet wird und an einen Papageienschnabel erinnert. Damit können sie große Mengen an kalkhaltigem Korallenriff-Material abbeißen und aufnehmen, das sie anschließend als dichte, weiße Staubwolken wieder ausstoßen.

Paradiesfisch: Knochenfisch aus der Familie der Labyrinth- oder Kletterfische. Er ist in Ostasien in

Drachenkopf

seichten Gewässern und Reisfeldern beheimatet. Dank eines zusätzlichen Atmungsorgans (Labyrinth) kann er auch atmosphärische Luft atmen und somit außerhalb des Wassers überleben. Anders als bei den Jungfischen ist bei den ausgewachsenen Tieren kein Zusammenleben möglich, da sie untereinander heftige Kämpfe austragen.

Petersfisch: Knochenfisch aus der Familie der *Zeiden*, der die offenen Meere bewohnt. Er kann eine Länge von bis zu 50 cm erreichen und besitzt in der Körpermitte einen schwarzen, weiß umrandeten Fleck. Der Legende nach ist dieser schwarze Fleck der Abdruck, den der heilige Petrus hinterließ, als er aus dem Maul des Fisches eine Goldmünze herauszog. Der Petersfisch ist im Ostatlantik, im Mittelmeer und im Schwarzen Meer beheimatet.

Pinzettfisch

Pferdeaktinie: meist rote oder grüne Seeanemone mit einziehbaren Tentakeln. Sie lebt an Felsen und Hafenmauern im Atlantik, Mittelmeer und in der Nordsee.

Pinzettfisch: Salzwasser-Knochenfisch aus der Familie der Borstenzähner. Er lebt auf Korallenriffen des indopazifischen Raums, wo er mit seiner langen Schnauze seine Nahrung aus Felsspalten holt. Er lebt mit einem Partner zusammen und kann bis zu 16 cm lang werden.

Piranha: Süßwasser-Knochenfisch aus der Familie der Scheiben- und Sägesalmler. Er ist wegen seiner legendären Gefräßigkeit bekannt: Mithilfe seiner messerscharfen, dreieckigen Zähne nagt er Beutetiere oft in Sekundenschnelle bis zum Skelett ab. Er lebt in Schwärmen im Flussgebiet des

Petersfisch

Amazonas und bleibt immer in Ufernähe. Piranhas bewachen ihre Eier und beschützen ihre Jungen nach dem Schlüpfen.

Purpur-Rose: Landläufiger Name der *Pferdeaktinie*, den sie ihrer kräftigen roten Farbe verdankt.

Kugelfisch

Queise: Salzwasser-Knochenfisch aus der Familie der Drachenfische, der im gesamten Mittelmeerraum, im Ostatlantik und im Baltikum vertreten ist. Die stacheligen Strahlen der Rückenflosse sowie die Dornen auf den Kiemendeckeln sind mit Giftdrüsen verbunden, die bei Berührung mit Beutetieren (oder auch Menschen) entleert werden. Gelangt das Gift in die Blutbahn, dann zerstört es die roten Blutkörperchen und lähmt die Nerven, wodurch starke Schmerzen entstehen. Die Queise lebt auf sandigem Meeresboden, wo sie sich von Garnelen und kleinen Fischen ernährt, die sie blitzschnell aus ihrem Versteck erbeutet.

Rochen: Knorpelfisch aus der Ordnung der *Rajiformes*. Sein Körper ist flach und er besitzt einen langen Schwanz, dessen Seiten mit einfachen elektrischen Organen versehen sind. Der Rochen legt Eier, die von einer membranartigen Hülle umgeben sind. Ein Großteil der Rochenarten sind Meeresbewohner, doch es gibt auch einige Vertreter, die im Süßwasser leben.

Langnasiger Knochenfisch

Rotfeuer-Fisch: Knochenfisch aus der Familie der Drachenköpfe. Er ist in den tropischen Gewässern des Indischen Ozeans und des Pazifiks vertreten. Auf der Rückenflosse befinden sich lange Giftstacheln. Der Rotfeuer-Fisch ist ein wilder Räuber. Er treibt seine Beute mit den aufgefächerten Brustflossen in die Enge und saugt sie anschließend mit dem Mund auf.

Schleimfische: Sie sind vor allem in den tropischen und warmen, gemäßigten Meeren beheimatet. Es gibt aber auch einige Süßwasserarten. Meist halten sie sich auf dem Grund auf. Den Namen verdanken sie der üppigen Schleimmasse, die ihren Körper umhüllt.

Schuppen: Die Haut mancher Fische ist schuppenlos, aber meistens ist sie mit Schuppen bedeckt. Es handelt sich um Hautgebilde, die wie Dachziegel übereinander gelagert sind. Sie haben vor allem eine Schutzfunktion, die durch den Schleim, den die Hautdrüsen absondern, noch unterstützt wird.

Papagei- und Trompetenfisch

Schützenfisch: Knochenfisch aus der gleichnamigen Familie, der in Ozeanien im Brackwasser lebt. Er hat eine besondere Jagdmethode entwickelt: Zunächst saugt er etwas Wasser ein, dann positioniert er sich schräg zur Wasseroberfläche und spuckt mit bemerkenswerter Präzision einen kräftigen Wasserstrahl auf Insekten, die sich auf Mangrovenblättern ausruhen.

Schwertfisch: Knochenfisch des offenen Meeres aus der Familie der *Xiphiidae*, deren einziger Vertreter er ist. Er kann bis zu 4,50 m lang und 500 kg schwer werden. Beim Schwimmen erreicht er eine Geschwindigkeit von 60–100 km/h. Typisch für ihn ist das aus Kieferknochen gebildete Schwert, das er zum Jagen und zur Verteidigung gegen größere Fische einsetzt. Der Schwertfisch hat weder Schuppen noch

Goldfasan-Prachtkärpfling

Zähne. Er lebt in den warmen Meeren der Erde.

Schwertträger: Süßwasser-Knochenfisch aus der Familie der *Xyphophorus helleri*, der in Aquarien sehr beliebt ist. Sein Verbreitungsgebiet erstreckt sich von Mexiko bis Guatemala (Mittelamerika), wo er in kleinen Schwärmen lebt. Interessant ist, dass er seine Jungen lebend gebärt, nachdem die Eier im Körper ausgebrütet wurden (*Ovoviparismus*).

Seeanemone: Trotz ihrer Ähnlichkeit mit der Blume, der sie ihren Namen verdankt, handelt es sich hier um ein Tier aus der Klasse der Blumenpolypen (*Anthozoa*), die rund 7000 Arten umfasst. Hierzu gehören überwiegend See- und Bodentiere, einschließlich der Korallen. Seeanemonen sind oft großwüchsig und haben leuchtende Farben. Ihre zahlreichen Fangarme sind in konzentrischen Reihen um die Mundöffnung angeordnet. Sie dienen zum Fangen von

Languste

Goldbrasse

Beutetieren (kleine Fische und Krustentiere), die sie zuvor mit dem Gift aus ihren Nesselzellen gelähmt haben.

Seebarsch: Synonym zu Wolfsbarsch

Seepferdchen: Bezeichnung für Knochenfische aus der Familie der Seenadeln, deren Kopf zum Körper hin angewinkelt ist. Mit dem Schwanz, der keine Flosse besitzt, halten sich die Seepferdchen an Wasserpflanzen fest. Die Männchen verfügen über eine Bruttasche, in der sie den Laich und die geschlüpften Larven tragen.

Sepia: Kopffüßiges Weichtier mit zehn Fangarmen. Zwei davon werden beim Paarungsritual verwendet. Die Sepia hat einen beutelförmigen Körper, der von einer inneren Muschel (Sepiaknochen) zusammengehalten wird und der rasch eine andere Farbe annehmen kann (wie es auch beim Kraken der Fall ist). Sie bewohnt den sandigen Meeresboden und stößt bei Gefahr eine große, schwarzbraune Tintenwolke aus. Früher verwendete man Sepiatinte zum Schreiben.

Queise

Setzling: Ein frisch geschlüpfter oder noch junger Fisch

Skalar: Süßwasser-Knochenfisch aus der Familie der Buntbarsche. Man kennt ihn auch unter dem Namen Engelsfisch und er ist als Aquarienfisch sehr beliebt. Der Skalar kann eine Länge von 15 cm und eine Höhe von 26 cm erreichen. Er lebt im Pflanzendickicht und ernährt sich von kleinen Tieren. Die Elterntiere kümmern sich um den Nachwuchs.

Streifenbarbe: Knochenfisch aus der Familie der Meerbarben, der im Mittelmeer, im Schwarzen Meer und im Ostatlantik beheimatet ist. Das Weibchen kann bis zu 40 cm groß werden, während das Männchen eine Länge von 32 cm erreicht. Die Streifenbarbe lebt auf felsigem und

Fledermausfisch

sandigem Meeresgrund. Die Fortpflanzung findet im Sommer in Küstennähe statt, wo die Streifenbarbe auch ihre Eier ablegt: Diese sind mit einem öligen Film versehen und schwimmen daher an der Wasseroberfläche. Im Herbst begibt sich die Streifenbarbe in tiefere Gewässer.

Trompetenfisch: Sammelbegriff für Knochenfische aus der Familie der Schnepfenfische, die in allen Meeren der Erde, insbesondere den tropischen und subtropischen, vertreten sind. Ihr Hauptmerkmal ist die lang gezogene Schnauze, weshalb sie in einigen Gebieten auch Schnabelfische genannt werden.

Wolfsbarsch: Knochenfisch aus der Familie der Zackenbarsche. Er kann bis zu 1 m lang und bis zu 10 kg schwer werden. Der Wolfsbarsch lebt in kleinen Schwärmen und wandert zum Laichen in Flussmündungen.

Zackenbarsch: Vertreter aus der Familie der Barsche. Der Gemeine Zackenbarsch ist im Mittelmeer und im östlichen Atlantik vertreten und kann eine Länge von 140 cm erreichen. Er

Meeräsche

lebt in den Gewässern vor Felsküsten, aber auch am Rand von Seegraswiesen in Tiefen von bis zu mehreren hundert Metern. Ausgewachsene Zackenbarsche verhalten sich eher ruhig, während die jungen etwas lebhafter sind. Der Zackenbarsch ernährt sich von lebender Beute, die er blitzschnell schnappt und mit seinem riesigen Maul verschlingt.

Igelfisch

1
2
3
4
5
6
7

VON DER QUELLE ZUM MEER

Die Abschnitte eines Flusses
Ein Fluss kann in seinem Verlauf von der Quelle bis zur Mündung in verschiedene Abschnitte oder Regionen unterteilt werden. Jede Region weist eine unterschiedliche Umgebung und eine bestimmte Fischwelt auf. Angefangen bei der Quelle, folgt zunächst die Lachsregion (mit der Forelle als typischem Vertreter), danach kommen Karpfen- und Seezungenregion.

Die Lachsregion – Der Fluss ist kaum größer als ein Bach, der schnell und reißend fließt und dessen Grund mit großen, glatten Steinen und grobem Kies bedeckt ist. Das Wasser ist reich an Sauerstoff und recht kalt (5–15 °C): die ideale Umgebung für Forellen, Saiblinge und Äschen, die alle zur Familie der Lachsfische gehören.

1. **Europäische Forelle**
2. **Regenbogenforelle**
3. **Groppe**
4. **Bachsaibling**
5. **Bachforelle**
6. **Flusskrebs**
7. **Steinbeißer**
8. **Äsche**
9. **Saibling**
10. **Barbe**
11. **Elritze**
12. **Hundsbarbe**

1
2
5
6
7
8
9
12
14

Der mittlere Flusslauf

Auf halbem Weg zwischen Bergen und Meer hat der Fluss die Stromschnellen und Wasserfälle des oberen Abschnittes hinter sich gelassen und die Ebene erreicht. Die Strömungsgeschwindigkeit hat sich verringert, das Ufer ist bewachsen und der grobsandige, kiesbedeckte Flussboden ist reich an Wasserpflanzen. Hier beginnt die Karpfenregion.

Die Karpfenregion – Das Wasser des oberen Flusslaufes der Karpfenregion ist wärmer (12–18 °C) und sauerstoffärmer als die Lachsregion. Karpfenfische stellen geringere Ansprüche an die Umwelt als Lachsfische und ernähren sich von einer großen Auswahl an tierischer und pflanzlicher Kost. Einige von ihnen wie beispielsweise die Schleie wühlen im Schlamm nach Nahrung.

1. **Karpfen**
2. **Zander**
3. **Maräne**
4. **Finte**
5. **Rotfeder**
6. **Schleimfisch**
7. **Nase**
8. **Weißfisch**
9. **Schleie**
10. **Flussbarsch**
11. **Gelbrandkäfer**
12. **Perlfisch**
13. **Bartgrundel**
14. **Pfrille**
15. **Steinbeißer**
16. **Aal**

1
2
4
3
5
7
6
11
12
13

Fluss und Tümpel
Im mittleren Flusslauf ist die Strömung langsam, und es gibt ausgedehnte Windungen, die so genannten Mäander. Die Wassertemperatur ist recht hoch (16–20 °C), der Sauerstoffanteil gering und der Boden besteht aus feinem Sand. Entlang des Flusslaufes befinden sich sichelförmige Tümpel. Es handelt sich um ehemalige Mäander, die durch das vom Hochwasser transportierte Material abgetrennt wurden.

Die Hechtregion – Im mittleren Flusslauf leben Hechte, die bei der Jagd auf kleine Fische blitzschnell zuschnappen können. Sie besitzen nämlich einen kräftigen Schwanz, der beim Zupacken für den notwendigen Schub sorgt, und ein riesiges Maul mit scharfen Zähnen.

1. Gardasee-Forelle
2. Gambuse
3. Spiegelkarpfen
4. Wasserfrosch
5. Karpfen
6. Karausche
7. Goldfisch
8. Forellenbarsch
9. Sonnenbarsch
10. Gründling
11. Hecht
12. Weißfisch
13. Quappe
14. Blutegel
15. Katzenwels
16. Stichling
17. Flussneunauge

1
2
3
4
5
7
8
9
11
12
13
14
15
16

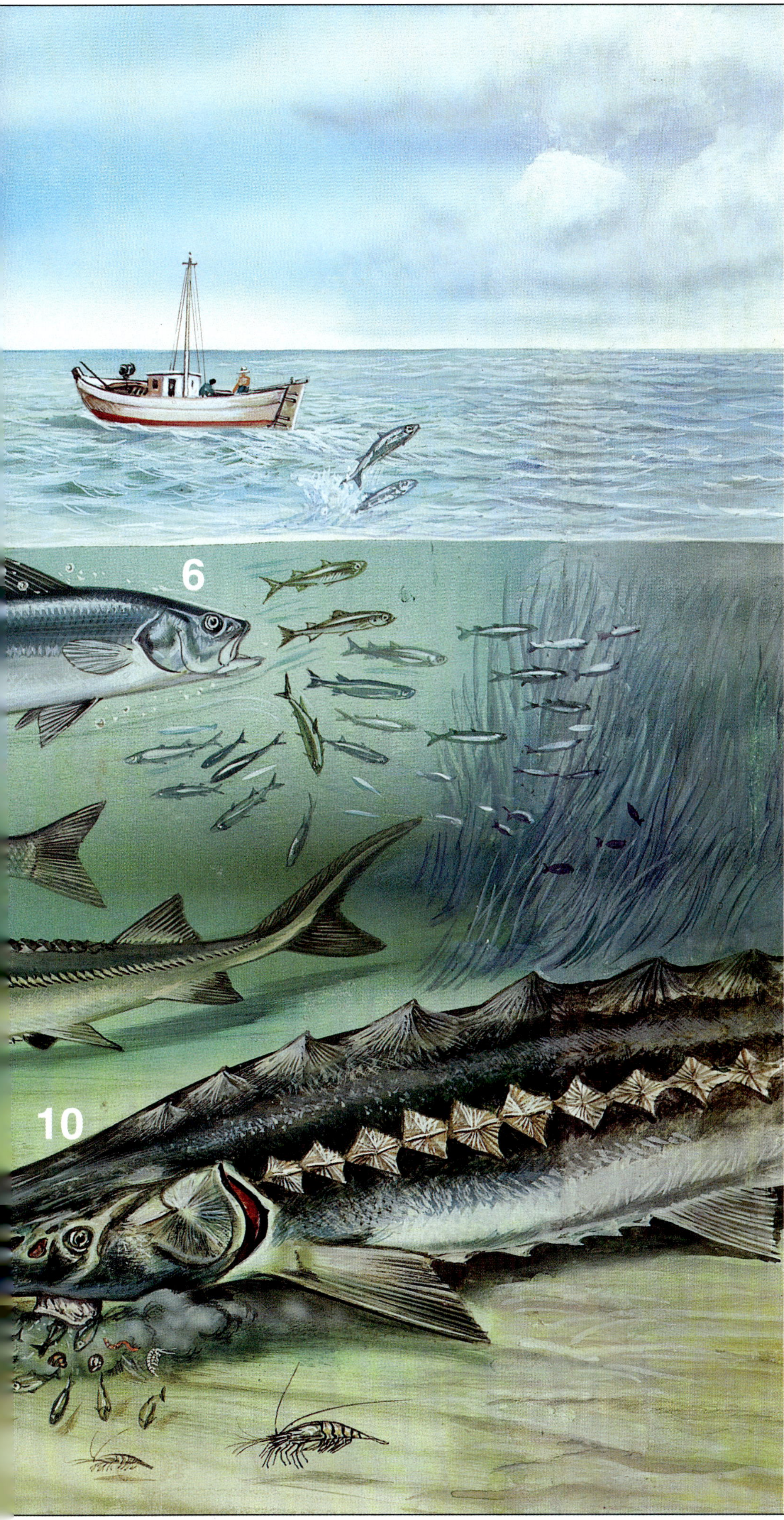

Vom Land ins Meer
Bevor der Fluss das Meer erreicht, nimmt er beachtlich an Breite zu. Die Strömung wird langsamer und der Boden ist mit sehr feinem Schlamm bedeckt, auf dem Schilf und Wasserpflanzen wachsen. Er enthält viele Düngesubstanzen. An dieser Stelle vermischen sich Süß- und Salzwasser und viele Fische der Flussregion können auch im Meer leben.

Die Seebarschregion – Viele Fische, die im unteren Abschnitt des Flusslaufes leben wie beispielsweise der Großkopf oder der Seebarsch, stammen ursprünglich aus dem Meer. Die Fähigkeit, in Gewässern mit unterschiedlicher Salzkonzentration zu leben, deutet auf eine beachtliche Anpassungsfähigkeit hin, die nicht alle Fische besitzen.

1. **Stockente**
2. **Wasserläufer**
3. **Alse**
4. **Ringelnatter**
5. **Molch**
6. **Seebarsch**
7. **Graskarpfen**
8. **Meeräsche**
9. **Hausen**
10. **Gemeiner Stör**
11. **Wels**
12. **Schwarzgrundel**
13. **Flussmuschel**
14. **Tubifex**
15. **Strudelwurm**
16. **Najaden (Anodonta)**

LEXIKON DER VÖGEL

Aasgeier: Er ist in Südeuropa, Asien und Afrika vertreten. Wenn er ein Straußenei findet, nimmt er einen Stein in den Schnabel und wirft ihn so lange gegen das Ei, bis es zerbricht.

Albatros: Seine Flügelspannweite beträgt über drei Meter. Er lebt auf offener See und geht lediglich zur Paarung an Land. Der Albatros fliegt auch bei Nacht. Unter den Seeleuten ist die Legende verbreitet, dass es Unglück bringe, einen Albatros zu töten.

Eine Henne brütet meist vier bis sieben Eier aus.

Ammer: Sie hält sich auf offenen Feldern auf, die durch Sträucher und Büsche voneinander getrennt sind. Dort findet sie geeignete Nistplätze. Ihre Nahrung besteht hauptsächlich aus Samen. Die Jungvögel werden allerdings überwiegend mit Insekten gefüttert.

Amsel: Das Männchen ist schwarz mit gelbem Schnabel, das Weibchen ist braun. Die Amsel baut ihr Nest in niedrigen Büschen und ernährt sich von Insekten. In der Regel ist sie scheu; sie wird jedoch etwas zutraulicher, wenn sie in der Nähe menschlicher Siedlungen lebt.

Anden-Kondor: Seine Flügelspannweite beträgt drei Meter und das Federkleid ist schwarzweiß. An Kopf und Hals ist er allerdings federlos. Er hält sich zwischen den Bergen des Landesinneren und der Pazifikküste auf, wo er sich von Otter- und Seelöwenkadavern ernährt, die an Land geschwemmt werden.

Ara: Große südamerikanische Papageien mit einem sehr farbenfrohen Gefieder. Ihre Nahrung führen sie mit den Füßen zum Schnabel, der auch eine sehr wichtige Kletterhilfe ist. Das Federkleid des Arakanga ist hauptsächlich rot. Der Ararauna hingegen hat ein überwiegend gelbes Gefieder und ist zudem am Kopf und an den Flügeln blau gefärbt.

Araponga: Er stammt aus Mittelamerika. Seine Brust ist weiß, der restliche Körper braun gefiedert. Ein besonderes Merkmal sind die drei langen Fortsätze, die von der Schnabelbasis ausgehen.

Archäopteryx: Ein ausgestorbener Vogel, der vor ungefähr 150 Millionen Jahren lebte. Sein Kopf ähnelte dem einer Eidechse. Er hatte kräftige Zähne und einen langen, knöchernen Schwanz. Somit wies er sowohl Merkmale von Vögeln als auch Reptilien auf. An den Flügelgelenken befanden sich zwei Krallen, die ihm als Kletterwerkzeuge dienten.

Der Distelfink hat einen spitzen Schnabel, mit dem er die Samen der Disteln herauspicken kann.

Auerhahn: Seine natürliche Umgebung ist der Wald, insbesondere der Nadelwald, wo er sich von jungen Trieben ernährt. Er frisst aber auch Rhododendren und Heidelbeeren. Unter Jägern ist er als Jagdwild sehr begehrt.

Baltimore-Trupial: Er lebt östlich der Rocky Mountains. Rücken, Hals und Kehle sind bei ihm schwarz, während die Brust leuchtend orangefarben ist.

Paradiesvögel leben in Australien und in Neuguinea.

Der Nashornvogel hat auf Kopf und Schnabel einen Hornhelm.

Beim Nestbau verwendet er auch Stofffetzen, die er in der Nähe von Wohnsiedlungen findet.

Bekassine: Sie nistet an trockenen Stellen in Sumpfgebieten, wo sie mit ihrem langen Schnabel nach Weichtieren im Schlamm sucht. Wenn sie ihren Hochzeitstanz ausführt, spreizt sie zwei Schwanzfedern ab, sodass durch den Wind ein typischer Laut erzeugt wird.

Beo: Er ist ungefähr so groß wie eine Taube, hat ein schwarzes Gefieder und einen gelben Schnabel. Die Augenumrandung ist ebenfalls gelb. Der Beo kann sehr gut Stimmen, Worte und Klänge nachahmen.

Blesshuhn: Man begegnet ihm an Tümpeln und in Sumpfgebieten. Es hat

Der Arapongas hat am Schnabel keine Federn, sondern Koller.

ein dunkles Gefieder und einen weißen Schnabel. Die Stirn ist ebenfalls weiß. Wenn es erschrickt, läuft es zunächst auf dem Wasser, bevor es davonfliegt.

Brauner Sichler: Er lebt in der Nähe von Feuchtgebieten. Mit seinem langen Schnabel sucht er im Schlamm nach Würmern und Weichtieren. Das Männchen hält einige hundert Meter vor dem Nest Wache. Bei Gefahr spielt es den verletzten Vogel und lockt damit das Raubtier vom Nest weg.

Darwinfink: Charles Darwin, der Begründer der Evolutionstheorie, stellte gründliche Studien über diesen Vogel an. Er lebt auf den Galapagos-Inseln und benutzt einen langen Kaktusstachel, um unter der Baumrinde nach Insektenlarven zu stochern, von denen er sich ernährt.

Im Frühling kehrt die Schwalbe aus den warmen Ländern zurück.

Distelfink: Ein recht bunter Vogel. Er ähnelt dem Buchfink und lebt in den Wäldern Europas. Die Flügel sind gelb und schwarz, der Körper braunrot, der Kopf schwarzweiß und die Brust rot. Finkenarten aus anderen Gebieten der Welt besitzen wieder ein anderes Gefieder.

Dohle: In Städten und Dörfern gibt es oft Türme, in denen Tauben nisten. Weiter oben richten sich die Dohlen ein, die dem Raben ähneln, allerdings etwas kleiner sind. Dass sie ihr Nest in der Nähe von Taubennestern bauen, kommt nicht von ungefähr: Sie fressen die Eier und manchmal auch die wehrlosen Küken der Taube.

Dolchstichtaube: Sie lebt in den philippinischen Wäldern. Ihr Federkleid ist überwiegend grau, auf der Brust besitzt sie jedoch einen großen, roten Fleck, der einer Wunde ähnelt und dem sie ihren Namen verdankt.

Dronte: Sie lebte auf Mauritius, starb jedoch 1680 aus. Es handelte sich um

Die Saatgans räubert manchmal in Weizenfeldern.

eine flugunfähige Taube mit einem Schopfschwanz und einer Länge von über einem Meter. Als Europäer die Insel besiedelten, führten sie Schweine und Affen ein, die die Dronte ausrotteten. Heute sind, außer zeitgenössischen Zeichnungen, noch das eine oder andere Skelett von Füßen oder Kopf erhalten.

Drossel: Sie ist zwar recht klein, doch sehr widerstands- und anpassungsfähig. Daher kann man sie in vielen Lebensräumen antreffen. Die Drossel frisst vor allem Insekten, ihre

Der Marabu säubert Tierkadaver, die andere Raubtiere übrig gelassen haben.

Der Wiedehopf kann seinen Federschopf wie einen Fächer öffnen.

Lieblingsspeise sind aber Schnecken. Im Winter ernährt sie sich von Pflanzen, da es schwer ist, kleine Tiere zu finden.

Eisvogel: Die meiste Zeit lauert er in der Nähe von salzigen oder süßen Gewässern. Wenn er einen Fisch vorbeischwimmen sieht, taucht er schnell ins Wasser und schnappt ihn mit seinem langen Schnabel. Der Eisvogel gräbt im Boden eine Nisthöhle.

Elster: Sie ist mit dem Raben verwandt, hat weiße und schwarze Federn und einen langen Schwanz. Am liebsten hält sie sich immer am gleichen Ort auf.

Der Fink ernährt sich von Samen, die auf den Boden gefallen sind.

Man nennt sie auch diebische Elster, weil sie die Angewohnheit hat, glänzende Gegenstände wie beispielsweise Münzen zu stehlen und zu verstecken.

Emu: Er ähnelt dem Strauß und ist ungefähr zwei Meter hoch. Seine Heimat ist Australien, wo er bei seinen Wanderungen hunderte von Kilometern zu Fuß zurücklegt, weil er nicht fliegen kann.

Ente: Oberbegriff für unterschiedliche Arten: Stockente, Spießente, Pfeifente, Krickente, Dampfschiffente, Knäkente, Säger und andere. Bereits seit der Antike werden Enten wegen ihres schmackhaften Fleisches gehalten.

Fasan: Er wird in großem Stil gezüchtet und anschließend in Jagdrevieren ausgesetzt. Frei lebende Fasane verbringen den Winter in Gruppen, die nach Männchen und Weibchen getrennt sind. Wenn es Frühling wird, sondern sich die Männchen ab und machen sich auf die Suche nach einem günstigen Revier. Ihr Nest bauen sie auf dem Boden.

Federn: Sie bedecken den Körper der Vögel und halten ihn warm. Da sie leicht und kräftig sind, eignen sie sich bestens zum Fliegen. Die Anordnung der Farben im Gefieder der Vögel kann je nach Geschlecht oder nach Jahreszeit variieren.

Die Dolchstichtaube hat an der Brust einen großen, roten Fleck.

Fichtenkreuzschnabel: Seine Schnabelspitzen sind gekreuzt. Dies kommt ihm beim Öffnen von Tannen- oder Fichtenzapfen zugute: Die haben nämlich eine sehr harte und dicke Schale.

Fischadler: Er hat dunkle Flügel und einen weißen Bauch. Da er sich ausschließlich von Fischen ernährt, hält er sich sowohl am Süß- als auch Salzwasser auf. Früher war er an den Mittelmeerküsten stark vertreten, doch heute sind nur noch wenige Exemplare übrig geblieben.

Flamingo: Zugvogel, der ständig auf der Suche nach günstigen Futterplätzen ist. Er lebt in seichten Gewässern, wo er mit dem Schnabel den Grund aufwühlt und Algen oder kleine Krustentiere herausfiltert. Flamingos bilden große Kolonien, die je nach Art aus tausenden oder Millionen von Einzeltieren bestehen können.

Der Malaien-Pfaufasan gehört zu den buntesten und dekorativsten Vögeln.

Flussregenpfeifer: Er hält sich sowohl an Sandufern von Flüssen und Seen als auch von Meeren auf. Wenn ein Raubtier sein Nest bedroht, gibt der Flussregenpfeifer vor verletzt zu sein, um die Aufmerksamkeit auf sich zu lenken. Im allerletzten Augenblick fliegt er davon und hat damit den Feind hinters Licht geführt.

Fregattvogel: Dieser schwarze Wasservogel kann sehr elegant fliegen. Das Männchen hat an der Kehle einen federlosen, roten Hautfleck, den es zur Balz aufbläht, um das Weibchen anzulocken.

Gabelweihe: Mit Ausnahme Amerikas ist sie fast überall auf der ganzen Welt

Die Federn der Jagdelster sind bunter als die der gewöhnlichen Elster.

In Afrika glaubt man, dass es Unglück bringt, wenn der Hammerkopf über das Dorf fliegt.

vertreten. Im Herbst ziehen die europäischen Gabelweihen nach Afrika. Sie ernähren sich sowohl von Land- als auch von Wassertieren. Ist genug Nahrung für alle vorhanden, dann bilden diese Vögel große Kolonien.

Gans: Entgegen der weit verbreiteten Annahme, handelt es sich hierbei um ein recht intelligentes Tier. Sie bevorzugt wassernahe Gebiete, fliegt aber oft tagsüber in Trockengebiete, wo die Nahrungssuche für sie leichter ist. Seit tausenden von Jahren wird sie vom Menschen als Haustier gehalten. Sie liefert Fleisch, Eier, Federn sowie flauschig warme Daunen.

Den Gesang des Zilpzalp kann man kilometerweit hören.

Gänsegeier: Bei diesem kleinen Geier sind auch Hals und Kopf mit Federn bedeckt. Manchmal bildet er große Kolonien, die aus hunderten von Einzeltieren bestehen.

Gartenbaumläufer: Er wird oft mit dem Specht verwechselt, weil er ebenfalls an Baumstämmen emporklettert und in der Rinde nach Larven und Insekten sucht. Im Gegensatz zum Specht ist sein Schnabel allerdings lang und gekrümmt und sein Gefieder weniger auffällig. Er baut sein Nest hinter loser Baumrinde.

Gartenrotschwanz: Mit dem Sperling verwandter Singvogel mit rotem Schwanz. Oft wartet der Kuckuck, bis der Gartenrotschwanz für kurze Zeit sein Nest verlässt, um ein Ei hineinzulegen. Der junge Kuckuck, der dann daraus schlüpft, ist bald schon größer als der arme Gartenrotschwanz. Dieser muss sich gewaltig anstrengen, um für den Kuckuck genügend Nahrung zu finden.

Gaukler: Dieser Greifvogel lebt in der afrikanischen Savanne, wo er auf Akazienbäumen sein Nest baut. Wenn er auf Nahrungssuche geht, zieht er in großer Höhe weite Kreise und sucht den Boden ab. Um das Weibchen zu

Der Stärling ist nicht so prächtig wie sein Verwandter, der Baltimore-Trupial.

beeindrucken, führt er gewagte Kunstflüge vor, was in seinem Namen anklingt.

Goldamsel: Den Winter verbringt sie in Afrika und im Frühling fliegt sie nach Europa zurück. Die Männchen sind die Ersten, die sich auf die lange Reise begeben, damit sie nach einem geeigneten Ort für den Nestbau suchen können. Nach einigen Tagen folgen die Weibchen.

Großtrappe: Dieser große Vogel baut sein Nest am liebsten im offenen Gelände, das nur spärlich mit Bäumen bewachsen ist. Ein typisches Merkmal

Rote Federn am Schwanz geben dem Gartenrotschwanz seinen Namen.

Die großen Storchennester befinden sich immer an hoch gelegenen Stellen.

der Großtrappe ist das Fehlen der Hinterzehe.

Grünling: Wie der Name bereits besagt, ist sein Gefieder fast vollständig gelbgrün. Der Körperbau ähnelt dem eines Finken oder Zeisigs. Er ist nicht übermäßig menschenscheu. Seinen Artgenossen gegenüber verhält sich der Grünling allerdings sehr streitsüchtig.

Nachts kann man im Wald das monotone »Uhu-Uhu« des Uhu hören.

Habicht: Mittelgroßer Greifvogel. Solange das Weibchen brütet, besorgt das Männchen normalerweise das Futter: Es fliegt über das Nest und lässt die gefangene Beute herunterfallen. Flugs wird diese vom Weibchen geschnappt.

Hammerkopf: Er hält sich an den Ufern von afrikanischen Seen und Tümpeln auf. Tagsüber verharrt er in fast

Der Hoatzin hat einen sehr üblen Geruch. Daher wird er nicht gejagt.

regungslosem Zustand, als würde er schlafen. Dabei ist er jedoch sehr wachsam und auf jede Gefahr gefasst. Nachts macht er sich auf Insektenjagd oder sucht im seichten Wasser nach anderen Tieren.

Haubentaucher: Er lebt und nistet im Schilf von Süßwasserseen. Geschickt taucht er nach Fischen, Insekten und Krustentieren.

Hoatzin: Er lebt im Dickicht der südamerikanischen Wälder und verbringt

Der Schwertschnabel saugt den Nektar aus tiefen Blütenkelchen.

die meiste Zeit auf Bäumen. Weil er so unangenehm riecht, wird er von den Einheimischen »Stinkvogel« genannt.

Huhn: Haushühner werden wegen ihres Fleisches und ihrer Eier auf der ganzen Welt gehalten. Die Henne ist in der Regel farblich unauffälliger als der Hahn. Im Vergleich zu ihm sind ihr Kamm und ihre Lappen etwas kleiner. Der Hahn duldet im Hühnerstall keinen Konkurrenten, sondern liefert sich mit jedem Rivalen furchtbare Kämpfe.

Jagdelster: Der Rücken dieses sehr bunten Vogels ist blaugrün, die Flügel rötlich. Schnabel und Füße sind rot und die Brust grün bis hellblau. Jagdelstern sind neugierig und laut. Dadurch verwirren sie Jagdhunde und warnen somit andere Tiere vor der Gefahr.

Kaiserpinguin: Er wiegt ungefähr 30 kg und ist ein ausgezeichneter Schwimmer. Der Kaiserpinguin kann lange Zeit tauchen, um nach Fischen, kleinen Krustentieren und Kopffüßern zu suchen.

Kanarienvogel: Er stammt von den Kanarischen Inseln, die vor der Ostküste Afrikas liegen, und ist auf der ganzen Welt als Haustier verbreitet. Kanarienvögel können sehr schön singen. Im Laufe der Zeit hat man Exemplare mit

Der Prachthaubenadler jagt in den Regenwäldern Papageien, Tukane und kleine Affen.

grellen Federkleidern gezüchtet, die in der Natur so nicht vorkommen.

Kardinalvogel: Wegen seines roten Federkleides, dem schwarzen Hals und dem Federschopf wird er gerne im Käfig gehalten. Er lebt am Rande des Niederwaldes, wo er sich von Samen und kleinen Insekten ernährt.

Oft legen zwei oder drei Weibchen der Gold-Amadine ihre Eier in dasselbe Nest.

Der Prachteider-Erpel hat einen farbenfrohen Kopf.

Kasuar: Dieser große, flugunfähige Vogel wiegt ungefähr 80 kg. Auf dem Kopf hat er einen großen Hornkamm, mit dem er sich freie Bahn verschafft, wenn er durch das Dickicht läuft. Er lebt in den Urwäldern Neuguineas und Australiens.

Käuzchen: Hübscher Nachtraubvogel mit großen, gelben Augen. Leider wurde das Käuzchen lange Zeit gnadenlos gejagt: Einerseits weil man glaubte, es bringe Unglück, andererseits weil die Jäger es für einen Konkurrenten hielten. Das Käuzchen ernährt sich nämlich von Vögeln und anderen kleinen Tieren.

Kiwi: Seine Flügel haben sich zu zwei kurzen Stummeln zurückgebildet, was ihn flugunfähig macht. Er lebt in Neuseeland, wo er als Landessymbol

Die Goldamsel kann sehr schön singen. Man hört ihren Gesang auch aus großer Entfernung.

ausgewählt wurde. Nachts macht sich der Kiwi auf die Suche nach Insekten und anderen wirbellosen Tieren.

Kolibri: Winziger, tropischer Vogel. Er kann mit seinen Flügeln bis zu achtzig

Der Afrikanische Königsglanzstar ähnelt dem Star, er besitzt jedoch ein farbenprächtigeres Gefieder.

Mal in der Sekunde schlagen und somit im Schwirrflug vor den Blüten stehen bleiben, um mit seinem langen Schnabel deren Nektar herauszusaugen. Er wiegt so wenig, dass er sein kleines Nest mit Spinnfäden an Zweigen befestigen kann.

Koller: Fleischige Auswüchse auf dem Kopf oder am Hals einiger Vögel, die als Schmuck dienen. Bei den Männchen sind sie meist weitaus auffälliger als bei den Weibchen.

Königspinguin: Er ist auf einigen Inseln der Antarktis beheimatet. Die Jungtiere

Der Nashornvogel ernährt sich von Früchten, die er in die Luft wirft und dann wieder auffängt.

sind braun, die Erwachsenen schwarz-weiß mit orangegelben Hälsen und Backen.

Kormoran: Wasservogel, der sowohl am Meer als auch am Süßwasser lebt. Männchen und Weibchen wechseln einander beim Brüten ab. Bei jedem Schichtwechsel begrüßen sie sich mit einem bestimmten Ruf. In den letzten Jahren hat ihre Zahl deutlich zugenommen und sie sind nun wieder in Gegenden vertreten, wo es sie früher nicht gab.

Krähe: Sie kann ganz schwarz, aber auch grauschwarz sein. Es besteht eine große Ähnlichkeit zum Raben, obwohl die Krähe etwas kleiner ist. Wenn sich Schwärme zusammenfinden, hält ein Tier Wache und warnt die anderen bei Gefahr.

Kranich: Dieser große Zugvogel kann ohne weiteres auch in Gefangenschaft leben. Heutzutage steht er überall unter Naturschutz. Durch die fortschreitende Trockenlegung von Feuchtgebieten, die sein Lebensraum sind, ist er jedoch vom Aussterben bedroht.

Die Wacholderdrossel lebt in den Wäldern, oft sucht sie jedoch auch in Städten nach Nahrung.

Kuckuck: Wenn man einen Ort benennen möchte, den es nicht gibt, dann spricht man vom Kuckucksnest. Das kommt daher, weil dieser Vogel selbst kein Nest baut, sondern sein Ei in das Nest fremder Vögel legt. Dabei tauscht er einfach ein im Nest befindliches Ei gegen sein eigenes aus. Wenn der kleine Kuckuck schlüpft, wirft er die anderen Eier oder Jungvögel aus dem Nest. Er bleibt als Einziger zurück und wird von den nichts ahnenden Adoptiveltern gefüttert. Diese sind bald viel kleiner als ihr Adoptivkind.

Laubsänger: Sehr hübscher, kleiner Vogel, der ununterbrochen singt. Ständig sucht er auf Bäumen oder in Sträuchern nach Insekten, die er oft auch im Flug erbeutet. Er baut ein kugelförmiges Nest, das eine kleine Öffnung hat.

Lerche: Je nach Anlass stimmt sie unterschiedliche Gesänge an. Die auf dem Boden gelegenen Nistplätze werden von den Männchen ausgesucht, die sich ungefähr einen Monat vor den Weibchen dort einfinden. Lerchen

Der Schnabel des Pelikan gleicht einer großen, elastischen Tasche.

ernähren sich von Samen und Insekten, die sie auf den Feldern finden.

Marabu: Dieser große Vogel ist in ganz Afrika vertreten und ernährt sich von allem, was er findet – selbst von Kadavern.

Mauerläufer: Er hat einen grauen Körper und rote Flügel, die schwarz umrandet sind. Beheimatet ist er im Hochgebirge, wo er auf Felsen klettert und mit seinem langen Schnabel in Ritzen nach Insekten sucht.

Mauersegler: Eine perfekte Flugmaschine: Er verbringt nämlich die meiste Zeit seines Lebens in der Luft. Einige können beim Fliegen sogar schlafen. Wenn er aus irgendeinem Grund auf dem Boden landet, muss er sich gewaltig anstrengen, um wieder abheben zu können. Er fliegt mit einer konstanten Geschwindigkeit von 90 km/h, kann aber auch bis zu 200 km/h erreichen.

Mäusebussard: Dieser Greifvogel ist fast auf der ganzen Welt vertreten. Zum Jagen lauert er auf einer hohen Stelle und beobachtet das umliegende

Der Rote Ibis sucht seine Nahrung in seichten Gewässern.

Der Arakanga und der Ararauna gleichen einander, haben aber ein unterschiedliches Federkleid.

Gelände. Manchmal sucht er auch im Flug nach Beute. Er ernährt sich von kleinen Nagern, Schlangen, aber auch von Insekten.

Meise: Oberbegriff für verschiedene Vogelarten: Kohlmeise, Blaumeise, Haubenmeise und andere. Sie halten sich gern in Gärten auf, vor allem wenn man Vogelhäuser für sie aufstellt. Im Sommer ernähren sie sich von Insekten, während sie im Winter, wenn es kaum Insekten gibt, Beeren fressen.

Mönchsgeier: Dieser große Greifvogel ist in Asien und Europa beheimatet.

Die Elster stiehlt manchmal Münzen, Ringe und andere glänzende Gegenstände.

Infolge menschlichen Eingreifens und Futterknappheit gibt es bei uns allerdings nur noch wenige Exemplare. Der Mönchsgeier ernährt sich überwiegend von Aas.

Möwe: Man trifft sie an allen Küsten der Welt an. Seit kurzem fliegt dieser Vogel auch ins Landesinnere, wo man ihn auf Mülldeponien findet. Die Möwe hat keine Scheu vor Menschen. Im Gegenteil: Oft folgt sie den Fischerbooten und wartet auf Abfälle, die über Bord geworfen werden.

Nachtigall: Jeder kennt ihren Gesang, doch ihre Erscheinung ist wenig Aufsehen erregend. Der Gesang, den sie oft auch bei Nacht anstimmt, ist sehr abwechslungsreich. Die Töne sind rein und melodiös und können bis zu einer Entfernung von einem Kilometer vernommen werden.

Nashornvogel: Dieser tropische Vogel sieht recht sonderbar aus: Auf seinem kräftigen Schnabel sitzt eine Art Knochenhelm, der übrigens sehr leicht ist. Bei einigen Arten des Nashornvogels höhlt das Männchen zum Nisten Baumstämme aus. Anschließend verkleinert es den Eingang, sodass das Weibchen für die Dauer der Brutzeit dort eingesperrt ist. Während dieser

Der Habicht ist ein mittelgroßer Greifvogel, der kleine Säugetiere und Reptilien erbeutet.

Zeit wird sie vom Männchen gefüttert.

Papageien: Sie leben auf der südlichen Halbkugel. Typische Merkmale sind der kurze und sehr kräftige Schnabel und die zumeist schillernden Farben. In Südamerika sind die Aras vertreten, in Australien und Neuseeland die Kakadus, die einen großen Federschopf besitzen. In Afrika lebt der Sittich, der oft für Hausvolieren eingefangen wird. Papageien ernähren sich von Samen und Früchten, ab und zu auch von kleinen Insekten.

Papageitaucher: Dieser Wasservogel, der an den nördlichen Meeresküsten lebt, sieht recht lustig aus. Seine Federn sind schwarz und weiß. Der kurze, breite Schnabel ist bunt gefärbt und zeigt Farbverläufe, die von Rot zu Gelb und Blau übergehen. Auf Fischfang behält er

Das Rotstirn-Blatthühnchen sucht seine Nahrung, indem es über schwimmende Blätter läuft.

die von ihm erbeuteten Fische zunächst im Schnabel. Erst wenn er ins Nest zurückgekehrt ist, verzehrt er seine Beute oder verfüttert sie an seine Jungen.

Pelikan: Pelikane gehen gemeinsam auf Jagd. Sie schwimmen nebeneinander und drängen somit die verängstigten Fische in seichte Stellen, wo sie leichter zu fangen sind. In ihrem langen Schnabel ist für viele Fische Platz, die anschließend zum Nest gebracht werden.

Perlhuhn: Dieser Vogel stammt ursprünglich aus Zentral- und Südafrika, er wird aber inzwischen auf der ganzen Welt wegen seines Fleisches gezüchtet. Das Perlhuhn hat ein graues Gefieder mit kleinen weißen Flecken. Obwohl es fliegen kann, bleibt es lieber auf dem Boden, wo es sich von Pflanzen und Insekten ernährt.

Wenn das Rotkehlchen in den Süden fliegt, kündigt es das Ende des Sommers an.

Pfau: Dieser aus Indien und Sri Lanka stammende Vogel hat einen wunderschönen Schwanz und wird seit Menschengedenken auf der ganzen Welt als Ziervogel für Gartenanlagen gehalten. Die alten Römer züchteten ihn auch, um sich von seinem Fleisch zu ernähren.

Der kräftige Schnabel des Kirschkernbeißers knackt mühelos Oliven- oder Kirschkerne.

Pirol: Er lebt in Südamerika. Im Gegensatz zur hüpfenden Fortbewegungsart der meisten Vögel weist der Pirol eine stolzierende Gangart auf. Die Jungen werden mit Insekten gefüttert, ausgewachsene Tiere bevorzugen hingegen Samen.

Prachtglanzstar: Während der gewöhnliche Star ein eher unauffälliges Federkleid besitzt (grau mit kleinen, weißen Flecken), hat der Prachtglanzstar ein sehr farbenfrohes: Sein Körper ist gelb, der Kopf grün und die Flügel sind leuchtend blau.

Quetzal: Mit seinen leuchtend roten und grünen Federn und seinem kurzen Schnabel ähnelt er einem Papagei. Die Küken werden mit Insekten und anderen Kleintieren gefüttert. Die

Die Dronte war ungefähr so groß wie ein Truthahn. Sie starb vor dreihundert Jahren aus.

Erwachsenen hingegen fressen nur Obst. Der Quetzal lebt in Zentralamerika und ist das Wappentier Guatemalas, das seine Währung nach ihm benannt hat.

Rabe: Großer, schwarzer Vogel mit metallisch schimmerndem Federkleid. Er ist fast auf der ganzen Welt und in jedem Lebensraum vertreten. Der Rabe ist ein Allesfresser, bevorzugt allerdings tierische Kost. Daher überfällt er die Nester anderer Vögel, aus denen er Eier und Küken raubt.

Raubmöwe: Dieser Dieb hält sich an den Küstengebieten der beiden Pole auf und ist sehr angriffslustig. Die Raubmöwe plündert die Nester anderer Vögel und frisst die Eier oder Küken. Manchmal greift sie im Flug Vögel an, die einen Fisch im Schnabel halten, und bringt sie dazu, ihn fallen zu lassen. Die Möwe schnappt sich dann die Beute, noch bevor sie zu Boden fällt.

Rebhuhn: Es ist mit dem Huhn verwandt und hält sich überwiegend auf dem Boden auf, wo es nach Samen, Blättern und Trieben sucht. Gerne wälzt es sich auf Schotterwegen, um ein

Die Türkentaube kann man in Volieren auf der ganzen Welt bewundern.

Staub- und Sandbad zu nehmen.

Reiher: Er ähnelt dem Storch, ist allerdings etwas kleiner. Oft sieht man ihn in der Nähe von Wasserläufen, wo er sich von Fischen und anderen Kleintieren ernährt. Reiher bauen ihre Nester eng nebeneinander, sodass sich Kolonien bilden. Beim Fliegen nimmt sein Hals eine S-Form ein.

Rennkuckuck: Ein sehr schneller, nordamerikanischer Vogel. Er lebt in trockenen Gebieten, wo er sich lieber rennend fortbewegt, anstatt zu fliegen. Zwei seiner Zehen zeigen nach vorne und zwei nach hinten. Daher sind seine Spuren leicht zu erkennen. Der Rennkuckuck ernährt sich von Insekten, Reptilien und Schlangen – selbst von Giftschlangen.

Der Gänsegeier ist ein großer Vogel, der in Europa und Asien lebt.

Roter Ibis: Federn und Schnabel sind bei diesem Vogel vollkommen rot. Er hält sich an Wasserläufen auf, wo er sich von Kleintieren ernährt. Eine andere Ibisart, der Weiße Ibis, dessen Hals und Kopf schwarz sind, wurde von den alten Ägyptern als heilig angesehen, weil sie in ihm die Verkörperung einer Gottheit sahen.

Rotkehlchen: Kleiner Vogel, der in Europa weit verbreitet ist. Es baut sein Nest in niedrigem Gebüsch und sucht auf dem Boden nach Nahrung. Das Rotkehlchen ist sehr gesellig. Es ist nicht menschenscheu und verteidigt sein Revier mutig gegen jeden Artgenossen.

Rotstirn-Blatthühnchen: Mit seinen langen Beinen und seinen stark ausgeprägten Zehen und Krallen kann es bequem auf Blättern laufen, die auf der Oberfläche von Tümpeln und Seen schwimmen. Es lebt in Südamerika und ist überwiegend braunrot gefärbt. Beim Fliegen werden auf den Innenflächen seiner Flügel große, gelbliche Stellen sichtbar.

Der Gaukler veranstaltet in der Luft regelrechte Kunststücke.

Säbelschnäbler: Er hält sich gerne in Sumpfgebieten auf. Seine Federn sind schwarz und weiß. Der lange, nach oben gebogene Schnabel ist ebenfalls schwarz und dient dazu, seine Nahrung, die aus kleinen Wassertieren und Insekten besteht aus Wasser und Schlamm herauszufiltern.

In den USA ist es Brauch, an Weihnachten Truthahn zu essen.

Schleiereule: Nachtraubvogel, der fast überall auf der Welt vertreten ist. Ihr lautloser Flug ermöglicht es der Schleiereule, sich unerwartet auf ihre Beute zu stürzen, die meist aus kleinen Nagern, aber auch aus Reptilien und Insekten besteht.

Die Nachtigall sieht eher unscheinbar aus, ihr Gesang ist jedoch sehr melodiös.

Schmetterlingsastrild: Er ist in Afrika beheimatet und wegen seines bunten Gefieders für Volieren sehr beliebt. Er wurde auch im Palast des französischen Königs Ludwig XV. in Käfigen gehalten.

Schneehuhn: Zweimal im Jahr ändert sich die Farbe seines Federkleides. Im Winter wird es weiß, während der Schwanz schwarz bleibt. Da es sein Nest auf dem Boden baut, versucht das Männchen bei drohender Gefahr den Feind auf sich aufmerksam zu machen und dadurch vom Nest wegzulocken.

Schwalbe: Es gibt viele Schwalbenarten: Die gewöhnliche Schwalbe lebt oft in Menschensiedlungen, wo sie Nester aus Gras und Lehm baut. Alle Schwalben sind Zugvögel und ernähren sich von Insekten, die sie mit ihrem breiten, dreieckigen Schnabel im Flug fangen.

Schwan: Dieser Vogel besitzt auf der nördlichen Erdhalbkugel ein weißes Federkleid, in der südlichen dagegen ein schwarzes. Majestätisch schwimmt er auf Seen und Flüssen. Beim Gehen wirkt er eher plump. Er wird in vielen Stadtparks als Ziervogel gehalten.

Die Amsel lebt in Städten in engem Kontakt mit Menschen.

Schwertschnabel: Wie alle Kolibris, so hat auch er einen langen Schnabel, den er tief in die Blüten stecken kann, um den Nektar herauszuholen. Bei ihm ist der Schnabel allerdings so lang wie der ganze Körper.

Seeadler: Durch den Eingriff des Menschen ist er in Europa fast ausgestorben. Er hält sich in Meeresnähe auf und nistet auf Klippen oder Bäumen. Der Seeadler ernährt sich sowohl von Landtieren als auch von Fischen. Um seine Beute packen zu können, fliegt er knapp über dem Wasserspiegel und fasst sie mit den Krallen.

Seeschwalbe: Nur ungern entfernt sie sich von den angestammten Küstengebieten. Sie kann sehr gut tauchen und erspäht aus der Luft die Fische, die ihr als Mahlzeit dienen. Mit angelegten Flügeln stürzt sie hinab und spießt mit dem spitzen Schnabel ihre Beute auf.

Seetaucher: Dieser Wasservogel ist in der Arktis weit verbreitet. Er sucht seine Nahrung, indem er über dem Wasser fliegt und mit großer Geschicklichkeit dutzende von Metern tief taucht.

Die Kraniche fliegen in der für sie typischen V-Formation.

Sekretär: Dieser afrikanische Greifvogel unterscheidet sich erheblich von allen anderen: Seine Beine sind nämlich sehr lang und er jagt auf dem Boden, obwohl er auch sehr gut fliegen kann. Wenn er eine Beute erspäht hat, tötet er sie mit seinen kräftigen Krallen.

Spatz: Er hat sich an das Leben in Menschennähe angepasst. Der Spatz ernährt sich von Weizen und Krumen, die er in den Städten findet. Abends versammeln sich die Spatzen zu einer bestimmten Zeit in großer Zahl auf einem Baum und stimmen gemeinsam ihren Gesang an.

Specht: Oft sieht man ihn, wie er mit seinem Schnabel gegen Baumstämme klopft, um unter der Rinde nach Insekten zu suchen. Auch sein Nest, das

Kanarienvögel sind wegen ihres melodiösen Gesangs beliebt.

Die Schneeammer nistet inmitten der Flechten der Tundra.

von ihm äußerst sauber gehalten wird, befindet sich in einem Baumloch.

Star: Im Herbst kann man häufig riesige Schwärme von Staren beobachten. Sie scheinen am Himmel eine schwarze Wolke zu bilden, die sich als Ganzes fortbewegt. Wenn der Abend anbricht, versammeln sie sich alle auf einem Baum und verbringen dort die Nacht.

Stärling: Er bewohnt den amerikanischen Kontinent, wo er sich praktisch in jedem Lebensraum wohl fühlt. Der Stärling baut aufwändige und charakteristische Nester: Geschickt flicht er Grashalme zu großen Beuteln zusammen, die er an Baumästen aufhängt.

Steinadler: Seit Jahrhunderten findet man ihn auf Wappen, Wimpeln und Stempeln. Seine Flügelspannweite

Kanarienvögel können von Gelb bis Rosa und von Orange bis Grün variieren.

beträgt ungefähr zwei Meter. Er baut sein Nest in den hoch gelegenen Regionen auf Bäumen und unzugänglichen Felsen. Sein Jagdrevier verteidigt er verbittert: Jeder Eindringling wird angegriffen, sogar Flugzeuge!

Stelze: Ein sehr eleganter Vogel mit einem stromlinienförmigen, schwarzweißen Körper. Er nistet in der Nähe von Gewässern und stellt keine großen Ansprüche an seine Umgebung. Wenn die Bachstelze sich auf dem Boden fortbewegt, hält sie ihren Körper mit einer Auf-und-ab-Bewegung im Gleichgewicht und stützt sich auf ihren Füßen ab, was an einen Tanzschritt oder Stelzenlauf erinnert.

Steppenadler: Er hält sich in den Steppengebieten und Halbwüsten Asiens auf. Auf dem Boden fühlt er sich wohler als in der Luft. Erwachsene Tiere haben ein dunkelbraunes Federkleid, während die jüngeren sehr viel heller sind.

Stockente: Sie ist die bekannteste von

Der Eisvogel ernährt sich von Fischen, Insekten und Kaulquappen.

allen Enten. Stockenten werden wegen ihres Fleisches gezüchtet und auch als Ziervögel in Seen gehalten. Männchen und Weibchen unterscheiden sich in ihrem Aussehen stark: Das Weibchen ist gleichmäßig braun, während der Erpel einen leuchtend grünen Kopf, einen weißen Kragen und eine backsteinrote Brust hat. Körper und Flügel sind bei ihm grau, schwarz und weiß.

Storch: Dieser große, weiße Vogel legt weite Strecken zurück. Er fliegt dann in einer Flughöhe von bis zu 4500 m über der Erde. Ist es an der Zeit, zu nisten, so sucht er sich sehr hohe Stellen aus: Kirchtürme, Kamine, Bäume und Telefonmasten. Normalerweise kehrt er jedoch zum Nest des Vorjahres zurück. Der Storch ist ein stummer Vogel. Er verständigt sich, indem er laut mit dem Schnabel klappert.

Strauß: Großes afrikanisches Tier. Er kann zwar nicht fliegen, aber seinen Feinden durch schnelles Laufen ent-

Der Grünfink lebt in Wäldern und Büschen.

kommen. Seine Federn waren früher als modisches Accessoire beliebt. Heute wird er auch wegen seines Fleisches gezüchtet. Dass er bei Gefahr den Kopf im Sand versteckt, ist allerdings nur eine Legende.

Taube: Damit bezeichnet man eine Gruppe von Vögeln, die sich lediglich durch Größe und Gefieder voneinander unterscheiden: Taube, Turteltaube, Ringeltaube und Haustaube. Sie sind mit Ausnahme der Polargebiete auf der ganzen Welt vertreten. Brieftauben werden darauf abgerichtet, dass sie auch aus weiter Entfernung, immer wieder nach Hause zurückfinden: Sie überbringen seit Jahrhunderten Botschaften, die an ihren Beinen befestigt werden.

Tölpel: Er baut sein Nest auf kleinen Inseln. Den Großteil des Tages gleitet der Tölpel über dem Wasser, um nach Fischen zu suchen, die er beim Tauchen erbeutet.

Trauerschnäpper: Er gehört einer Gruppe von Vögeln an, die Fliegenschnäpper genannt werden: Sie lauern in den Baumkronen auf vorbeifliegende Insekten, die sie sich sofort schnappen.

Der Sonnenvogel hat einen roten Schnabel und bunte Federn.

Die leuchtenden Federn des Schmetterlingsastrilds sind bei Sammlern sehr beliebt.

Truthahn: Er stammt aus Nordamerika, ist aber inzwischen auf der ganzen Welt heimisch, wo er wegen seines vorzüglichen Fleisches als Haustier gehalten wird. Das Männchen hat auffällige rote Lappen, die seinen Hals schmücken.

Tukan: Tropischer Vogel mit großem Schnabel und buntem Gefieder. Er hält sich bevorzugt in den Bäumen auf und begibt sich äußerst selten auf den Boden. Zu seiner Nahrung gehören Früchte, die er nach dem Pflücken in die Luft wirft, um sie anschließend im Flug zu fangen und zu verschlingen.

Der Schnäpper fängt im Flug Insekten.

Turmfalke: Ein weit verbreiteter, kleiner Falke. Wenn er auf kleine Säugetiere und Insekten Jagd macht, schwingt er sich bis zu einer Höhe von 20–30 m in die Lüfte. Er verharrt dann wie ein Hubschrauber auf einer Stelle, um den Boden nach Beutetieren abzusuchen.

Turteltaube: Sie ist schlank und elegant. Wenn sie ihr Revier verteidigt, verhält sie sich gegenüber ihren Artgenossen aggressiv. Rivalen büßen manchmal sogar ihr Leben ein.

Vögel: Vögel sind warmblütige Wirbeltiere. Die Vorderbeine haben sich zu Flügeln entwickelt, die bei den meisten Arten zum Fliegen geeignet sind. Wie die Reptilien legen sie ebenfalls Eier. Ihr Körper ist mit Federn und Flaum bedeckt. Die Form des Hornschnabels variiert je nach Ernährungsart.

Vogelzug: Viele Vögel wie zum Beispiel Schwalben und Störche verbringen den Winter in warmen Ländern und den Sommer in kälteren Ländern. Die Reise, die sie von einem Ort zum anderen zurücklegen, nennt man Vogelzug.

Waldohreule: Dieser geräuschlos fliegende Nachtraubvogel wurde auf Grund seines strengen Aussehens und seines intelligenten Blickes zum Symbol der Weisheit erkoren.

Der Baltimore-Trupial verwendet zum Nestbau Stofffetzen.

Wanderfalke: Ein sehr schneller Greifvogel. Wenn er sich im Sturzflug auf seine Beute stürzt, kann er eine Geschwindigkeit von gut 350 km/h erreichen. Er wird seit alters her gezähmt und für die Falkenjagd abgerichtet.

Weißkopfseeadler: Er lebt in Nordamerika und hält sich bevorzugt an Küsten oder an den Ufern großer Seen und Flüsse auf. Man kann ihn aber auch im Gebirge antreffen. Da der Weißkopfseeadler sonst nirgends auf der Welt nistet, wurde er zum Wappentier der Vereinigten Staaten von Amerika.

Der Schnabel des Tukans ist zwar riesig, aber auch sehr leicht.

Wiedehopf: Sein Aussehen ist sehr auffällig: Kopf und Körper sind rötlich, während die Flügel schwarz und weiß sind. Auf dem Kopf hat er einen Federkamm, den er fächerartig öffnen kann. Der Wiedehopf sucht seine Nahrung auf dem Boden, wo er Insekten, Würmer und Spinnen jagt.

Zaunkönig: Dieser Vogel ist winzig klein und hat ein unauffälliges Federkleid. Sein Gesang hingegen ist sehr laut und kann auch aus weiter Entfernung vernommen werden.

Die Hausgans wird gemeinsam mit Hühnern und Truthähnen gehalten.

Lexikon der Reptilien und Amphibien

Reptilien

Anakonda: Sie gilt als größte Schlange und kann eine Länge von bis zu 11,4 Metern erreichen. Sie lebt in Südamerika am Ufer von Wasserläufen und ernährt sich von Tieren, die sie umschlingt und erwürgt.

Äskulapnatter: Sie ist in Europa sehr verbreitet und lebt vorzugsweise auf Bäumen oder Feldmauern. Die Äskulapnatter liebt die Sonne und ernährt sich von Vögeln, Mäusen und Ratten. Sie ist nicht giftig.

Blindschleiche: Weil sie keine Beine hat, sieht sie aus wie eine Schlange. In Wirklichkeit handelt es sich hierbei allerdings um eine kleine Echse. Ihre Haut ist stark glänzend und sie ist völlig harmlos. Sie lebt entweder im Wurzelwerk oder unter Steinen. Wenn sie Hunger hat, kriecht sie hervor, um Regenwürmer oder Insekten zu verspeisen.

Die Schlangenbeschwörer in Indien setzen bei ihren Vorstellungen die hochgiftige Kobraschlange ein. Zur Sicherheit entfernen sie allerdings ihre Giftzähne.

Boa: Sie ist eine große, ungiftige Schlange, die in den tropischen und subtropischen Gegenden Amerikas lebt. Wie der Python und die Anakonda, so erwürgt auch die Boa ihre Beute, die sie anschließend komplett, mit dem Kopf voran, verschlingt.

Die Schildkröte kann ihren Kopf, die Beine und den Schwanz sicher unter ihrem Panzer verstecken.

Brillenschlange: Sie ist der berühmteste Vertreter der Kobras und lebt in Südasien, in der Nähe von Gewässern. Ihr Gift ist sehr gefährlich. Wenn man sie bei Vorstellungen sieht, dann wurden ihr vorher die Giftzähne gezogen.

Chamäleon: Es kann zur Tarnung seine Hautfarbe der Umgebung anpassen. Seine Augen können gleichzeitig in zwei verschiedene Richtungen blicken.

Dornteufel: Diese Echse lebt in der australischen Wüste. Ihr Körper ist mit langen Dornen besetzt. Sie braucht nicht zu trinken, weil sie die Feuchtigkeit aus der Luft über die Haut aufnimmt.

Drusenkopf: Er ist der einzige Leguan, der im Meer lebt. Bei Gefahr schwimmt er schnell an Land. Seine natürlichen Feinde sind die Haie.

Echsen: Unterordnung der »Schuppenkriechtiere«. Sie sind auf der ganzen Welt verbreitet und umfassen Eidechsen, Warane, Geckos, Leguane, Chamäleons und Blindschleichen.

Eierschlange: Wie der Name schon sagt, ernährt sich diese Schlange von Eiern, die sie komplett schluckt, auch wenn sie viel größer sind als sie selbst. Sie ist nämlich in der Lage, ihr Maul weit zu dehnen.

Europäische Spitznatter: Morgens und abends liegt sie regungslos in der Sonne, während sie tagsüber auf Jagd geht. Wenn sie belästigt wird, verteidigt sie sich durch Bisse, die jedoch ungefährlich sind.

Europäische Wasserschildkröte: Sie kann bis zu 1 kg wiegen. Ihre Nistplätze befinden sich an Flussufern, wo sie im Winter eine Grube gräbt und Winterschlaf hält.

Der Biss der Korallenschlange ist tödlich. Die harmlose Milchschlange ahmt ihr Muster nach und vertreibt damit Angreifer.

Krokodilweibchen legen ihre Eier im Sand ab, der von der Sonne erwärmt wird.

Das Männchen der Smaragdeidechse nimmt zur Paarungszeit auffallende Färbungen an.

Flugdrache: Er lebt auf Bäumen, wo er sich von Ameisen ernährt. An den Seiten sind die Rippen mit einer Haut überzogen: Sie kann aufgespannt werden und Flügel bilden, die für kurze Gleitflüge geeignet sind.

Flugschlange: Sie ist in der Lage, ihren Körper stark abzuflachen. Dadurch kann sie von Baum zu Baum gleiten, was ihr ihren Namen einbrachte.

Fransenschildkröte: Eine südamerikanische Schildkröte, die Furcht erregend aussieht. Sie lauert im seichten Süßwasser, und wenn sich ein Fisch nähert, sperrt sie ihr Maul weit auf und verschlingt ihn.

Galapagos-Riesenschildkröte: Sie ist riesengroß und kann eine Länge von über einem Meter erreichen. Früher

Die Wüstenbewohner essen den Schwanz des nordafrikanischen Dornschwanzes.

wurde sie stark gejagt. Inzwischen steht sie unter dem strengen Schutz der ecuadorianischen Regierung.

Ganges-Gavial: Früher war dieses Krokodil stark verbreitet. Heute wird es von Wilderern gejagt, sodass es vom Aussterben bedroht ist.

Gecko: Er lebt in allen gemäßigten und warmen Gebieten der Erde. Er ist ein nützliches Tier, weil er sich von Insekten ernährt, die den Menschen lästig sind.

Griechische Landschildkröte: Sie hat einen recht starken und gewölbten Panzer, kann 20–30 cm lang werden und ist ein beliebtes Haustier. Aber da die Schildkröte unter Artenschutz steht, darf sie nur unter bestimmten Bedingungen gehalten werden.

Grüner Leguan: Er lebt in Mittelamerika, wo er als Delikatesse gilt. Er kann bis zu zwei Meter lang werden.

Hornviper: Sie lebt in den nordafrikanischen Sandgebieten und bewegt sich seitwärts fort. Dabei hinterlässt sie eine typische Spur.

Klapperschlange: Am Ende ihres Schwanzes sitzt die aus Hornschuppen bestehende Klapper. Wenn die Schlange Gefahr wittert oder belästigt wird, dann lässt sie die Klapper vibrieren. Dadurch entsteht ein unheimliches Gerassel.

Die Eierschlange kann Eier verschlingen, die viel größer sind als sie selbst.

Sie ist sehr aggressiv und greift bei Gefahr an.

Komodowaran: Er wird bis zu drei Meter lang. Zu seiner Nahrung gehören mittelgroße Säugetiere. Menschen greift er nicht an, es sei denn, man bedroht ihn.

Königseidechse: Sie ist sehr schlank und ein schneller Läufer, der sogar auf dem Wasser laufen kann. Diese Echsenart lebt in Mittelamerika.

Der Python ist nicht giftig – er tötet seine Beute durch Erwürgen.

Korallenschlange: Die Farben dieser Schlange sind leuchtend rot, gelb und schwarz. Ihr Gift ist tödlich.

Die Schlangenhals-Schildkröte biegt ihren Hals s-förmig, wenn sie den Kopf unter dem Panzer einzieht.

Kragenechse: Wenn diese australische Echsenart ihre Drohgebärde einnimmt, dann sieht sie sehr gefährlich aus. Sie öffnet ihren weiten Kragen wie einen Fächer und reißt dabei das Maul auf.

Kreuzotter: Eine Viper, die sehr sonnige Orte bevorzugt. Wie alle anderen Vipern, so ist auch die Kreuzotter lebend gebärend. Sie lebt in Europa und im Südwesten Asiens.

Das Leistenkrokodil kann bis zu zehn Meter lang werden.

Krokodile: Einige Arten sind klein und lediglich bis 1,5 m lang. Andere hingegen wie beispielsweise das Leistenkrokodil können eine Länge von bis zu 10 m erreichen. Ihr Körper ist mit einer dicken Haut und kräftigen Hornplatten bedeckt.

Krötenechse: Eine Leguan-Art, die in den nordamerikanischen Wüsten lebt. Ihr Körper ist mit Dornen versehen. Wenn sie angegriffen wird, gräbt sie sich blitzschnell in den Sand ein.

Diese Ceylonwühle beschützt ihre gerade abgelegten Eier.

Lederschildkröte: Es handelt sich bei ihr um eine riesige Meeresschildkröte, die bis zu 800 kg wiegen kann. Sie lebt in sämtlichen Meeren und legt ihre Eier an bestimmten Niststränden im Sand ab.

Mauereidechse: Die in Europa weit verbreitete Echse sonnt sich viele Stunden lang auf Mauern.

Die Kragenechse spreizt ihren Kragen ab, um Gegner einzuschüchtern.

Wenn sie angegriffen wird, wirft sie das Schwanzende ab und verwirrt den Räuber.

Mississippi-Alligator In Ausnahmefällen kann er eine Länge von sechs Metern erreichen. Er lebt im Südosten der Vereinigten Staaten, wo es auch viele Zuchtfarmen für diese Tierart gibt.

Mohrenkaiman: Er ähnelt dem Krokodil und lebt am Amazonas. Früher war der Mohrenkaiman stark verbreitet. Heute wird er gnadenlos gejagt und ist daher vom Aussterben bedroht.

Nilkrokodil: Während es an Land eher plump wirkt, bewegt es sich im Wasser mit äußerster Geschicklichkeit. Es kann bis zu sieben Meter lang werden.

Nilwaran: Er kann bis zu einer Stunde tauchen. Seine Eier legt er in Termitenhügeln ab, damit sie vor Räubern sicher sind.

Python: Er bewohnt die tropischen Gebiete Afrikas und Asiens und kann bis zu acht Meter lang werden. Der Python ist nicht giftig: Er umwickelt und erwürgt seine Beute. Anschließend schluckt er sie komplett.

Reptilien: Wechselwarme Wirbeltiere, deren Körper mit Schuppen bedeckt ist. Der Nachwuchs schlüpft aus Eiern, die sich bei einigen Arten bereits im Mutterleib entwickeln. In solchen Fällen

Der Gecko hält sich nachts in der Nähe von Lichtquellen auf, die Insekten anlocken.

werden die Jungtiere lebend geboren.

Ringelnatter: Diese teilweise im Wasser lebende Art ist in Europa weit verbreitet. Zur Verteidigung scheidet sie eine übel riechende Flüssigkeit aus. Ihr Biss ist für den Menschen ungefährlich.

Schlangen: Beinlose Reptilien, die auf dem Boden kriechen. Einige besitzen Giftzähne, andere töten ihre Beute, indem sie sie erwürgen.

Schlingnatter: Eine ungiftige Schlange, die sich vor allem von Eidechsen ernährt. Manchmal frisst sie aber auch andere Schlangen – sogar giftige.

Schnappschildkröte: Sie ist in den Flüssen Nordamerikas heimisch, kann geschickt schwimmen und ernährt sich von Fischen. Manchmal erbeutet sie allerdings auch Enten, Hühner und andere Haustiere des Menschen.

Das Gift der Gabun-Viper wirkt auf das Blut und das Nervenzentrum.

Der Ganges-Gavial hat eine starke Ähnlichkeit mit dem Krokodil.

Schuppen: Knochenplatten, die die Haut von Reptilien und von Fischen bedecken. Sie liegen wie Dachziegel teilweise übereinander.

Schwarze Mamba: Sie ähnelt der Kobra und kann über vier Meter lang werden. Menschen greift sie nicht an, doch wenn sie bedroht wird, beißt sie schnell zu. Ihr Gift ist tödlich.

Smaragdeidechse: Sie lebt auf Feldern in Südeuropa. Der Körper ist smaragdgrün. Beim Männchen nimmt der Hals zur Paarungszeit eine türkisfarbene Färbung an.

Trotz der bedrohlichen Erscheinung ist der Dornteufel harmlos.

Stumpfkrokodil: Mit seinen knapp zwei Metern Länge, ist es das kleinste Krokodil. Es lebt in den stark bewaldeten, feuchten Gebieten Afrikas. Menschen gegenüber verhält es sich friedfertig.

Sunda-Gavial: Dieses Krokodil hat eine sehr lange und extrem dünne Schnauze. Tagsüber wärmt es sich an der Sonne. Vor allem nachts geht es auf Fischfang.

Taipan: Er kann bis zu drei Meter lang

Der Waran ist ein sehr gefräßiges Tier, das lebende Beute bevorzugt.

werden. Es handelt sich hierbei um die giftigste Schlange. Ihr Gift wirkt auf das Atmungszentrum und auf das Blut und führt in wenigen Augenblicken zum Tod.

Tarantel: Dieses Reptil, das einem Gecko ähnelt, hat sich in den letzten 200 Millionen Jahren nicht weiterentwickelt. Es ist im Mittelmeerbecken heimisch.

Teju: In Südamerika vorkommende Echse. Die Einheimischen fürchten diesen Räuber, weil er sich in Hühnerställen über Eier und Küken hermacht.

Die Königseidechse ist so schnell, dass sie sogar auf dem Wasser laufen kann.

Unechte Karett-Schildkröte: Es kann vorkommen, dass man sie im Mittelmeer oder in anderen Meeren schwimmen sieht. Jahrzehntelang wurde sie gejagt, doch heute steht sie überall unter Schutz.

Viper: Ihr Körper ist gedrungen und der Kopf dreieckig. Die Pupille besteht aus einem senkrechten, schwarzen Schlitz. Sie ist giftig. Vor dem Menschen fürchtet sie sich allerdings. Sie beißt nur dann, wenn sie belästigt wird oder wenn man auf sie tritt.

Vipernatter: Harmlose Vertreterin der Nattern, die das Farbmuster der gemeinen Viper, einer gefährlichen Giftschlange, trägt. Dadurch kann sie potenzielle Feinde abschrecken.

Waldeidechse: Sie lebt auf pflanzenreichem Gelände. Ihre Eier öffnen sich im Mutterleib, sodass die Jungen lebend zur Welt kommen.

Weichschildkröte: Süßwasser-Schildkröte. Sie ist angriffslustig und verteidigt sich heftig gegenüber Angreifern.

Würfelnatter: Diese Natternart kann

Die Anakonda ist die größte Schlange. Sie kann selbst große Tiere komplett verschlingen.

man sehr leicht zu Hause in einem Terrarium halten. Sie vermehrt sich auch in Gefangenschaft und kann bis zu 15 Jahre alt werden.

Amphibien

Aalmolch: Dieser lange und schmale Vertreter der Amphibien erinnert beim Schwimmen an einen Aal. Er hat sehr kurze Beine mit nur zwei Zehen.

Der Körper der Großen Schildechse ist mit rauen Knochentafeln bedeckt.

Amphibien: Wirbeltiere, die aus Eiern schlüpfen und sich im Wasser ent-

Der Zwerg-Panamabaumsteiger ist ein kleiner schwarzrot gefärbter Frosch.

wickeln, wo sie mithilfe von Kiemen atmen. Wenn sie ausgewachsen sind, leben sie an Land und atmen mit Lungen. Diese Verwandlung nennt man *Metamorphose*.

Baumsalamander: Er ist schwarz und wird bis zu 20 cm lang. In den Vereinigten Staaten ist er stark verbreitet, wo er in den Wäldern lebt und sich von Regenwürmern, Schnecken und Insekten ernährt.

Blinder Texas-Salamander: Er lebt in der Dunkelheit unterirdischer Gewässer und ist blind, weil seine Augen mit Haut überzogen sind. Die Beine sind sehr dünn. Zu seiner Nahrung gehören kleine Krustentiere.

Der Kamm-Molch verbringt die meiste Zeit seines Lebens im Wasser.

Feuersalamander: Er ist in den Hügellandschaften Europas weit verbreitet. Seine Haut sondert eine Substanz ab, die Augen und Schleimhäute seiner Feinde reizt.

Frosch: Mit seinen Beinen kann er sehr weit springen. Er ernährt sich von Insekten, die er auch im Flug fängt, indem er blitzschnell seine klebrige Zunge ausrollt. Sein lautes Quaken wird durch Schallblasen noch verstärkt:

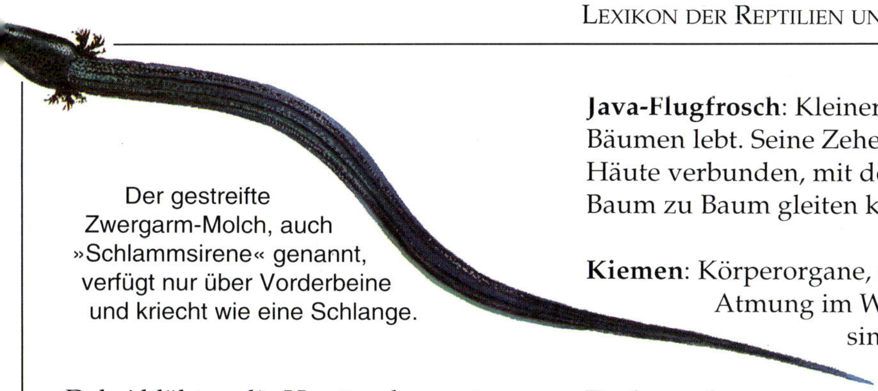

Der gestreifte Zwergarm-Molch, auch »Schlammsirene« genannt, verfügt nur über Vorderbeine und kriecht wie eine Schlange.

Dabei bläht er die Hauttaschen unter dem Mundboden auf, die als Resonanzraum dienen.

Froschlurche: Ordnung der Amphibien, die sich im Erwachsenenstadium im Aussehen stark von ihren Larven unterscheiden. Sie sind schwanzlos und haben kräftige, ausgeprägte Beine, die ausgezeichnet zum Springen geeignet sind. Zu dieser Ordnung gehören beispielsweise Frösche, Kröten und Laubfrösche.

Gemeine Erdkröte: Sie ist nachtaktiv und ernährt sich von Insekten, sodass sie als nützliches Tier gilt. Wenn man sie belästigt, sondert sie einen leicht reizenden Stoff aus.

Der Laubfrosch lebt auf Bäumen in der Nähe von Gewässern. Um sich zu tarnen, kann er seine Farbe an die Umgebung anpassen.

Grottenolm: Seine Beine sind sehr kurz. Er lebt in dunklen, unterirdischen Gewässern. Daher besitzt er einfache Augen, die mit Haut überzogen sind. Die Kiemen behält er auch im Erwachsenenstadium.

Japanischer Riesensalamander: Er kann bis zu 1,5 m lang und 25 kg schwer werden. Sein Körper ist schwarz und glänzend. Am liebsten hält er sich in Bergbächen auf, wo das Wasser klarer ist.

Java-Flugfrosch: Kleiner Frosch, der auf Bäumen lebt. Seine Zehen sind durch Häute verbunden, mit denen er von Baum zu Baum gleiten kann.

Kiemen: Körperorgane, die für die Atmung im Wasser geeignet sind. Sie sind typisch für Fische und Amphibienlarven und können den Sauerstoff, der in kleinen Mengen im Wasser enthalten ist, aufnehmen.

Laubfrosch: Hübscher, kleiner Frosch mit einem leuchtend grünen Körper.

Der Asiatische Zippelfrosch findet im Laub eine gute Tarnung.

Regungslos verharrt er auf Zweigen, wo er sich zwischen den Blättern tarnt. Am Ende seiner Zehen befinden sich Saugnäpfe, mit denen er sogar auf Glas klettern kann.

Molch: Es gibt viele Molcharten. Allen gemeinsam ist das farbenfrohe Muster der Männchen, die manchmal auch eine auffallende Flosse haben.

Olympischer Salamander: Er ist der kleinste Salamander und wird höchstens 10 cm lang. Nur zur Fortpflanzung betritt er freies Gelände.

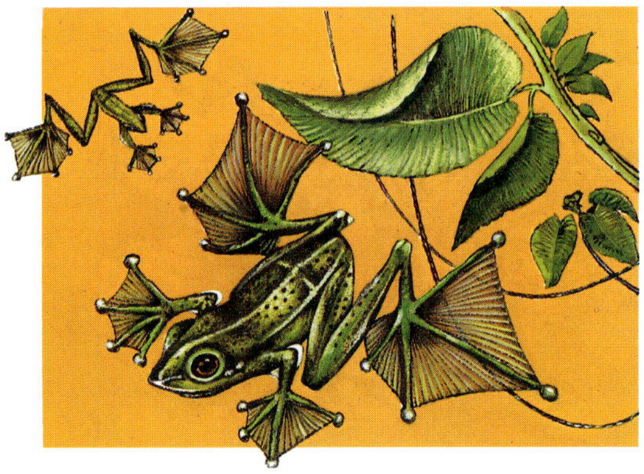

Die großen Spannhäute zwischen den Zehen des Borneo-Flugfrosches ermöglichen kurze Gleitflüge.

Zur Verteidigung scheidet der Salamander aus der Haut einen leicht reizenden Stoff aus.

Schwanzlurche: Diese Amphibienordnung umfasst Salamander und Molche, die auch im Erwachsenenstadium Merkmale aufweisen, die sie zum Schwimmen befähigen: einen Schwanz und einen verlängerten Körper.

Tigersalamander: Wenn die Umweltbedingungen ungünstig sind, vollendet diese Salamanderart die

Der Ochsenfrosch verdankt seinen Namen dem riesigen Körper und dem Ruf, der wie das Muhen einer Kuh klingt.

Metamorphose nicht, sondern behält auch im Erwachsenenalter die Gestalt und die Gewohnheiten der Larve bei.

Wabenkröte: Das Weibchen dieser Froschlurchenart trägt ihre Eier in kleinen Hauttaschen, die sich auf dem Rücken befinden. Nach drei Monaten kommen die Jungen zur Welt, die den ausgewachsenen Tieren schon exakt gleichen.

Wechselkröte: Sie ist in Europa weit verbreitet. Ihr Körper ist grau und mit grünen Flecken versehen.

Zwerg-Panamabaumsteiger: Das Männchen dieser schönen, rot gefärbten Laubfroschart, die in Mittel- und Südamerika vorkommt, trägt die neugeborenen Kaulquappen für einige Tage auf dem Rücken. Mit einer giftigen Ausscheidung beschützt er sie vor Feinden.

Lexikon der Insekten

und anderer wirbelloser Tiere

Ameise: Die Ameise lebt in sehr großen Kolonien, in denen einzelne Gruppen bestimmte Aufgaben erfüllen: Es gibt Soldaten für die Verteidigung, Arbeiterinnen für die Nahrungssuche sowie für die Pflege der Larven und der Königin, und geflügelte Männchen, die für die Fortpflanzung benötigt werden. Schließlich ist da noch die Königin, die sich auf Grund ihres Umfanges kaum bewegen kann und nur Eier legt.

Ameisenlöwe: Wenn es ausgewachsen ist, ähnelt dieses Insekt einer Libelle. Die Larve gräbt in die trockene Erde ein kegelförmiges Loch und versteckt

Der C-Falter hat auf den Flügeln einen weißen, c-förmigen Fleck.

sich darin. Sobald ein Beutetier in die Falle fällt, schnappt der Ameisenlöwe zu und verschlingt es.

Apollofalter: Er hat weiße Flügel mit kleinen schwarzen Flecken. Die Hinterflügel weisen rote Flecken mit einem schwarzen Rand und einem weißen Punkt in der Mitte auf.

Biene: Wegen ihres Honigs und des Bienenwachses wird dieses Insekt auf der ganzen Welt gezüchtet. Bienen leben in großen Völkern. Die Königin ist als Einzige fortpflanzungsfähig. Beim Hochzeitsflug fliegt sie immer höher, sodass nur das stärkste Männchen sich mit ihr paaren kann. Wenn eine Biene sticht, kann sie den Stachel wegen der Widerhaken an der Oberfläche nicht wieder aus der Haut des Opfers herausziehen. Er wird gemeinsam mit der Giftdrüse aus ihrem Leib gerissen und die Biene stirbt.

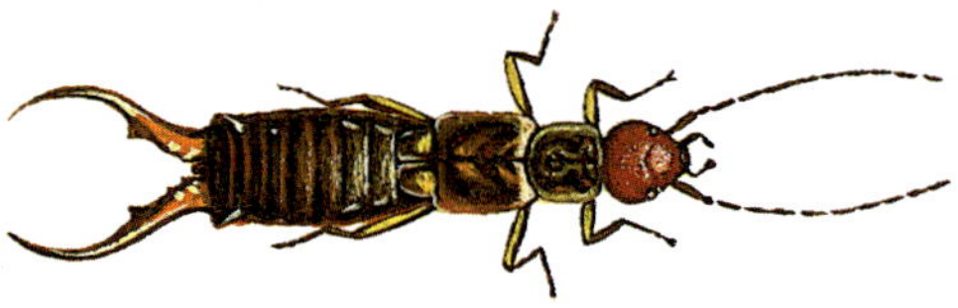

Der Ohrwurm verzieht sich im Winter in Erdlöcher.

Blattläuse: Sie sind kleiner als 1 cm. Wenn sie den Saft einer Pflanze aussaugen, stirbt diese ab. Einige Ameisen ernähren sich von den Zuckersubstanzen, die von den Blattläusen ausgeschieden werden.

Brauner Bär: Dieser Schmetterling hat braune Vorderflügel, die mit gelben

Der Goldkäfer galt bei den Mayas und Ägyptern als heilig.

Der Taubenschwanz saugt Blütennektar – ohne einmal abzusetzen.

Flecken versehen sind. Die Hinterflügel hingegen sind gelb und schwarz.

Bremse: Sie ist ein Zweiflügler und mit der Fliege verwandt. Während die Männchen Flüssigkeit und Blütennektar aufnehmen, stechen die Weibchen Tiere und Menschen.

C-Falter: Recht verbreiteter europäischer Falter. Seinen seltsamen Namen verdankt er dem silbernen C auf der Unterseite der Hinterflügel.

Distelfalter: Die Flügel dieses Schmetterlings sind ziegelrot mit schwarzen Flecken. Die Raupe ist schwarz und hat einen gelben Fleck auf dem Rücken. Sie lebt auf Brennnesseln und Disteln.

Edelfalter: Familie sehr schöner, bunter Schmetterlinge. Zu ihnen gehört der Admiral, der auf der Oberseite seiner Flügel zwei große Farbflecken trägt, die wie Augen aussehen.

Eintagsfliege: Dieses Insekt ist an Süßgewässern der ganzen Welt anzutreffen. Sie hat zwei große, durchsichti-

Schmetterlinge fliegen von einer Blüte zur anderen und bestäuben diese mit dem Pollen, der an ihrem Körper haftet.

ge Flügelpaare, die mit feinen Nerven durchzogen sind.

Floh: Sehr kleines Insekt mit schmaler Hüfte. Er hat zwar keine Flügel, doch seine Hinterbeine verhelfen ihm zu großer Sprungkraft. Flöhe saugen das Blut von Säugetieren und können somit Krankheiten übertragen.

Florfliege: Ihr wissenschaftlicher Name lautet *Chrysops*, was so viel wie »golde-

Der Titanus giganteus ist das größte Insekt, doch völlig harmlos.

ne Augen« bedeutet. Sie hat einen dünnen, grünen Körper und vier große, durchsichtige Netzflügel. Die Florfliege ist sehr nützlich, weil sich ihre Larven von Blattläusen ernähren.

Flugdeckel: Bei vielen Insekten sind die Vorderflügel umfunktioniert und zum Fliegen ungeeignet. Man bezeichnet sie als Flugdeckel. Sie bestehen aus Hornhaut und dienen im Ruhezustand als Schutz für die echten Flügel.

Die Schwebfliege ähnelt ein wenig einer Wespe, hat aber keinen Stachel.

Gelbrandkäfer: Wasserkäfer, der sehr gefräßig ist und sich von den Larven anderer Insekten, aber auch von Fischen und Kaulquappen ernährt. Seine beiden Hinterbeine haben sich zu Ruderfüßen entwickelt.

Dieser Zigarrenwickler schimmert goldfarben. Es gibt auch welche mit anderer Färbung.

Glühwürmchen: Die Männchen dieser Käferart verfügen über Flügel und fliegen nachts aus. Die Weibchen sind hingegen flügellos und leben daher auf dem Boden. Das Licht, das sowohl Männchen als auch Weibchen ausstrahlen, entsteht durch einen besonderen chemischen Stoff, dem Luciferin, das durch ein Enzym, der Luciferase, oxydiert wird.

Die Hummel baut für ihre Larven unterirdische Nester, die auch als Vorratskammern dienen.

Goldfliege: Die Larven dieser Fliegenart sind Schmarotzer: Sie dringen unter die Haut ihres Wirtes und nisten sich dort ein. Da sie sich vor allem von krankem Gewebe ernähren, tragen sie zur Heilung von Wunden bei.

Goldkäfer: Er hat eine leuchtend goldgrüne Farbe und ernährt sich vom Pflanzensaft der Bäume, von Nektar oder von Knospen.

Goliathkäfer: Seinen Namen bekam er in Anlehnung an den Riesen aus dem Alten Testament, denn er kann bis zu 17 cm groß werden. Tagsüber hält er sich im morschen Holz versteckt, während er nachts auf dem Boden umherwandert oder schwerfällig fliegt.

Gottesanbeterin: Diese Fangschrecke verdankt ihren Namen der sonderbaren Stellung ihrer Vorderbeine, die sie zusammenfaltet, als würde sie beten. Ihre Beute schnappt sie sich blitzschnell mit ihren Beinen und verschlingt sie gierig. Das Männchen ereilt unmittelbar nach der Paarung meist dasselbe Schicksal.

Angler halten den Regenwurm für einen der besten Köder.

Großer Schillerfalter: Großer, auffallender europäischer Schmetterling. Seine schwarzen Flügel schimmern violett und zeigen zudem weiße Flecken und Streifen. Die Hinterflügel sind mit zwei schwarz umrandeten, roten Flecken versehen.

Hautflügler: Ordnung der Insekten mit Hautflügeln. Dazu gehören Ameisen, Hummeln und Bienen, die wegen ihrer Erzeugnisse für den Menschen nützlich sind. Außerdem bestäuben sie Blüten und vertilgen schädliche Insekten.

Heldbock: Seine Körperlänge beträgt nur 5 cm, aber seine Fühler sind fast doppelt so lang. Die Weibchen legen ihre Eier in die Ritzen lebender Bäume und die Larven verursachen große Schäden.

Der Zitronenfalter verdankt seinen Namen der gelben Farbe seiner Flügel.

Das Indische Blatt hat auf den Oberseiten seiner Flügel ein wunderschönes Farbmuster.

Heuschrecke: Es gibt sehr kleine Arten und auch solche, die über 15 cm lang sind. Einige Heuschrecken versammeln sich zu Schwärmen, die aus Millionen von Einzeltieren bestehen können. Sie verzehren und zerstören sämtliche Pflanzen, die ihnen in den Weg kommen.

Holzwurm: Dieser kleine, zylinderförmige Käfer kann sich von verschiedenen pflanzlichen Stoffen ernähren. Er bevorzugt aber Holz, vor allem wenn es abgelagert ist.

Der Totengräber vergräbt tote Tierchen und füttert seine Larven damit.

Hummel: Auch sie verfügt über einen Stachel. Sie fliegt von einer Blüte zur anderen und saugt daraus Nektar. Normalerweise baut sie ein unterirdisches Nest.

Indisches Blatt: Es ist in der Himalaja-Region und in Zentralchina beheimatet. Wenn es seine Flügel aufspannt, kommen im oberen Teil wunderschöne Farben zum Vorschein. Wenn es hingegen die Flügel zusammenklappt, kann man es vom trockenen Laub kaum unterscheiden.

Insekten: Es handelt sich um wirbellose Tiere, die also keine Wirbelsäule haben. Ihr Körper gliedert sich in drei Abschnitte: Kopf, Brust und Hinterleib. Sie haben zwei Fühler und sechs Beine. Bei einigen fehlen die Flügel; andere haben zwei und wiederum andere vier. Sie schlüpfen aus Eiern und durchlaufen eine Verwandlung, bevor sie ihr endgültiges Aussehen erlangen *(Metamorphose)*.

Käfer: Die zahlenmäßig größte Ordnung von Insekten. Die meisten von ihnen leben an Land, manche jedoch auch im Wasser. Sie haben vier Flügel, wobei das vordere Flügelpaar die flugfähigen Hinterflügel umhüllt (Flügeldeckel).

Kartoffelkäfer: Er ist eines der schädlichsten Insekten für den Menschen, weil er sich von Kartoffelblättern ernährt. Ursprünglich stammt er aus Nordamerika; im 19. Jahrhundert kam er nach Europa.

In manchen Ländern gilt die Schnecke als Delikatesse.

Kopflaus: Sehr kleiner und äußerst lästiger Schmarotzer. Sie nistet sich in den Haaren ein und saugt das Blut ihres Wirtes. Läuse sind für viele Krankheiten verantwortlich und übertragen unter Umständen auch Krankheiten von einem Wirt zum anderen.

Der Blatthornkäfer ist ein sonderbarer Käfer, dessen Fühler in Fächern enden.

Gegen Flöhe, die Haustiere befallen, gibt es spezielle Halsbänder.

Larve: Erstes Stadium bei der Verwandlung *(Metamorphose)* eines Insekts. In dieser Phase hat das Tier schon ein eigenständiges Leben: Es nimmt Nahrung auf und wächst. Im Aussehen unterscheidet sich die Larve meist stark von den erwachsenen Artgenossen.

Lepidoptera: Ordnung von Insekten, die man gewöhnlich Schmetterlinge nennt. Ihre Flügel sind in der Regel mit kleinen bunten Schuppen bedeckt.

Widderchen sind träge und können daher leicht gefangen werden.

Libelle: Insekt, das in der Nähe von Gewässern lebt. Sie hat zwei große Flügelpaare, die es ihr ermöglichen, schnell zu fliegen oder einfach in der Luft zu schwirren.

Maikäfer: Früher war er in Europa weit verbreitet. Wenn er ausgewachsen ist, ernährt er sich von den Blättern der

Wenn der Tausendfüßer ruht, dann rollt er sich zu einer Spirale zusammen.

Bäume. Die Larven, die unterirdisch leben, fressen hingegen von den Wurzeln.

Marienkäfer: Dies ist ein sehr nützliches Insekt. Er ernährt sich nämlich von Blattläusen, die unter anderem auch Rosen befallen.

Maulwurfsgrille: Wie der Name schon sagt, lebt dieses Insekt unter der Erde. Dort gräbt sie mit ihren kräftigen Vorderbeinen lange Gänge. Die Larven entwickeln sich unterirdisch, wo sie sich von Wurzeln und anderen Pflanzenteilen ernähren.

Metamorphose: Eine Reihe von Verwandlungsstadien, die einige Tiere durchlaufen, bevor sie ihre endgültige Gestalt annehmen. Aus den Eiern der Insekten schlüpfen Larven. Diese umhüllen sich mit einer verhärteten Schale, die sie in vielen Fällen am Bewegen hindert. So werden sie zu Puppen. In dieser Phase finden die Verwandlungen statt, aus denen die endgültigen Insekten hervorgehen.

Mistkäfer: Er ist 2–3 cm lang und formt Mist zu einer Kugel, die er mit den

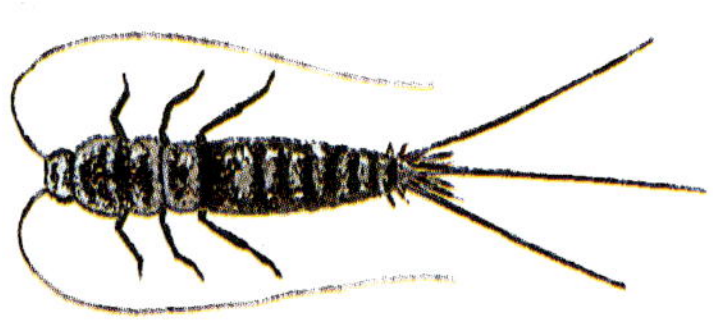

Es kann vorkommen, dass man in alten Büchern Silberfischchen findet.

Hinterbeinen vor sich her rollt.

Motte: In Wohnungen findet man oft die Kleider- oder Pelzmotte, die sich von Wollgeweben oder Pelzen ernährt. Eine andere Mottenart, die Dörrobstmotte, ernährt sich von Mehl und Getreideprodukten.

Ordensband: 7 cm großer Nachtfalter. Bei Tag dient die gräuliche Farbe der Vorderflügel als Tarnung auf Baumstämmen. Wenn man ihn stört, fliegt er schnell davon und das leuchtende Rot seiner Hinterflügel wird sichtbar.

Puppe: Stadium bei der Metamorphose eines Insektes, bei dem sich die Larve in eine starre Schutzhülle einschließt. Darin findet ihre endgültige Verwandlung statt. Die Puppe wird auch *Chrysalis* oder Nymphe genannt.

Apollofalter lieben das frische Bergklima.

Raupe: Larve des Schmetterlings

Regenwurm: Erdwurm. Sein Körper ist stark verlängert und besteht aus vielen Ringen, den so genannten *Metameren*. Er lebt unter der Erde. Wenn er zweigeteilt wird, wächst sein Hinterleib wieder nach.

Ringelwürmer: Lang gestreckte wirbellose Tiere. Der Körper besteht aus Ringen *(Metamere)*, die einander, sowohl äußerlich als auch innerlich, ähneln.

Rüsselkäfer: Er ist auf der ganzen Welt verbreitet und kann unterschiedlich groß sein. Sein Kopf ist stark verlängert und bildet eine Art Rüssel. Er ernährt sich von Blättern und ist daher für die Landwirtschaft sehr schädlich.

Saftkugler: Dieses kleine Tier ist mit dem Tausendfüßer verwandt und in Feuchtgebieten verbreitet. Oft findet man ihn auch unter Kieselsteinen. Wenn man ihn belästigt, rollt er sich ein, damit der Angreifer nirgends zupacken kann.

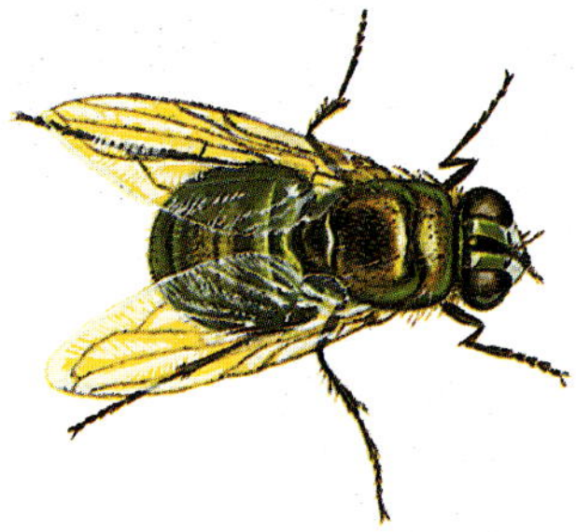

Die Goldfliege verdankt ihren Namen ihrem grüngolden glänzenden Körper.

Schabe: Dank ihres stark abgeflachten Körpers kann sie sich auch in sehr feinen Ritzen verstecken. Sie ist fast auf der ganzen Welt vertreten.

Scheckenfalter: Es handelt sich um einen nicht sehr auffälligen Schmetterling. Die Flügel sind braun mit weißer und orangefarbener Zeichnung, die jedoch von Art zu Art variieren kann.

Schmetterlinge: s. *Lepidoptera*

Schnecke: Es handelt sich um einen Bauchfüßer, also um ein beinloses Tier, das mithilfe eines Muskelorgans, dem so genannten Fuß, kriecht und dabei einen schleimigen Stoff absondert. Wenn man sie stört, zieht sie sich in ihr Schneckenhaus zurück. Auf der

Der Kaffeebohnen-Käfer ähnelt dem Holzwurm, der in Balken oder Möbeln lange Gänge gräbt.

Vorderseite ihres Kopfes befinden sich vier einziehbare Fühler: Zwei von ihnen tragen ihre Augen.

Schwalbenschwanz: Europäischer Schmetterling. Er hat leuchtend gelbe Flügel mit schwarzer Zeichnung und ein schwarz umrandetes, blau bestäubtes Band am Rand. An den Hinterflügeln fallen die Schwanzfortsätze und jeweils ein roter Fleck auf.

Schwebfliege: Diese niedliche Fliege ist für den Menschen harmlos. Sie ist ihm sogar nützlich, weil sie sich von Blattläusen ernährt. Die Schwebfliege ähnelt der Biene und der Wespe, doch sie hat keinen Stachel.

Seidenraupe: Neben der Biene gehört dieser Nachtfalter zu den am meisten vom Mensch gezüchteten Insekten. Diese Raupe produziert nämlich Seide, das wertvollste Garn für unsere Textilien. Die Larven ernähren sich von Maulbeerbaum-Blättern und bauen einen Kokon. Das ist eine Hülle, die aus einem sehr feinen Seidenfaden besteht.

Zur Familie der Edelfalter gehört auch der wunderschöne Callicora.

Silberfischchen: Kleines, flügelloses, silbernes und harmloses Insekt. Es lebt unter der Baumrinde oder unter Steinen im Wald.

Skorpion: Er ist kein Insekt, sondern ein Spinnentier und somit mit der Spinne verwandt. Der Nachwuchs kommt lebend zur Welt und wird für eine gewisse Zeit auf dem Rücken der Mutter getragen. Dort nehmen die Jungen eine Drüsenausscheidung der Mutter auf: Sie werden also gewissermaßen gesäugt. Der Skorpion ist giftig und sein Stich verursacht große Schmerzen.

Spanner: Dämmerungsaktive Falter. Die Fortbewegungsweise der Raupe ist außergewöhnlich: Es scheint als würde sie den Weg, den sie beschreitet, in »Spannen« abmessen. Daher werden die Mitglieder dieser Familie als Spanner bezeichnet.

Spinne: Sie ist kein Insekt, sondern ein Spinnentier. Obwohl sie für den Menschen kaum oder überhaupt nicht gefährlich ist, erregt dieses achtbeinige Tierchen große und unbegründete Angst. Oft ist die Spinne sogar sehr nützlich, weil sie viele schädliche und gefährliche Insekten fängt.

Im Sommer kann man im Garten leicht Goldkäfer auf den Rosen finden.

Spinnentiere: Klasse von Gliederfüßern, die überwiegend an Land leben und acht Beine haben. Zu ihnen gehören Spinnen, Skorpione und Milben.

Stabheuschrecke: Ihr stabförmiger Körper erlaubt es ihr, sich in Büschen bestens zu tarnen. Sie sieht wie ein trockenes Ästchen aus und wird nicht erkannt, wenn sie sich ruhig verhält. Stabheuschrecken vermehren sich sehr schnell und richten große Schäden an.

Stechmücke: Nur die Weibchen saugen das Blut von Menschen und anderen Tieren. Sie benötigen es, damit sich die Eier entwickeln können. Die Larven wachsen an stehenden Gewässern heran. Sie sind klein und hakenförmig.

Stubenfliege: Dieser Zweiflügler ist auf der ganzen Welt vertreten, Polargebiete ausgenommen. Die Larven haben weder Beine noch Fühler. Sie kriechen wie Würmer und ernähren sich von verwesenden Stoffen. Das erwachsene Insekt ernährt sich vor allem von feuchter Nahrung.

Der Schwalbenschwanz hat auf den Hinterflügeln zwei Schwanzfortsätze.

Tagpfauenauge: Aus einer sehr hässlichen und haarigen, schwarzen Raupe entwickelt sich einer der schönsten europäischen Schmetterlinge. Die Flügeloberfläche ist außerordentlich bunt mit leuchtenden Augenflecken.

Tarnung: So wie Soldaten grünbraune Tarnanzüge tragen, um nicht aufzufallen, nehmen auch viele Tiere Formen und Farben an, die ihnen in ihrer Umgebung Tarnung bieten. Andere hingegen ahmen die Muster gefährlicher Tiere nach, obwohl sie selber harmlos sind. So fürchten wir uns zum Beispiel vor der harmlosen Schwebfliege, weil sie der Biene ähnelt. Im Unterschied zu ihr kann sie aber nicht stechen.

Taubenschwanz: Der wissenschaftliche Name *(Macroglossum)* dieses Falters bedeutet »große Zunge«. Er hat einen gedrungenen Körper und erreicht eine Fluggeschwindigkeit von über 50 km/h. Er kann aber auch wie ein Hubschrauber in der Luft stehen bleiben.

Die Schabe nistet sich oft in alten Häusern ein.

Taufliege: Sie ist nur zwei bis drei Millimeter groß und wird auch Obstfliege genannt. Man verwendet sie für genetische Studien, bei denen man die Übertragung von Erbeigenschaften von den Eltern auf die Kinder untersucht.

Tausendfüßer: In Wirklichkeit hat er nicht tausend Füße, doch 400 können es

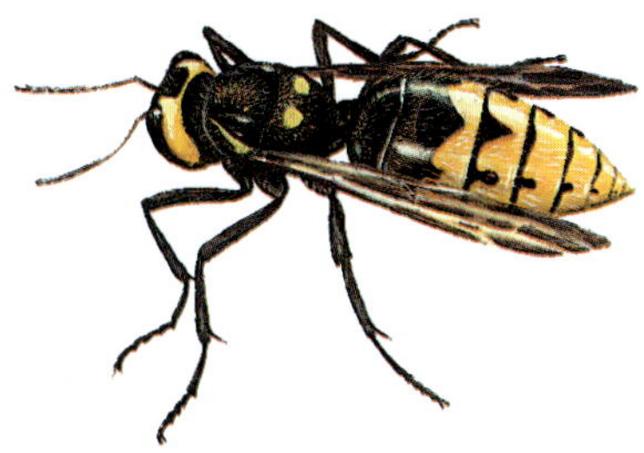

Vorsicht vor der Wespe! Ihr Stich ist sehr schmerzhaft.

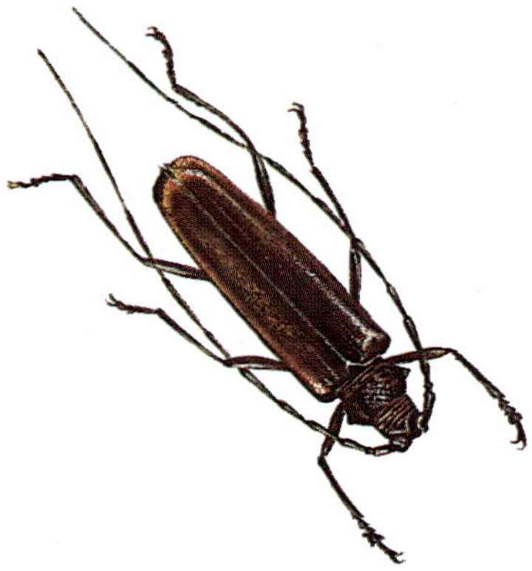

Die Fühler des Heldbocks können bis zu 10 cm lang sein.

schon sein! Er versteckt sich an dunklen, feuchten Stellen und ernährt sich von verwesenden Pflanzen.

Termite: Dieses Insekt lebt in sehr großen Kolonien, in denen die Einzeltiere unterschiedliche Aufgaben übernehmen: Die Königin ist das einzige fruchtbare Weibchen. Sie wird so dick, dass sie sich nicht mehr bewegen kann.

Titanus giganteus: Die Titanen waren Riesen aus der griechischen Mythologie und dies ist der Riese unter den Insekten. Er lebt in den Wäldern Brasiliens und Guyanas und ernährt sich von Pflanzen.

Totengräber: Der hässliche Namen dieses Insekts ist gerechtfertigt, denn es ernährt sich von Aas.

Das Wiener Nachtpfauenauge hat auf seinen Flügeln zwei Flecken, die wie Schlangenaugen aussehen.

Tsetse-Fliege: Afrikanisches Insekt, das die tödliche Schlafkrankheit übertragen kann.

Weinhähnchen: In Sommernächten kann man auf dem Land das typische Zirp-Zirp des Weinhähnchens vernehmen. Es handelt sich um die Serenade, mit der das Männchen ein Weibchen anlocken möchte. Das Weinhähnchen lebt auf blühenden Pflanzen.

Wespe: Wespen verfügen über einen Stachel und verursachen mit ihrem Gift starke Schmerzen. Sie bauen Nester und ernähren sich von zuckerhaltigen Stoffen wie beispielsweise Blütennektar und Fruchtsaft.

Widderchen: Von diesem Schmetterling gibt es verschiedene Variationen. Manche davon sind nachtaktiv, andere wiederum tagaktiv. Letztere haben einen gedrungenen und schweren Körper, graue Vorderflügel mit roten Flecken und rote Hinterflügel mit schwarzem Rand.

Wiener Nachtpfauenauge: Dieser Nachtfalter ist in Nordafrika, Kleinasien und Europa vertreten. Seine Flügelspannweite beträgt 14–16 cm.

Wollschweber: Sonderbare Fliege mit gedrungenem, haarigem Körper, die für den Menschen harmlos ist. Ihre Larven dringen in die Nester anderer Insekten

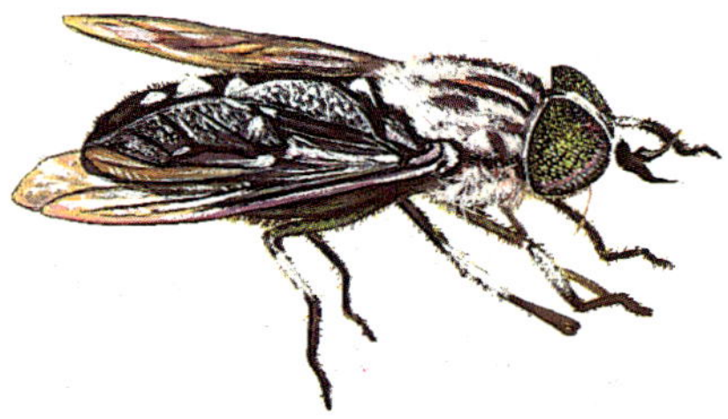

Die Bremse saugt im Sommer das Blut von Menschen und Tieren.

wie z.B. Wespen ein. Sie ernähren sich zunächst von den Vorräten, die für die Larven bestimmt waren, und dann von den Larven selbst.

Zahnspinner: Dieser Nachtfalter hat einen gedrungenen Körper und unscheinbare Farben. Wenn die Larve von einem Feind gestört wird, verharrt sie zunächst regungslos, um unbemerkt zu bleiben. Wenn sich der Feind nicht abwendet, hebt sie den Kopf und bewegt heftig ihre Vorderbeine, um gefährlich zu erscheinen.

Zigarrenwickler: Dieser Käfer verdankt seinen Namen der Angewohnheit, Blätter zigarrenförmig aufzurollen und als Unterschlupf zu verwenden. Er sieht recht lustig aus, denn er hat einen merkwürdigen Auswuchs, der einer Riesennase ähnelt.

Die Zahnspinner-Larve hat am Hinterleib einen Schuppenzahn.

Zikade: An warmen Sommertagen kann man das Zirpen der männlichen Zikaden vernehmen, die ihren Liebesgesang aussenden. Der typische Klang wird durch das Reiben zweier Membranen erzeugt, die man Schalldeckel nennt. Am Bauch befinden sich zwei Vertiefungen, die den Klang verstärken, ähnlich wie die Resonanzböden von Gitarren oder Geigen.

Zitronenfalter: Blassgelber Falter, der in Europa sehr verbreitet ist. Manchmal kann man beobachten, wie sich mehrere von ihnen an einem Brunnen versammeln und dort trinken.

Zweiflügler: Ordnung der Insekten, die in der Regel an Land leben und zu denen Fliegen und Stechmücken gehören. Sie haben nur ein Flügelpaar und ihre Mundwerkzeuge sind saugend oder stechend-saugend. Einige von ihnen übertragen schlimme Krankheiten wie z. B. Gelbfieber, Malaria oder die Schlafkrankheit.

Das Ordensband wird vom Licht angezogen und ist oft in Wohnungen anzutreffen.

Im Ameisenhaufen erfüllt jede Ameise eine bestimmte Aufgabe.

Lexikon der Ökologie

Anpassung: Vorgang, bei dem Lebewesen Veränderungen vollziehen, um sich den jeweiligen Umweltbedingungen anzupassen, oder umgekehrt, Veränderungen der Umwelt, um den Anforderungen der Lebewesen zu genügen. Man sagt zum Beispiel, dass sich ein Delfin an das Meer angepasst hat oder dass der Mensch die Kuh angepasst hat, die ursprünglich ein wildes Tier war, das in Wäldern lebte. Jetzt liefert sie dem Menschen als Nutztier Milch und Fleisch.

Wasser ist ein wertvolles Gut, das man nicht verschwenden darf.

Anthropomorphismus: Die Neigung, Tieren menschliche Eigenschaften oder Gedanken zuzuschreiben. Dabei sind Tiere ganz und gar nicht menschlich, sondern verfügen über eigene Eigenschaften und geistige Vorgänge.

Anthropozentrisch: Alles, was sich auf den Menschen, als zentrales und vorrangiges Element des Universums, bezieht.

Aussterben: Dies ist ein recht normaler Vorgang bei Lebewesen. Er beruht auf mangelnder Anpassung der Lebewesen an veränderte Umweltbedingungen. An sich handelt es sich also nicht um einen negativen Vorgang. Er wird es allerdings, wenn die Ursachen für das Aussterben nicht an natürliche Gegebenheiten gebunden sind, sondern an plötzliche, unkontrollierte Eingriffe des Menschen wie beispielsweise Umweltverschmutzung, Jagd oder die Zerstörung der Wälder.

Biodynamisch: Anbaumethode, die auf dem Prinzip beruht, dass Lebewesen bestimmten Zyklen wie beispielsweise Mondphasen oder Jahreszeiten unterstehen. Mit dieser Methode ist es möglich, die guten Eigenschaften der Pflanzen zu begünstigen und zugleich die Wahrscheinlichkeit eines Schädlingsbefalles auf natürliche Weise zu verringern.

Bio-Energie: Damit meint man alle jene Energieformen, die man durch Verbrennen von Stoffen wie beispielsweise Holz oder Torf erhält. Es handelt sich um eine sehr einfache Form der Energiegewinnung, die allerdings noch in vielen Teilen der Welt praktiziert wird. Die Verwendung großer Holzmengen führte zur Rodung großer Teile Asiens und Afrikas und ist die Ursache für das Aussterben vieler Tierarten.

Obst wird oft mit Schädlingsbekämpfungsmitteln behandelt: Vor dem Essen muss man es daher gut waschen.

Der Panda ist das Symbol des WWF (World Wide Fund of Nature).

Biologisch: Alles, was mit dem Leben zu tun hat. In der Umgangssprache verwendet man diesen Begriff für landwirtschaftliche Erzeugnisse, die mit natürlichen Methoden und ohne den Einsatz von Kunstdüngern und Schädlingsbekämpfungsmitteln angebaut werden.

Biologische Schädlingsbekämpfung: Sie findet alternativ zu den Schädlingsvertilgungsmitteln Einsatz. Um Lebewesen zu vernichten, die für Krankheiten oder die Zerstörung des Anbaus

Der biologische Anbau basiert auf natürlichen, landwirtschaftlichen Anbaumethoden. Auf Kunstdünger und Schädlingsvertilgungsmittel wird hierbei verzichtet.

verantwortlich sind, verwendet man andere Lebewesen, die sie – oft ganz gezielt – angreifen. So lassen sich beispielsweise Schäden von Insekten, die sich in Baumschulen vom Holz ernähren, dadurch vermeiden, dass man Vogelhäuser aufstellt: Somit wird die Vermehrung Insekten fressender Vögel begünstigt.

Viele meeresbewohnende Tierarten sind durch die Wasserverschmutzung ausgestorben.

Biosphäre: Ein sehr kleiner Teil der Erdkruste und Erdatmosphäre, in dem sich Leben entwickeln kann.

Biozentrisch: Haltung, die das Leben in den Mittelpunkt stellt und es als Ziel oder als Ausgangspunkt betrachtet.

Chemie: Diese Wissenschaft beschäftigt sich mit den Eigenschaften und der Struktur aller Stoffe, sowohl natürlichen als auch künstlichen Ursprungs, organischer als auch anorganischer Substanzen. Im Wortgebrauch der Umweltschützer hat das Adjektiv »chemisch« eine negative Bedeutung und ist gleichgesetzt mit »künstlich«, also nicht im Einklang mit den Gesetzen der Natur.

China-Syndrom: Angst vor einer Nuklearkatastrophe. Der Begriff ist vom Titel eines amerikanischen Spielfilmes

Durch die Wiederverwertung von Papier können Bäume gerettet werden.

aus dem Jahre 1979 abgeleitet, in dem eine Atomkatastrophe beschrieben wird, die sich in den Vereinigten Staaten ereignet und bis nach China auswirkt.

DDT: Wirkungsvolles Insektenvertilgungsmittel, das allerdings hochgiftig ist. Es wurde über viele Jahre verwendet, um Stechmücken auszurotten, die für die Übertragung des Malaria-Erregers verantwortlich sind. Dabei ließ man jedoch außer Acht, dass es sowohl für die Gesundheit des Menschen als auch für die Umwelt höchst schädlich war. Ende der Sechzigerjahre wurde der Einsatz in Nordamerika und Europa – mit erheblicher Verspätung – verboten. DDT wird noch in vielen Ländern der Dritten Welt eingesetzt.

Dritte Welt: Alle Länder, die noch kein mit Europa oder Nordamerika vergleichbares Wohlstandsniveau erreicht haben. Meistens handelt es sich um Länder, in denen die Menschen gerade mal das Notwendigste zum Überleben erwirtschaften, oft noch vor Hunger sterben und das schulische Bildungsniveau sehr niedrig ist.

Das Fahrrad ist ein umweltfreundliches Transportmittel, weil es keine Abgase ausstößt.

Entwicklungsmodell: Projekt, das jede menschliche Gesellschaft, bewusst oder unbewusst, hervorbringt und befolgt. Es bezieht alle Gebiete mit ein – von der Technologie bis zur Moral. Damit es über kurz oder lang erfolgreich verläuft, ist es wichtig, dass es darauf ausgerichtet ist, das Leben in all seinen Formen zu respektieren.

Erneuerbar: Alles, was wieder verwendet werden kann. So sollten alle vom Menschen verwendeten Energieformen sein.

Eutrophierung: Die natürliche Nährstoffzunahme eines Gewässers, die es benötigt, damit lebensnotwendige Funktionen der darin wohnenden Organismen erfolgen können. Wenn es zu einer organischen Verschmutzung kommt, kann dieser Vorgang dazu führen, dass einige Arten, zum Nachteil anderer, die Oberhand gewinnen.

Fahrrad: Das umweltfreundlichste Beförderungsmittel: Es stößt keine Abgase aus, es verursacht keinen Schmutz, es bedarf keiner breiten Straßen, ist viele Jahre haltbar, kann leicht repariert werden und schließlich: Das Radfahren tut dem Körper gut.

FCKW: Das ist die Abkürzung für Fluorchlorkohlenwasserstoffe (künstliche Stoffe, die in unterschiedlicher Form in der Industrie Einsatz finden). Sie sind in erster Linie für die Zerstörung der Ozonschicht, die die Atmosphäre umhüllt, verantwortlich und sie tragen zur Vergrößerung des »Ozonlochs« bei.

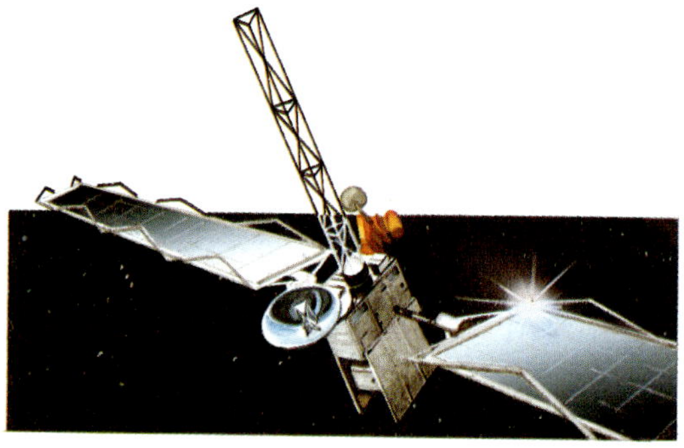

Dieser künstliche Satellit wird durch Zellen betrieben, die Sonnenenergie nutzen.

Fossile Brennstoffe: Stoffe, die vor Urzeiten aus organischem Material in unterirdischen Ablagerungen entstanden sind und die beim Verbrennen Energie entwickeln. Dazu gehören Erdöl, Kohle und Methangas.

Fossile Energie: Man erhält sie, indem man fossile Brennstoffe, also Erdöl, Kohle und Methangas, verbrennt. Im Gegensatz zur Wind-, Sonnen-, Wasser- und der geothermischen Energie handelt es sich hierbei um eine nicht erneuerbare Energieform, weil sie unweigerlich aufgebraucht wird.

Gaia: Alte griechische Bezeichnung, die so viel wie »Mutter Erde« bedeutet. Einer Hypothese der jüngeren Zeit zufolge, handelt es sich bei der Erde um einen einzelnen, riesigen lebenden Organismus, der in der Lage ist, bewusst auf alle Anregungen, die von seinen Einwohnern und von außen auf ihn einwirken, zu reagieren.

Geothermische Energie: Diese Energieform ist vorerst nur theoretisch vom Menschen nutzbar. Man könnte sie von der Wärme erhalten, die vom Magma unterhalb der Erdkruste freigesetzt wird. Vorerst wird sie noch nicht verwendet, weil die Nutzung zu schwierig und kostspielig ist.

Gesundheit: Fehlen von Krankheiten. Sie rührt vor allem von der Möglichkeit her, in einer nicht verschmutzten

Mithilfe von Chlorophyll verwandeln Pflanzen das Sonnenlicht in Energie.

Umwelt zu leben, entsprechend einem Entwicklungsmodell, welches das Leben respektiert.

Global: Den gesamten Globus, also die ganze Erde betreffend.

Greenpeace: Umweltschutzorganisation, die in den Siebzigerjahren entstanden ist. Bekannt wurde sie durch ihre oft spektakulären Protestaktionen wie beispielsweise die Besetzung von Gebieten, die für Atombombentests vorgesehen waren. Nicht zuletzt deswegen werden die aktivsten Mitglieder auch »Regenbogenkrieger« genannt.

Grüne: All jene, die den ökologischen Gedanken befolgen und umsetzen, bzw. die Anhänger der politischen Bewegung, die Ende der Siebzigerjahre entstand und die das Ideal einer tragbaren Entwicklung verfolgt.

Humus: Schicht abgestorbener Blätter, die den Waldboden bedeckt. Viele Lebewesen, die für den Verwesungsvorgang zuständig sind (Bakterien, Pilze, kleine Wirbellose) halten sich dort auf und sind Teil eines komplexen Miniatur-Nahrungsnetzes.

Kernenergie: So heißt die Energie, die aus einer tief greifenden Verwandlung der Materie hervorgeht. Man erhält sie aus dem Uran, einem radioaktiven Element, das beim Zerfall radioaktive Teilchen, Wärme und Neutronen produziert. Diese stoßen wiederum auf andere Uranatome, die ebenso zerfallen und eine gewaltige Kettenreaktion auslösen. Es handelt sich um eine scheinbar saubere Energieform (man sieht keine Rauchwolken oder Kohleberge). Tatsächlich ist sie jedoch gefährlich, und zwar auf Grund des Unfallrisikos, der Strahlung, die in den Gebieten um Kernkraftwerke freigesetzt wird, und auf Grund der Schwierigkeit, die Rückstände, die noch tausende von Jahren radioaktiv bleiben, zu entsorgen.

Klima: Die Gesamtheit der Wetterverhältnisse (Wind, Regen, Schnee, Temperatur usw.), die durchschnittlich in einem bestimmten Gebiet der Erde vorherrscht.

Windenergie wird durch große Propeller produziert, die Turbinen antreiben.

Kompost: Mischung aus Mist und organischem Dünger, denen Erde zugegeben wird.

Kompostierung: Abfallbehandlung, bei der organische Komponenten ausgesondert werden, die man anschließend mit Erde vermischt, um Kompost zu erhalten.

Konservierung: Jede Handlung, die das Ziel verfolgt, eine Art oder einen Lebensraum zu erhalten und somit vor der Zerstörung zu bewahren.

Konsumdenken: Lebensphilosophie, die auf dem Bedürfnis des Marktes beruht, ständig zu verkaufen, um Geld zu erwirtschaften. Durch Anreize, die von der Werbung ausgehen, schafft man bei den Käufern bzw. Verbrauchern Scheinbedürfnisse, die sie veranlassen unnötige Waren in übertriebenen Mengen zu kaufen.

Plastik, Glas und Aluminium können wieder verwertet (recycelt) werden. Dazu trennt man die Abfälle nach dem Material, aus dem sie zusammengesetzt sind.

Kultur: Mit diesem Begriff umfasst man jeden Aspekt der menschlichen Kulturen. So kann man beispielsweise von ägyptischer, römischer, industrieller Kultur sprechen, aber auch von Indianerkultur, Eskimokultur oder Kultur der australischen Aborigines.

Künstlich: All das, was man in der Natur nicht vorfindet. Kurzum alles, was vom Menschen hergestellt wird.

Müll: Abfallprodukte, die durch den Menschen entstehen.

Mutter Erde: Diese Bezeichnung wird dann verwendet, wenn man die besondere Beziehung hervorheben möchte, die jedes Lebewesen – Mensch inbegriffen – mit seinem Planeten verbindet und die der Beziehung zwischen Mutter und Kind gleicht.

Nahrungskette: Damit verdeutlicht man den Energiefluss innerhalb eines Ökosystems. Man beginnt beim untersten Kettenglied, den Pflanzen (Primärerzeuger), geht dann zum Glied der Pflanzenfresser über (Erstnutzer) und gelangt schließlich zum Glied der Fleischfresser (Zweitnutzer).

Nahrungsnetz: Genauerer Begriff für Nahrungskette: Die Beziehungen, die auf verschiedenen Stufen zwischen Erzeugern und Verbrauchern bestehen, sind nämlich weitaus komplexer und die Bindungen ähneln mehr den Maschen eines Netzes als den Gliedern einer Kette.

Natur: Sie umfasst alle Dinge und alle Lebewesen des Universums.

Diese Anlage macht sich den Wellengang zu Nutze, um Energie zu erzeugen.

Ökologe: Wissenschaftler, der sich mit Ökologie beschäftigt.

Ökologie: Die Wissenschaft, die die Beziehungen der Lebewesen untereinander und zu ihrer Umwelt erforscht.

Ökologisch: Im allgemeinen Sprachgebrauch hat das Adjektiv eine positive Bedeutung. Es steht für alles, was sich mit der Unversehrtheit der Natur und der menschlichen Gesundheit beschäftigt.

Ökosystem: Die Gesamtheit der organischen (lebenden Organismen) und anorganischen (Sonnenenergie, Boden, Luft, Wasser) Gegebenheiten eines Lebensraumes. Ein Tümpel bildet beispielsweise mit seinen Tieren und seinen Pflanzen ein Ökosystem.

Organisch: Dieses Eigenschaftswort hat viele Bedeutungen. In der Chemie meint man damit alle Gemische, die Kohlenstoff enthalten. In der Biologie bezeichnet man damit all das, was sich auf die Körperteile bezieht. In der Landwirtschaft weist es auf Erzeugnisse hin, die mit natürlichen Mitteln erzielt werden. Für die Umweltschützer steht dieser Begriff in engem Zusammenhang mit den Nahrungsmitteln, die durch natürliche Anbaumethoden erzeugt werden. In diesem Fall ist es mit dem Begriff »biologisch« gleichbedeutend.

Hier wird Energie aus dem Temperaturunterschied zwischen dem Wasser am Meeresgrund und jenem an der Oberfläche gewonnen.

Ozon: Ein Gas, das dem Sauerstoff sehr ähnelt. In den oberen Bereichen der Atmosphäre befindet sich eine Ozonschicht. Sie dient als Schild gegen schädliche Ultraviolettstrahlungen, die von der Sonne ausgehen. Die Luftverschmutzung und die Verwendung von Produkten wie z. B. FCKW haben über der Antarktis zur Entstehung von Löchern in diesem Schutzschild geführt.

Pflanzen kann man auch im Wasser ziehen (Hydrokultur).

Pestizide: Chemische Substanzen, die man zur Bekämpfung schädlicher Insekten einsetzt.

Ressource: Verfügbares Mittel in der Natur, Rohstoffreserve.

Saurer Regen: Industrielle Produktion und Autoabgase führen dazu, dass die Luft durch Stoffe wie Schwefeldioxyd oder Stickstoffoxyd verunreinigt wird. Wenn diese Stoffe mit dem Regenwasser reagieren, bilden sie Schwefelsäure und Salpetersäure, die den Regen sauer machen. Oft greift saurer Regen Gebäude an, führt zu einer Verringerung des Lebens im Wasser und zerstört das Laub.

Schädlingsbekämpfungsmittel: Chemische Produkte, die man im Kampf gegen Pflanzenschädlinge verwendet und die in der Landwirtschaft zum Einsatz kommen. Zu den gebräuchlichsten zählen Pflanzenvernichtungsmittel, die man gegen Unkraut verwendet; Pilzvernichtungsmittel, die gegen krankheitserregende Pilze eingesetzt werden; Insektenvertilgungsmittel, die gegen Insektenschädlinge angewandt werden. Der massive Einsatz von Schädlingsbekämpfungsmitteln führt zur Verseuchung des Bodens und Wassers und zur Ausrottung von Pflanzen- und Tierarten.

Im Herbst fallen die Blätter von den Bäumen und werden zu Humus.

Sonnenenergie: Die wichtigste Energieform für die Erde ist die von der Sonne erzeugte Energie. Ihr ist es zu verdanken, dass die Pflanzen jeden Tag in der Lage sind, Zuckerstoffe, angefangen beim Kohlendioxyd, zu produzieren.

Symbiose: Ökologische Beziehung zwischen zwei Arten, aus der beide ihren Nutzen ziehen. Beispielsweise die Symbiose zwischen dem Einsiedlerkrebs und der Seerose: Der Krebs wird durch die Nesselarme der Seerose geschützt. Diese wiederum kann sich die Beweglichkeit des Einsiedlerkrebses zu Nutze machen.

Der Sibirische Tiger ist vom Aussterben bedroht.

Technologie: Umsetzung der natürlichen Fähigkeit des Menschen, Werkzeuge zu verwenden. Es handelt sich vor allem um eine praktische Eigenschaft des Menschen. In der jüngeren Entwicklung macht sie sich Ideen und Theorien, die von der Wissenschaft vorgetragen werden, zu nutze.

Tragbare Entwicklung: Jede Art von Entwicklung einer Gesellschaft, die nicht unwiederbringlich auf die natürlichen Ressourcen zurückgreift. Eine Entwicklung, die stets darauf bedacht ist, das Gleichgewicht der Natur zu wahren.

Je nachdem, ob ein Gebiet warm oder kalt ist, leben dort unterschiedliche Tiere, die sich den Umweltbedingungen angepasst haben.

Treibhaus-Effekt: Industrielle Fertigung, Fahrzeuge, intensive Tierhaltung sind die Ursache für die Bildung von Gasen wie beispielsweise Kohlendioxyd, Methan, Stickstoffoxyde und Ozon. Diese Gase blockieren auf der Erdoberfläche die thermischen Ausstrahlungen, die von der Sonne ausgehen. In der Atmosphäre bildet sich praktisch eine Gasschicht, die dieselbe Auswirkung wie die Abdeckung eines Gewächshauses hat. Die Gasschicht hält das Innere warm und nimmt weiter an Wärme zu, solange die Sonnenbestrahlung anhält. Auf der Erde hat dies zu Klimaveränderungen geführt.

Tschernobyl: Gemeinde in der Ukraine, in der ein Atomkraftwerk steht, das 1986 Schauplatz einer dramatischen und weit reichenden Nuklearkatastrophe war. Selbst jetzt noch haben Umwelt und Menschen, die direkt oder indirekt in dieses Umweltdesaster verwickelt waren, an den schrecklichen Folgen zu tragen.

Umwelt: Alles, was uns umgibt und woraus das Leben physische und biologische Kraft schöpft.

Umweltauswirkungen: Die Auswirkungen menschlicher Aktivitäten auf die Umwelt. Fachleute sind in der Lage, diese Auswirkungen vorherzusehen, bevor der Eingriff überhaupt beginnt. Sie setzen Methoden ein, die als Umweltverträglichkeitsprüfung (UVP) bezeichnet werden.

Umweltschutz: Der Gedanke, der viele Menschen dazu bewegt, die Natur zu schützen – sei es, dass man vom Aussterben bedrohte Arten rettet oder gefährdete Gebiete erhält.

Umweltzerstörung: Zustand, der durch die Schäden entstanden ist, die der Mensch verursacht hat und die sich auf die Umwelt und das Leben in seiner Vielfalt und seiner Ausdrucksmöglichkeit auswirken. In den meisten Fällen wird die Umweltzerstörung durch die Anhäufung kleiner Umweltschäden verursacht, für die der Einzelne verantwortlich ist. So verursacht beispielsweise der Auspuff eines einzigen Autos eine kaum wahrnehmbare Zunahme der Luftverschmutzung. Doch bei tausenden kann

Beim Wandern kann man den Kontakt zur Natur wieder entdecken.

die Luft nicht mehr eingeatmet werden.

Ungleichgewicht: Verlust der natürlichen Stabilität der Umwelt, die durch Störfaktoren verursacht wird. Es kann sich um Schadstoffe, um fremde, aus anderen Kontinenten importierte Arten oder um künstliche Veränderungen handeln.

Urbevölkerung: Menschen, die eigene Bräuche und Sitten haben und in einem bestimmten Gebiet der Erde leben. Die Indios sind zum Beispiel die Ureinwohner Amazoniens.

Vegetarier: Jemand, der sich nur von Pflanzen ernährt und kein Fleisch isst.

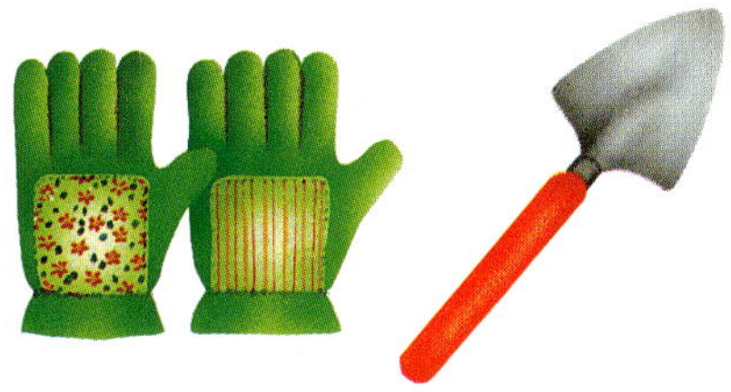

Einen Baum zu pflanzen bedeutet neues Leben zu schaffen.

Wald: Er besteht aus Pflanzen, die in einem engen ökologischen System mit dem Klima, dem Boden, auf dem sie wachsen, und den Tieren, die dort wohnen, sowie untereinander in Wechselbeziehung stehen. Wälder bedecken große Flächen und die Pflanzen, aus denen sie bestehen, nehmen unterschiedliche Bereiche bzw. Ebenen ein. Von unten nach oben findet man Moose, Flechten, Gräser und Sträucher. Es folgen kleine Bäume, deren Kronen eine fast lichtundurchlässige Oberfläche bilden können, und schließlich Bäume, die sich über das Blattwerk hinauserheben.

Wasserenergie: Man erhält diese Energieform durch die Antriebskraft des Wassers. Auf Grund ihrer hohen Ausbeute und dem geringen Verschmutzungsgrad, den sie verursacht, wird sie auch »weiße Kohle« genannt. Es handelt sich allerdings um eine Energieform, die

Tannenbäume werden oft in zu kleinen Töpfen verkauft: Ihre Wurzeln wurden entfernt, sodass der Baum nach kurzer Zeit eingeht. Man sollte daher Tannen kaufen, deren Wurzeln noch intakt sind, damit man sie umpflanzen kann.

Abfälle aus Kunststoff sind recycelbar und müssen getrennt entsorgt werden.

große Umwelteingriffe voraussetzt, weil die derzeit am häufigsten verwendete Gewinnungsmethode den Bau von großen Dämmen vorsieht. Damit schafft man künstliche Seen, die weite Landstriche zerstören. Für die Zukunft ist die Nutzung der Gezeiten geplant.

Pflanzensammler kennen die heilenden Eigenschaften der Pflanzen, mit denen sie Krankheiten behandeln.

Wiederverwertung (Recycling): Vorgang, durch den es möglich ist, Abfälle in etwas Nützliches zu verwandeln. Eine notwendige Bedingung für die Wiederverwertung ist eine getrennte Abfallsammlung, die darin besteht, dass man gleichartige Abfälle (Papier, Aluminium, Plastik) in getrennten Behältern entsorgt.

Windenergie: Diese Energieform erhält man durch Windkraft, die große Propeller antreibt, die wiederum Turbinen in Gang setzen.

WWF: Abkürzung, die für World Wide Fund (früher World Wildlife Fund of Nature) steht. Es handelt sich um eine weltweite Naturschutzorganisation. Sie wurde gegründet, um Gelder zu sammeln, mit denen Gebiete von besonderem öffentlichem Interesse zu deren Schutz und Erhaltung erstanden werden. Später kamen weitere Bereiche hinzu. Heutzutage setzt sich der WWF auch für eine globale Umweltqualität ein.

Lexikon berühmter Tiere

Adams, Richard: Zeitgenössischer englischer Schriftsteller. In seinen Büchern sind Tiere die Hauptcharaktere. Sein berühmtester Roman ist *Unten am Fluss* (1972).

A-Hörnchen und B-Hörnchen: Zwei Eichhörnchen, die aus dem Zeichenstift Walt Disneys entsprungen sind. Das eine ist intelligent, während das andere etwas dümmlich ist. In vielen Comics und Zeichentrickfilmen spielen sie Donald Duck etliche Streiche.

Akela: Einzelgängerischer Grauwolf aus dem *Dschungelbuch* von R. Kipling. Auf Grund seiner Kraft und seiner Kühnheit ist er der Rudelführer des freien Volkes der Wölfe. Er ist es, der sich des Menschenjungen Mogli annimmt.

Andersen, Hans Christian (1805–1875): Er schrieb über 150 Märchen, die nach wie vor bei Kindern auf der ganzen Welt beliebt sind. Geboren wurde er auf einem kleinen Bauernhof auf der dänischen Insel Odense. In vielen seiner Märchen kommen Tiere vor, die er als Kind kennen gelernt und beobachtet hatte. Sie waren sein Vorbild, wenn er die Gefühle, Schwächen und Tugenden der Menschen beschrieb, wie zum Beispiel in den Märchen *Das hässliche Entlein, Die Wildschwäne, Der Frosch, Die Nachtigall*.

Anubis: Bei den alten Ägyptern galt er als Gott des Todes. Auf Malereien oder Statuen wurde er als Schakal oder als Mensch mit einem Schakalkopf gezeigt. Die Ägypter stellten viele Gottheiten als Tiere dar, die sie für heilig hielten.

Apis: Heiliger Stier bei den Ägyptern, der die Aufgabe hatte, die Mumie des Verstorbenen bei der Reise ins Jenseits auf dem Rücken zu tragen. Er ist die Verkörperung des Gottes Osiris.

Argus: Der Hund des Odysseus. Homer berichtet von ihm im 17. Gesang der Odyssee. Als Odysseus, nach zwanzigjähriger Abwesenheit, als Bettler verkleidet, nach Ithaka zurückkehrte, erkannte ihn sein Hund Argus. Dieser wedelte glücklich mit seinem Schwanz

Die Mutter hatte den Sieben Geißlein befohlen niemandem die Tür zu öffnen.

Der Gestiefelte Kater hilft dem armen Müller die Königstochter zu heiraten.

und verstarb gleich darauf.

Aristocats: Zeichentrickfilm von Walt Disney (1970). In den Hauptrollen sind die Katze Duchesse und ihre Jungen, die von einem hinterhältigen Butler entführt werden. Thomas O'Malley, der charmante Show-Kater und seine Freunde können sie jedoch wieder befreien.

Äsop: Griechischer Fabeldichter des sechsten Jh. v. Chr. Er war ein Sklave von Krösus, dem König von Lydien, der ihm die Freiheit schenkte und ihn beschützte. Doch die beleidigten Bewohner von Delphi, die Äsop in einer Fabel an den Pranger gestellt hatte, töteten ihn. Seine Erzählungen, in denen Tiere sprechen und wie Menschen handeln, enden stets mit einer Moral.

Babar: Dieser Elefant ist die Hauptfigur in den Kinderbüchern, die zwischen 1931 und 1937 von dem Franzosen Jean de Brunoff illustriert wurden. Die Geschichten über Babar erfand seine Frau Cécile für ihren Sohn Laurent. Neun Jahre nach dem Tod des Vaters setzte Laurent 1946 dessen Arbeit fort und veröffentlichte weitere 30 Bücher. Somit

Der weiße Wal Moby Dick und Kapitän Ahab sind die Hauptfiguren in einem Roman von Herman Melville.

wurden Babar, der weise Cornelius, die Elefantenkinder und die sympathische Elefantenkuh Celeste zu Lesegefährten vieler Kinder auf der ganzen Welt.

Der Schildkröte gelingt es, den Wettlauf mit dem Hasen zu gewinnen.

Babe: So heißt das tapfere Schweinchen aus dem gleichnamigen Film, der 1996 unter der Regie von Chris Noonan von den Universal Studios produziert wurde. Durch Spezialeffekte, die am Computer erstellt wurden, scheinen die Tiere tatsächlich zu sprechen. Babe lebt auf einem Bauernhof, auf dem es sehr viele Tiere gibt, unter anderem auch junge Hunde. Babe fühlt sich als einer von ihnen und nimmt viele Schwierigkeiten in Kauf, um ein Schäferschwein zu werden. Schließlich gewinnt Schweinchen Babe sogar einen Preis als bester Schäfer.

Baghira: Schwarzer Panther aus dem *Dschungelbuch*, den R. Kipling mit folgenden Worten beschreibt: »... schlau wie ein Schakal, tapfer wie ein Büffel, verwegen wie ein verletzter Elefant«.

Die sprechende Grille gibt sehr gute Ratschläge, doch Pinocchio befolgt sie nicht.

Baiardo: So heißt das Pferd Rinaldo di Montalbanos, eines Beschützers von Karl dem Großen. Seine Taten wurden im Mittelalter und in der Renaissance von Pulci, Boiardo, Ariost und Tasso in Versform festgehalten.

Balu: So heißt der Bär, der Mogli im von R. Kipling verfassten *Dschungelbuch* beschützt. Er wird von den Wölfen geachtet, weil er weise und sanftmütig ist. Als einziges Dschungeltier darf er ihren Versammlungen beiwohnen.

Bambi: In einem Zeichentrickfilm von Walt Disney spielt dieses Reh die Hauptrolle. Die Zeichnungen für den Film *Bambi* wurden 1942 von den beiden Zeichnern John Hubley und John Mac Manus erstellt.

Bastet: Ägyptische Gottheit, die mit einem Katzenkopf dargestellt wird.

Buck: Diesen Namen trägt der Hund, ein Neufundländer, in Jack Londons *Der Ruf der Wildnis*. Er wird seinem jungen Herrchen gestohlen und in Alaska von Goldgräbern als Schlittenhund verwendet. Am Ende des Romans schließt sich Buck den wilden Wölfen aus dem Wald an.

Die Grille ist faul und verbringt ihre Zeit mit Singen, während die Ameise arbeitet.

Bugs Bunny: Schlaues Kaninchen aus den Zeichentrickfilmen der Warner Brothers, das oft vom Jäger Porky Pig verfolgt wird. Dieser wird jedoch stets hereingelegt. Im Film *Space Jam*, von J. Pytka, spielt er die Hauptrolle und wird von Basketballspieler Michael Jordan dargestellt. In diesem Film spielen Zeichentrickfiguren und Menschen zusammen.

Bukephalos: Als Alexander der Große (356–323 v. Chr.) im Alter von zwanzig Jahren zum König über Mazedonien gekrönt wurde, zog er an der Spitze eines kleines Heeres los, um das entfernte Perserreich zu erobern. Bei seinen Feldzügen ritt er meist ein Pferd, an dem er sehr hing: Bukephalos, was auf Griechisch »Ochsenkopf« bedeutet. Als das Pferd starb, veranstaltete Alexander für ihn ein stattliches Begräbnis.

Das Hässliche Entlein aus Andersens Märchen verwandelt sich schließlich in einen wunderschönen Schwan!

Butt: Hauptfigur in einem Märchen der Brüder Grimm. Der Butt verfügt über Zauberkräfte, mit denen er den Menschen Wünsche erfüllen kann. Einem Fischer, der ihn aus seinem Netz befreit, und dessen Frau erfüllt er jeden Wunsch, doch als er merkt, dass sie immer unglücklicher und unzufriedener werden, lässt er sie wieder arm werden.

Caligulas Pferd: Caligula (12–41 n. Chr.) war der dritte römische Kaiser. Er war grausam und benahm sich sehr merkwürdig. Um seiner Verachtung dem Senat gegenüber Ausdruck zu verleihen, ernannte er sein Pferd zum Senator.

Chimäre: Ungeheuer aus der griechischen Mythologie. Sie hatte einen Löwenkopf, einen Drachenschwanz und einen Ziegenkörper mit einem Ziegenkopf, der aus dem Rücken

Die Stadtmaus und die Landmaus haben unterschiedliche Gewohnheiten.

wuchs. Sie wurde vom griechischen Helden Bellerophon getötet, der auf dem geflügelten Pferd Pegasus ritt.

Chita: Der amerikanische Schriftsteller Edgard Burroughs (1875–1950) erfand

Die berühmteste Nixe der Welt ist Andersens kleine Meerjungfrau.

Tarzan, den berühmten Affenmenschen, dessen Abenteuer unzählige Male verfilmt wurden. Bei seinen Abenteuern steht ihm das Schimpansenweibchen Chita bei.

Darma: Wunderschöner Bengaltiger, der Sandokan, der von Emilio Salgari (1863–1911) erfundenen Figur, in einer berühmten Jugendbuchreihe treu beisteht. Sandokans Freunde tragen den Namen *Die Mompracem-Tiger*.

In einer Fabel von La Fontaine schmückt sich die eitle Krähe mit Pfauenfedern.

Die Schöne und das Biest: In der von Madame Leprince de Beaumont verfassten Geschichte verbirgt sich hinter einer Furcht erregenden Bestie ein junger Prinz. Nur die Liebe einer jungen Frau kann den Zauber aufheben und dem Prinzen wieder sein menschliches Aussehen verleihen.

Donald Duck: Der Phantasie Walt Disneys entsprungene Comicfigur. Donald ist ein vom Unglück verfolgter, tollpatschiger und jähzorniger Enterich, der mit seinen Neffen Tick, Trick und Track in Entenhausen lebt. Er ist der ewige Verlobte von Daisy Duck und oft das Opfer seines reichen, überaus geizigen Onkels Dagobert Duck.

Drachen: Phantasiewesen, die in vielen Volkssagen und alten Legenden vorkommen. Sie haben einen langen Schlangenschwanz, Krallen, kleine Flügel und einen Furcht erregenden Kopf mit einem Feuer speienden Maul. Zu den berühmtesten Drachen zählt jener, der von Sankt Georg getötet wurde, sowie die chinesischen Drachen mit Löwenkopf. Die Drachenlegende ist wahrscheinlich auf Knochenfunde von großen Urtieren wie zum Beispiel Dino-

Nur der Kuss einer Prinzessin kann den Frosch in einen Prinzen verwandeln.

sauriern und Mammuts zurückzuführen.

Duffy Duck: Schwarz gefiederte Ente aus den Zeichentrickfilmen der Warner Brothers.

Durrel, Gerald (1925–1995): Englischer Schriftsteller und Zoologe, der 1925 in Indien geboren wurde. Seine Kindheit verbrachte er auf Korfu, wo er seine Leidenschaft für die Natur und die Tiere entwickelte. Zu den bekanntesten seiner Bücher, die alle der Natur gewidmet sind, gehören *Meine Familie und anderes Getier* und *Nichts als Tiere im Kopf*.

Einhorn: Fabelwesen, das als Pferd mit einem langen Horn auf der Stirn, Ziegenbart, Löwenschwanz, behaarten Beinen und Rinderhufen dargestellt wird. Es symbolisierte die Keuschheit und auch das Kreuz Jesu.

Der Wolf von Rotkäppchen ist listig und sehr gefräßig.

Felix: Eine der ersten Zeichentrickfiguren. Es handelt sich um einen schlauen Kater, den sich der Amerikaner Pat Sullivan ausgedacht hat.

Flipper: Dressierter Delfin, der in einer Lagune lebt. In einer amerikanischen Filmserie spielt er die Hauptrolle. Er hat zwei Jungen zu Freunden, die er manchmal aus gefährlichen Situationen rettet.

Frosch: Böse Hexen verwandeln oft schöne Prinzen in einen Frosch. Nur die Liebe einer Prinzessin kann – wie im *Froschkönig* – den Zauber aufheben. Es gibt auch Märchen von Andersen, in denen Frösche als Tiere vorkommen: In

Pinocchio sollte der Katze und dem Fuchs besser nicht trauen: Es handelt sich nämlich um zwei Betrüger.

Däumelinchen flieht die Hauptfigur vor dem hässlichen Frosch, den sie hätte heiraten sollen; in *Der Frosch* werden die Abenteuer eines kleinen Frosches erzählt, der seine Familie verlässt, um die Welt zu entdecken und dem Sonnenlicht zu folgen.

Die Wölfin, die Romulus und Remus säugte, ist das Wahrzeichen Roms.

Gestiefelter Kater: Märchen von Charles Perrault (1628–1703), das von einem listigen Kater erzählt. Er ist das einzige Erbe, das einem jungen Müller von seinem Vater vermacht wurde. Der Kater, der sich ein Paar Stiefel schenken lässt, verhilft seinem Besitzer durch Geschick und Schlauheit zu Respekt seitens des Königs und zur Hand der Prinzessin.

Goldesel: Von Apuleius auf Latein verfasste Erzählung (2. Jh. n. Chr.). Darin wird vom jungen Griechen Lucius berichtet, der eine Zauberin darum bittet, ihn in eine Eule zu verwandeln. Aus Versehen verzaubert sie ihn in einen Esel. Lucius' Abenteuer nimmt ein gutes Ende: Die Göttin Isis verleiht ihm nämlich wieder seine menschliche Gestalt, großen Erfolg bei der Arbeit und Reichtum. Im Gegenzug verlangt sie von Lucius uneingeschränkte Hingabe.

Goofy: Freund von Mickymaus. Er ist sehr sympathisch, tollpatschig und ein wenig dümmlich. Sein Haus ist stets in Unordnung und baufällig. Oft begleitet er Mickymaus bei seinen außergewöhnlichen Abenteuern.

Der Evangelist Lukas hat als Symbol einen geflügelten Stier.

Grimm, Jakob und Wilhelm: Brüderpaar aus Deutschland. In der ersten Hälfte des 19. Jahrhunderts waren sie als Schriftsteller tätig und gaben eine Sammlung Kinder- und Hausmärchen heraus, in der die berühmten Märchen *Hänsel und Gretel* und *Schneewittchen* enthalten sind.

Hässliches Entlein: In dieser Geschichte von Andersen wird ein Schwanenei aus Versehen von einer Ente ausgebrütet. Als das Küken schlüpft, wird es von seinen Geschwistern und von den übrigen Bewohnern des Bauernhofs mit Misstrauen behandelt, weil es hässlich und plump ist. Da das Küken spürt, dass es anders ist, und ständig ausgelacht wird, nimmt es Reißaus und verbringt einen langen Winter einsam am Ufer eines kleinen Sees. Nach vielen schlimmen Abenteuern, die es in der Welt bestehen muss, findet es schließlich einen See, an dem wunderschöne Schwäne leben. Als es sich im Wasser spiegelt, entdeckt es, dass es genauso aussieht wie sie.

Die griechischen Krieger versteckten sich im großen, hölzernen Pferd und gelangten auf diese Weise in die Stadt Troja.

Herriot, James (1917–1995): Englischer Land-Tierarzt, der in seinen Büchern über die Erfahrungen mit seinen Patienten berichtet und über die Grausamkeiten, die sie manchmal durch die Menschen erleiden müssen. Zu seinen Werken gehört der Roman *Der Doktor und das liebe Vieh*.

Horus: Ägyptische Gottheit mit einem Falkenkopf. Er ist der Sohn von Isis und Osiris und symbolisiert die aufgehende Sonne.

Pegasus war das geflügelte Pferd des griechischen Helden Bellerophon.

Hydra: Ungeheuer aus der griechischen Mythologie, das im Sumpf von Lerna in Argolis lebte. Sie hatte viele Köpfe, die immer nachwuchsen, sobald sie abgehauen wurden. Schließlich gelang es Herkules, sie zu töten.

Idefix: Kleiner Hund des dicken Obelix, dem Gefährten von Asterix, dem Gallier aus den Comicgeschichten von Uderzo. Dank eines Zaubertranks ihres Druiden Miraculix, der sie sehr stark und unbesiegbar macht, halten die Bewohner eines gallischen Dorfes der römischen Invasion stand, die von Julius Cäsar angeführt wird.

Ippogrifo: So heißt das Fabelpferd, das Ludovico Ariosto in seinem Werk *Der rasende Roland* erwähnt. Der Paladin Roger reitet auf Ippogrifo bis zum Mond, wo er den von Roland verlorenen Verstand wieder findet.

Kapitolgänse: Der Legende zufolge bestieg Brennus, der Häuptling eines keltischen Gallierstammes, im Jahre 386 v. Chr bei Nacht das Kapitol in Rom, um die Stadt zu erobern. Doch die Gänse, die dort schliefen, wachten auf und veranstalteten durch ihr Geschnatter einen solchen Lärm, dass die römischen Verteidigungsposten alarmiert wurden.

Die Sphinx hat einen Frauenkopf auf einem Löwenkörper.

Der Evangelist Markus hat als Symbol einen Löwen, der ein offenes Buch hält.

Kapitolinische Wölfin: Wahrzeichen der Stadt Rom. Der Legende nach säugte eine Wölfin die beiden Knaben Romulus und Remus und bewahrte sie damit vor dem Tod. Romulus wurde später zum Begründer der Stadt Rom.

Katze und Fuchs: Gestalten aus dem Buch *Pinocchio* von Carlo Collodi (1826–1890). Die Katze ist blind und der Fuchs lahm. Sie rauben den armen Pinocchio aus und fesseln ihn an einen Baum.

King Kong: Riesiger Gorilla, der im gleichnamigen amerikanischen Spielfilm von 1933 die Stadt New York unsicher macht und Panik und Terror verbreitet. *King Kong* wurde 1976 mit moderneren filmtechnischen Mitteln neu verfilmt.

Kipling, Rudyard (1865–1936): Englischer Schriftsteller, der in Bombay, Indien, zur Welt kam, als es noch eine

Viele ägyptische Gottheiten wurden mit Tierköpfen dargestellt.

britische Kolonie war. Zu seinen bekanntesten Werken gehören *Das Dschungelbuch*, *Das neue Dschungelbuch* und *Kim*. 1907 wurde ihm der Nobelpreis verliehen. Sein seltsamer Vorname, Rudyard, rührt vom Ort her, an dem sich seine Eltern kennen gelernt hatten.

La Fontaine, Jean de (1621–1695): Französischer Dichter. In der Tradition der beiden Fabeldichter Äsop und Phädrus schrieb er moralische Tiergeschichten in zwölf Büchern mit Märchen und Erzählungen.

Laika: Das erste Lebewesen, das in den Weltraum geschickt wurde. Die Russen schickten diese Hündin am 3. November 1957 an Bord des Sputnik II in die Erdumlaufbahn. Sputnik bedeutet »Reisegefährte«.

Lassie: Colliedame, die 1943 im Film

Das Lamm ist eines der ältesten Symbole des Christentums.

Komm zurück, Lassie spielte. Darin waren sie und ein junges Mädchen unzertrennliche Freunde. Nachdem Lassie an einen schottischen Viehzüchter verkauft wurde, durchquerte sie allein ganz Großbritannien, um zu ihrem Frauchen zurückzukehren.

London, Jack (1876–1916): Amerikanischer Schriftsteller. Er schlug sich als Matrose, Fischer, Arbeiter und Goldgräber durch. Jack London verfasste viele Erfolgsromane wie z. B. *Der Ruf der Wildnis* und *Martin Eden*.

Lorenz, Konrad (1903–1989): Österreichischer Wissenschaftler. Er ist der Begründer der Ethologie, der Wissenschaft, die das Tierverhalten erforscht. 1973 wurde ihm der Nobelpreis für Medizin und Physiologie verliehen. Lorenz verfasste einige unterhaltsame Bücher, die den Menschen die Wissenschaft näher bringen sollten, darunter das Buch *Er redete mit dem Vieh, den*

Der Minotauros war ein Ungeheuer mit einem Stierkopf und einem Männerkörper.

Vögeln und den Fischen. Der Titel bezieht sich auf den alttestamentarischen König Salomon, der der Legende nach mit den Tieren sprechen konnte.

Lykanthrop: In der Literatur und auf der Kinoleinwand aufgegriffenes Phantasiewesen, das auch als Werwolf bezeichnet wird. Es handelt sich um einen Menschen, der sich in Vollmondnächten in einen Wolf verwandelt. Das Wort Lykanthrop stammt aus dem Griechischen und bedeutet so viel wie Wolfsmensch. Der Werwolf-Legende liegt eventuell eine wissenschaftliche Theorie zu Grunde: Wie es scheint, beeinflussen die Mondphasen Stimmung und Verhalten von Menschen und Tieren sowie auch die Landwirtschaft und die Gezeiten.

Martina: Konrad Lorenz, der österreichische Verhaltensforscher, hatte viele Haustiere, deren Verhalten er erforschte. Eines davon war die Gans Martina, die ihm überallhin folgte. Sie hielt Lorenz sogar für ihren Vater, weil er das erste Lebewesen war, das sie nach dem Schlüpfen erblickte.

Der Adler mit weit ausgebreiteten Flügeln ist das Symbol des Evangelisten Johannes.

Die Chimäre hat zwei Köpfe: einen Löwenkopf und einen Ziegenkopf. Ihr Schwanz ist eine Schlange.

Mickymaus: Wer kennt sie nicht, die berühmteste Maus der Welt? Sie wurde 1927 von Walt Disney als Comic- und Zeichentrickfigur erfunden und zählt bei den Kindern nach wie vor zu den beliebtesten Gestalten. In den ersten Geschichten war Mickymaus unbeholfen und ein wenig tollpatschig. Im Laufe der Zeit wurde er ernster und gewissenhafter. Oft arbeitet er mit seinem Freund Kommissar Hunter zusammen und hilft ihm Kriminalfälle aufzuklären. Sein Gegner ist Kater Carlo und seine Verlobte heißt Minnie. Er lebt mit seinem Hund Pluto in einem kleinen Reihenhaus in Entenhausen.

Minotauros: Ungeheuer aus der griechischen Mythologie mit menschlichem Körper und Stierkopf. Er wurde von König Minos im Labyrinth von Kreta gefangen gehalten, das Daedalus und sein Sohn Ikarus gebaut hatten. Theseus tötete ihn mithilfe von Ariadne: Um den Ausgang des Labyrinths wieder zu finden, hatte Theseus einen langen Faden ausgerollt.

Laika hieß die kleine Hündin, die 1957 von den Russen in den Weltraum geschickt wurde.

Moby Dick: Roman von Hermann Melville (1819–1891), in dem über die Jagd von Kapitän Ahab auf den weißen Wal Moby Dick berichtet wird. Am Ende wird der Wal zwar besiegt, doch es gelingt ihm noch, Ahab zu töten.

Nessie: Man sagt, dass im Loch Ness, einem See in Nordschottland nahe Inverness, ein riesiges Ungeheuer namens Nessie lebt. Manche versichern es sogar fotografiert oder aus der Nähe gesehen zu haben.

Pegasus: In der griechischen Mythologie ist es ein geflügeltes Pferd, das aus dem Hals der Medusa entsprang, als ihr Perseus den Kopf abhieb. Der tapfere Bellerophon ritt auf ihm, als er die furchtbare Chimäre tötete. Dann stürzten allerdings Pferd und Reiter und Zeus verwandelte sie in ein Sternbild.

Perrault, Charles (1628–1703): Französischer Schriftsteller. Einige seiner Märchen wie beispielsweise *Blaubart, Aschenputtel, Rotkäppchen, Däumling* und *Der gestiefelte Kater* sind auch heute noch sehr beliebt.

Buck, so heißt der Hund, der im Roman *Ruf der Wildnis* von J. London beschrieben wird.

Peter Rabbit: Kaninchen aus den Büchern von Beatrix Potter. Seine Abenteuer wurden 1901 als Buch veröffentlicht, das liebevoll gestaltete Schwarzweißillustrationen enthält. Mit seinen Geschwistern lebt Peter in einer Sandhöhle am Fuße einer großen Tanne. Nicht weit davon entfernt liegt der Garten von Herrn McGregor, dem er viele Streiche spielt.

Phädrus (1. Jh. n. Chr.): Ein Sklave, dem Kaiser Augustus später die Freiheit schenkte. Er wurde in Mazedonien geboren und griff viele Fabeln von Äsop auf, die er ins Lateinische übertrug.

Bukephalos – so hieß das schöne Pferd von Alexander dem Großen.

Phönix: Fabeltier aus der arabischen Mythologie. Die Legende besagt, dass er alle 500 Jahre Feuer fängt, aber aus der eigenen Asche stets zu neuem Leben erwacht.

Pluto: Der Hund von Mickymaus. Er stiftet oft Verwirrung, hilft aber auch seinem Herrchen immer wieder aus der Patsche.

Pongo und Perdi: Zwei Dalmatiner, die sich in einem Zeichentrickfilm von Walt Disney aus dem Jahre 1961 ineinander verlieben und dafür sorgen, dass sich auch deren Herrchen bzw. Frauchen ineinander verlieben. Das Abenteuer nimmt seinen Lauf und endet mit 101 Welpen, die von der grausamen Cruella de Vil geraubt werden. Sie hat es auf deren schwarzweißes Fell abgesehen. 1997 wurde die Geschichte erneut verfilmt. Diesmal mit echten Dalmatinern.

Potter, Beatrix (1866–1943): Englische Schriftstellerin und Zeichnerin. Sie war eine leidenschaftliche Naturbeobachterin und zeigte schon als junges Mädchen Geschick im Zeichnen von Blumen,

Der Wolf würde gern die drei Schweinchen verspeisen, doch sie sind schlauer als er!

Früchten und Tieren. Beatrix Potter verfasste eine Buchreihe, deren Hauptfiguren allesamt kleine Tiere sind: Das berühmteste von ihnen ist Peter Rabbit.

Rin Tin Tin: Tapferer Wolfshund aus einer amerikanischen Fernsehserie, die in einem Fort der Nordstaaten im Wilden Westen spielt. An der Seite seines jungen Herrchens Rusty, der Sergeant O'Hara unterstellt ist, erlebt er viele Abenteuer unter Gesetzlosen und Indianern.

In der Fabel *Der Wolf und der Kranich* wird der Wolf für seine Naschsucht bestraft.

Rosinante: Dürres und abgewirtschaftetes Pferd, dem sein Besitzer, Don Quichote, große Mühen und weite Ritte abverlangt. Don Quichote ist die Hauptfigur im gleichnamigen Roman des Spaniers Miguel de Cervantes (1547–1616).

Schweinchen: Das sind die drei Hauptfiguren eines Märchens der Brüder Grimm. Das erste Schweinchen baut eine Strohhütte, das zweite eine Holzhütte. Der böse Wolf kann sie jedoch ohne weiteres zerstören. Die beiden Schweinchen finden aber Zuflucht bei ihrem Bruder, der ein Backsteinhaus gebaut hatte.

Der Butt ist verzaubert und kann die Wünsche des Fischers erfüllen.

Shir Khan: Der Tiger aus dem *Dschungelbuch* von Kipling. Er lebt am Wangunga-Fluss und ist Moglis ewiger Widersacher, den er das ganze Leben lang verfolgt und bedroht.

Simba: Auf Suaheli, einer ostafrikanischen Sprache, bedeutet es Löwe. In vielen Erzählungen über den König des Dschungels trägt der Löwe diesen Namen. Große Berühmtheit erlangte Simba in Walt Disneys Zeichentrickfilm *Der König der Löwen*.

Sirenen: In der griechischen Mythologie handelte es sich um sehr schöne Wesen, die zur Hälfte Vögel und zur Hälfte Jungfrauen waren. Mit ihrem betörenden Gesang lockten sie Seeleute an, die sie anschließend töteten. Im zwölften Gesang der *Odyssee* schreibt Homer, dass Odysseus die Ohren seiner Seeleute mit Wachs füllen ließ, damit sie die Sirenen nicht hören konnten. Er selber ließ sich an den Schiffsmast binden, um ihren Gesang zwar hören zu können, nicht aber ihnen zu verfallen.

Im Wunderland folgt Alice einem seltsamen weißen Kaninchen.

Skarabäus: Ägyptischer Glücksbringer in Käfergestalt. Sakral- und Schmuckgegenstände wurden diesem Tier nachgebildet. Oft wird er dargestellt, wie er mit den Beinen eine rote Kugel schiebt, die die Sonne symbolisieren soll – so wie der echte Käfer eine Mistkugel vor sich her rollt.

Snoopy: So heißt Charly Browns kleiner Hund. Beide sind aus den *Peanuts* bekannt, die von Charles Schultz (1922–2000) erdacht wurden. In vielen Geschichten stellt sich Snoopy vor, er sei im Ersten Weltkrieg ein Starpilot, der gegen den Roten Baron kämpft.

Sphinx: Ungeheuer aus der ägyptischen und griechischen Mythologie mit einem Löwenkörper und einem Menschenkopf. Der griechischen Überlieferung zufolge verschlang sie die Wanderer, die ihre Rätsel nicht lösen konnten. Als jedoch Ödipus die Lösung fand, stürzte sich die Sphinx ins Meer und starb. Für die Ägypter stellte sie hingegen die Unbesiegbarkeit des Pharaos dar.

Im Loch Ness, in Schottland, lebt der Legende zufolge das Ungeheuer Nessie.

Sprechende Grille: Im Roman *Pinocchio* von Carlo Collodi (1826–1890) tadelt die sprechende Grille Pinocchio für seine Streiche.

Struppi: Tims weißes Hündchen. In einer berühmten Comicserie, die von dem Belgier Hergé gezeichnet wurde, ist Tim ein Reporter. Manchmal ist Struppi ernst und weise, manchmal treibt er Schabernack, auch wenn ihn der Autor nicht sprechen, sondern nur denken lässt.

Durch die Liebe der Schönen wird das Biest in einen Prinzen zurückverwandelt.

Susi und Strolch: Zwei Hunde, die in einem Trickfilm von Walt Disney aus dem Jahre 1955 die Hauptrolle spielen. Strolch ist ein herrenloser Streuner, der sich in die schöne Hündin Susi aus gutem Hause verliebt und mit ihr eine Familie gründet.

In einer Fabel von La Fontaine legt eine Henne goldene Eier.

Sylvester: Comic- und Zeichentrickfigur der Warner Brothers. Er ist ein ungeschickter schwarzweißer Kater, der ständig versucht den Kanarienvogel Tweety zu fangen, der wiederum von Brutus, dem Bluthund, beschützt wird. Der arme Sylvester hat stets das Nachsehen.

Tick, Trick, Track: Donald Ducks kleine Neffen. In den ersten Geschichten wurden sie als Lausbuben dargestellt, die

Der Storch rächt sich für den Streich, den ihm der Fuchs gespielt hat.

ihrem Onkel Streiche spielten. Mit der Zeit wurden sie zu klugen, jungen Pfadfindern. Sie sind tapfer, tatkräftig und jeden Tag für eine gute Tat bereit.

Trojanisches Pferd: Wie Homer berichtet, gelang es den Griechen selbst nach zehn Jahren Krieg und Belagerung nicht, Troja zu erobern. So ließ Odysseus ein großes Holzpferd bauen, in dem sich viele Soldaten versteckten. Daraufhin gaben die Griechen vor, den Rückzug anzutreten und die Belagerung aufzuheben. Die Trojaner vermuteten, es handle sich bei dem Pferd um ein Abschiedsgeschenk, und brachten es in die Stadt. Bei Nacht stiegen die Griechen aus dem Pferd und nahmen Troja ein.

Tweety: Ein gelber Kanarienvogel aus den Comics und Zeichentrickfilmen der Warner Brothers. Seine Käfigtür steht immer offen und der Kater Sylvester versucht ihn zu fangen, allerdings ohne Erfolg.

Willie: Schwertwal, der im Spielfilm *Free Willie* in einem Aquarium gefangen gehalten wird. Am Ende erlangt er seine Freiheit zurück und lebt wieder im Ozean. Der Schwertwal, der im Film spielte, ist ein Männchen namens Keiko. Er wurde vor der isländischen Küste gefangen, als er zwei Jahre alt war.

Drachen sind Phantasiewesen, die in Fabeln und Legenden vorkommen.

Winnie Puh: Kleiner Bär, der gern Honig nascht. A. A. Milne war sein Schöpfer und Walt Disney machte aus den Geschichten eine erfolgreiche Bücher- und Trickfilmreihe. Winnie lebt im Wald der 100 Morgen und hat viele Freunde: das ängstliche Kaninchen Tappo, das schreckhafte Ferkel Piglet, die weise Eule Uffa, den tollpatschigen Tiger Tigger, das kleine Känguru Ru, das im Beutel seiner Mutter Kanga lebt, den Esel Iah und den Jungen Christopher Robin.

Wolf: Es gibt viele Märchenwölfe. Der berühmteste ist wohl jener aus Perraults Märchen *Rotkäppchen*, der die Großmutter und das Kind frisst. Dann gibt es noch den Grimm'schen Wolf, der es auf die drei Schweinchen abgesehen

Der Fuchs und die Krähe ist eine der schönsten Fabeln von La Fontaine.

hat und dabei genauso hartnäckig wie erfolglos vorgeht. Er diente Walt Disney als Vorlage für den Ede Wolf, dem in Comics und Zeichentrickfilmen alles Mögliche zustößt.

Zentauren: Wesen aus der griechischen Mythologie, die zur Hälfte Pferd und zur Hälfte Mensch waren: Ihr Pferdeleib ging in einen männlichen Oberkörper über. Sie lebten in den thessalischen Bergen. Ein Zentaur, Cheiron, war der Lehrer von Achilles. Ein anderer, Nessos, versuchte Deianira, die Lebensgefährtin von Herkules, zu rauben.

Zerberus: Wilder Hund mit drei Köpfen, von dem die Griechen annahmen, er stehe am Eingang zum Hades, dem Reich der Toten, Wache. Auch Dante Alighieri (1265–1321), der berühmte italienische Dichter, verlieh ihm einen Platz als Wache vor dem dritten Höllenzirkel, der den Naschsüchtigen vorbehalten war.

»Ich zuerst!« – »Nein, ich zuerst!« Und die störrischen Ziegen stürzen beide von der Brücke.

Register

Register

Im Register sind die Begriffe
in alphabetischer Reihenfolge aufgeführt.
Die Seitentitel sind fett gedruckt.

A

B

C

D

E

F

G

H

I

J

K

L

M

N

O

P

Q

R

S

T

U

V

W

Y

Z

Redaktionsleitung: Elisabetta Dami
Koordination: Adriana Sirena
Redaktion: Anna Pepino
Grafik: Cecilia Bombieri (Studio Ariberto), Laura Zuccotti
Texte: Paul Cloche, Giorgio Chiozzi, Clementina Coppini
Beratung: Marcella Drago

Illustrationen: G. B. Bertelli, Cecilia Bozzoli, Piero Cattaneo, Sergio Cavina, Alessandra Cimatoribus, Beatrice Corradi, P. Cozzaglio, Daniela Daledo, Amedeo Gigli, Ezio Giglioli, Rosalba Moriggia, Nemo, Umberta Pezzoli, Maria Piatto, Sergio Rizzato, Rudolf Sablic, Matt Wolf, Tony Wolf

Druck: Officine Grafiche De Agostini, Novara 2001
Bindung: Legatoria del Verbano, S.p.A.

In neuer Rechtschreibung

Die Originalausgabe erschien 1998 unter dem Titel
»Dami – Prima Enciclopedia Degli Animali« bei Dami Editore, Milano

ISBN 3-401-05291-8
1. Auflage 2001

Übersetzung: Francesco Cucinotta (Ade Team, Stuttgart), Anne Brauner
Einbandillustration: Harro Maas
Einbandgestaltung: Hummel & Lang, Würzburg
Gedruckt in Italien

Seite 1: Vögel (R. Sablic);
Seite 2: Löwen (P. Cozzaglio);
Seite 4: Meerestiere (R. Sablic)
Seite 383: Schmetterlinge (R. Sablic)
Seite 384: Elefanten (P. Cozzaglio)